装备结构动力学分析

胡 杰 陈红永 沈展鹏 郝 雨 著

科学出版社

北 京

内 容 简 介

全书内容大体可分为两部分：第一部分主要介绍结构动力学的基本方法和理论体系，包括动力学建模，多种动力学数值模拟方法的理论推导及算例演示等；第二部分主要介绍多种复杂工程结构动力学仿真，基于编者动力学分析方面多年的积累，展示多种特殊的动力学分析方法的理论分析过程及算例演示，进而基于结构动力学响应分析，进行动力性能指标的评估。

本书针对的对象主要是从事结构动力学工程应用的具有一定基础的科研技术人员。

图书在版编目(CIP)数据

装备结构动力学分析 / 胡杰等著. —北京：科学出版社，2022.9
ISBN 978-7-03-072726-8

Ⅰ.①绕… Ⅱ.①胡… Ⅲ.①结构动力学-动力学分析 Ⅳ.①O342

中国版本图书馆 CIP 数据核字 (2022) 第 120158 号

责任编辑：张　展　雷　蕾 / 责任校对：彭　映
责任印制：罗　科 / 封面设计：墨创文化

科学出版社出版

北京东黄城根北街16号
邮政编码：100717
http://www.sciencep.com

成都锦瑞印刷有限责任公司印刷
科学出版社发行　各地新华书店经销

*

2022 年 9 月第 一 版　　开本：787×1092 1/16
2022 年 9 月第一次印刷　　印张：17 3/4
字数：427 000

定价：168.00 元
（如有印装质量问题，我社负责调换）

前　　言

从哲学上来说，运动是绝对的，静止是相对的，任何物体都处于运动之中。宏观上来说，物体的运动轨迹或规律一般通过运动学来分析，物体也多被视为质点或刚体，而结构动力学则考虑了物体的弹性变形，主要研究的是结构在动态载荷作用下由弹性效应产生的响应规律，能够考察结构各部位之间不同的响应特征，进而为结构的强度、变形及功能等多项指标进行评估，在当前各行业中得到了广泛实践。

结构动力学是一门以应用为特点的学科，在理论体系、数值模拟方法、仿真软件方面都较为成熟。目前关于结构动力学方面的书籍大体上可以划分为两类：一类是以理论为主的教材，侧重理论分析与公式推导，适合于掌握结构动力学体系框架，对学科有较深入的理论基础认识；另一类是基于商业有限元软件的 CAE（computer aided engineering）教程，侧重于数值模拟方法，多采用通用性的分析技术进行实例演示。

本书则瞄准这两类书籍的结合点，在编写过程中，注重系统性和实用性。在系统性方面，将结构动力学的理论分析和数值模拟方法进行较为全面的阐述，从基本理论开始，到建模方法、响应求解方法及分析结果的评估方法，包含了当前结构动力学工程数值模拟的大部分内容，并将动力学试验与模型修正的内容也囊括在内。实用性方面，针对实际工程结构的多个专题仿真演示均有着明确实际工程需求，多项分析技术及技巧具有很强的移植性，专题算例基于 Ansys 和 Workbench 两个平台。

基本分工如下：第 1～4 章由胡杰编写，第 5 章由沈展鹏编写，第 6 章由冯加权、鄂林仲阳编写，第 7、8 章由郝雨编写，第 9 章由胡杰编写，第 10 章由陈红永编写，第 11～16 章由胡杰编写。其中，沈展鹏负责 3.3.2 节、陈红永负责 4.1 节的编写，陈学前和王柯颖分别提供 3.3 节和 4.5 节的部分内容，整体合稿由胡杰完成。仿真演示所涉及的 Ansys 及 Workbench 软件由西安交通大学航天学院提供支持。

本书适用于结构动力学理论分析、结构动力学设计及 CAE 数值仿真分析等领域且具有一定振动力学基础的科研和技术人员阅读与参考。

鉴于作者水平限制，本书在编写过程中难免有不足之处，欢迎读者和同行专家批评指正！

目　　录

第1章 绪 论

1.1 什么是结构动力学问题

服役环境下的装备结构都处于承载环境中，从结构力学的角度来看，大体上结构所受到的载荷可分为静力载荷和动力载荷两类。静力载荷的大小、方向及作用点等不随时间变化，结构上也不产生加速度及惯性力，主要是考虑结构的刚度效应，如重力载荷就是最常见的静力载荷。需要说明的是，静与动本身也是相对的概念，当载荷从零开始到最大值出现时刻所经历时间远远大于结构的自振周期时，说明加载过程是非常缓慢的，此时往往可以作为静力载荷考虑[1]。

动力载荷则与时间历程变化密切相关，结构质量引起的惯性力不可忽略。广义上来讲动力载荷包括冲击载荷和振动载荷，冲击载荷的特点可以用"短暂而强烈"来描述，"短暂"说明加载时间非常短，实际工程结构受到的冲击载荷往往在微秒到毫秒量级，"强烈"则说明载荷的幅值很大，属于强动载荷，往往会引起结构的塑性变形，以及结构的材料性质发生变化等[2]。例如，汽车、飞机等在事故中的撞击，以及弹体着靶和穿甲、钉钉子、手机跌落、机械加工中的高速冲压等都是典型的冲击载荷。

振动载荷则会造成结构在平衡位置附近产生往复交替的运动，与冲击载荷相比，振动载荷的时间历程较长，对于某些服役中的装备而言，时间跨度可以长达数月甚至更长，但其载荷幅值一般相对较低，结构响应多体现为弹性变形。例如，汽车正常行驶过程中路面载荷就是一种典型的随机振动载荷，我们能说话和听到声音正是声带与耳朵鼓膜振动的结果，汽轮机、发电机组运行过程中所发出的噪声也是机械振动所导致的。

狭义上而言，一般业内所讨论的动力载荷往往针对的是振动载荷，本书所讨论的结构动力学研究的也是振动载荷下的结构响应行为及其性能评估，主要通过对结构的动态特性和动力学响应分析，评估结构或装备在动力载荷下的环境适应性，如材料的强度是否能够满足设计指标要求、长期服役过程中结构材料是否会发生疲劳失效、加速度过大是否会导致某些电子部件的功能无法正常工作、间隙过小的装配部件是否会发生碰撞干涉、振动响应过大是否会导致噪声超标等。

1.2 结构动力学分析方法概况

结构动力学分析在数学上是对通过动力学方程描述的结构动态行为进行求解，结构动力学方程描述了结构在振动载荷下的力学状态，是惯性力、阻尼力、恢复力和外载荷之间的平衡。

对于只考虑线性行为的结构而言，其动态特性描述、响应求解等动力学分析的理论体系和模拟技术都比较成熟。对于结构中不同程度存在的非线性现象，如部件之间的摩擦接触(螺栓预紧连接等)、软材料的几何大变形(部分橡胶、泡沫等有机材料等)、材料参数的非线性(炸药、混凝土等非金属材料的拉压不对称行为)等，其动力学分析方法离实际工程应用尚有较大差距，目前仍处于理论研究阶段，研究对象多为简单部件，通常采用等效线性化方法进行处理。

需要说明的是，非线性行为将导致结构的响应分析复杂、不确定性大、试验控制困难，往往意味着对结构的可靠性和稳定性产生不利影响。但实际装备结构的动力学行为多呈弱非线性，这样使得基于线性理论的动力学分析方法在装备工程中得到了广泛应用。本书在编写过程中，也主要是在线性理论范围内，对结构动力学的理论、数值模拟和试验等相关内容进行阐述与讨论。

1.2.1　结构动力学分析的主要内容

结构动力学分析主要包括结构的动态特性分析和动力学响应分析两部分内容，其中，动态特性分析主要采用模态分析方法，获得结构的固有频率和模态振型，其目的在于评估结构的模态特性，指导方案设计，如尽可能地将结构的固有频率，尤其是基频偏离工作环境下的载荷特征频率，避免结构发生共振。

动力学响应分析则是分析结构在振动载荷下的动态响应，包括位移、速度、加速度、应变、应力等，然后根据这些响应进行动力学性能评估。

1.2.2　结构动力学分析的研究方法

结构动力学分析根据不同的对象及工程需求，存在多种不同的分析方法。总的来说可分为分析方法和试验方法。分析方法通过建立结构的数学模型，通过理论或数值的手段进行研究；试验方法则针对装备结构进行动态特性和动力学响应的测试，是最直接的研究手段，可以避免分析方法中由于对装备结构、材料和连接的认知不充分或过度简化导致的结果可信度不高的问题，测试结果一般可以作为分析方法的参考。但试验方法通常只能获得有限的测点数据，无法充分地反映系统的全局状态，同时还存在试验结果分散性的问题，且试验往往所耗费的时间及人力、物力成本较高。

装备结构的一个重要特点在于其复杂性，单纯依赖数值方法可能导致结果偏离实际，而单纯依赖试验方法只能获得片面的认识，因此在工程实践中，必须将二者结合起来，以获得全面的、可靠的结果[3]。

结构动力学的分析方法在针对不同的结构时可采用不同的研究手段，可采取两种划分方式，一种是根据振动信号的特点(时程信号或是频谱信号)将其分为时域法和频域法；另一种则根据所分析模型的不同(连续模型或是离散模型)将其分为解析方法和数值方法。

1)时域法和频域法

(1)时域法。振动载荷与时间历程密切相关，在给定的时程载荷下，直接计算得到结构响应的时间历程，结果最为直观。但由于振动载荷往往持续时间较长，采用时域法进行分析时，存在计算量大、效率低、规模过大及结果收敛性等问题导致计算难以进行。此外，对于实际工况中较常见的随机振动载荷而言，需要经过多个样本的分析才能反映响应的统计规律。因此，在动力学分析的实际应用中，除一些特殊分析工况外(如基于时程法的地震响应分析、结构中不可忽略的非线性行为等)，时域法的应用限制较多。

(2) 频域法。根据实际工程中振动载荷的特点，可以将振动载荷时间历程进行转换，将其变换为频域载荷，如将发动机的工作载荷转换为谐波载荷(幅值谱)，将汽车路面激励转换为随机载荷(功率谱密度)，可采用谐响应分析和随机振动分析方法进行研究，这样使得分析过程与时间无关，各个频率点的分析也相互独立，结合模态叠加法，计算量大为减少，尤其是对随机载荷，频域内的谱分析方法能够得到响应的统计特性，更具有实际工程意义。

2) 解析方法和数值方法

(1) 解析方法。工程中的装备结构往往可分解为梁、杆、板、壳等基本部件的装配组合，对于这些典型部件的分析是结构动力学研究和发展的基础，其动力学方程往往可以用解析方程进行显式表达，是单个典型部件动力学行为的连续模型描述，一些形状规则、边界条件简单结构的动态特性和动力学响应可以获得其解析表达式。例如，Grimes 等[4]针对土星 V 火箭，分别建立了 4 种不同的数学模型——梁-杆模型、梁-杆-1/4 壳模型、1/4 壳模型和三维模型，如图 1.1 所示。

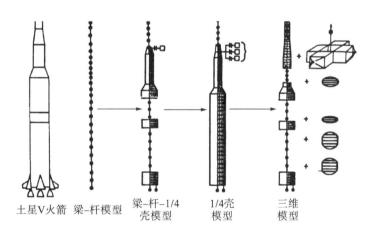

土星V火箭　梁-杆模型　梁-杆-1/4壳模型　1/4壳模型　三维模型

图 1.1　土星 V 火箭的 4 种模型

解析法具有求解简单的特点，在结构动力学发展早期起到了关键的作用，但是往往只能适用于较简单的结构，且往往求解精度不高，无法充分地反映结构局部运动特征。随着工程科学的快速发展，设计要求及分析精度越来越高，解析法难以适用精度要求高的场合[5]。

(2) 数值方法。与基于连续模型的解析方法不同，数值方法则主要针对离散模型，例如，早期在分析阿丽亚娜(Ariane)火箭的纵向振动时，就将箭体描述为一系列弹簧和集中质量[6]。后来所建立的有限单元法(finite element method，FEM)既可以处理任意形状的区域，也可以处理包含解的导数的边界条件(如 Neumann 边界)，并且具有良好的收敛性，可以通过增加网格密度得到更加精确的数值解[7]。

伴随着计算机技术的飞速发展,半个多世纪以来,已经有多款成熟的商业有限元软件在装备行业中发挥了重大作用,结构动力学分析的各个方面在软件中都有相应的功能模块进行数值模拟,如国外开发的 Ansys、Nastran、Abaqus、Hyperworks 等。国产有限元软件也取得了长足进步,例如,中国飞机强度研究所牵头的 HAJIF(航空结构分析)软件[8],已应用于多个飞机型号的结构分析中;中国工程物理研究院开发了大规模并行有限元分析框架 PANDA[9]及基于该框架下的结构静力学和动力学分析软件 PANDA-Stavib[10],可实现"上亿自由度、上万核"水平的计算,万核并行效率高达 50%以上。

有限元目前已经成为包括结构动力学在内的诸多工程分析的主流方法,当前,在计算机硬件能力不断提升、软件功能日趋完善的背景下,数值方法已经能够逐渐取代某些试验方法,有效地提高装备研制的效率,降低研制成本。

1.3　本书概述

目前市面上的结构动力学方面的专业书籍大体可分为两类,一类主要面向高校,属于教材类,侧重理论;另一类则主要面向工程技术人员,属于教程类,多基于某种计算机辅助工程(computer aided engineering,CAE)仿真软件,结合一些算例,对动力学的各个分析功能模块进行演示,介绍通用性的数值模拟方法。

本书兼顾教材和教程的特点,由浅入深,以工程化的语言描述,将结构动力学的基本理论与实际工程应用紧密结合,帮助读者对结构动力学分析技术进行快速掌握,适合于具有一定结构动力学基础知识的工程和研究人员。

在内容安排上,第 1 章为绪论,第 2～8 章主要介绍结构动力学的基本理论和分析方法,包括结构动力学的基本分析理论、动力学有限元建模方法、动力学分析模块的标准流程及结构疲劳等内容,并将动力学试验与模型修正结合,展示数值模拟与试验的综合应用;第 9～16 章主要介绍多种复杂工程结构动力学数值模拟,基于编者所在团队动力学分析方面多年的成果和经验积累,针对装备结构中一些存在迫切需求背景的问题开展详细的分析,进行多种特殊的动力学分析方法的数值模拟演示,包括一些理论推导和仿真技巧,突出深度,具有较强的参考性和实用性。

全书在编写过程的实例演示中,主要是基于 Ansys 经典界面平台和 Workbench 平台,其中,Workbench 平台相比传统的 Ansys 经典界面平台在前后处理上具有更大的优势,目前已经成为主流的 CAE 分析工具之一,但 Ansys 经典界面平台在二次开发及 APDL①的编程上更为灵活,在实际装备结构工程应用中两个平台配合使用会相得益彰,因此本书在算例演示时会兼顾在这两个平台中的应用。

---

① Ansys 参数化设计语言(Ansys parametric design language,APDL)。

参 考 文 献

[1] 张相庭，王志培，黄本才，等. 结构振动力学[M]. 2 版. 上海：同济大学出版社，2005.

[2] 余同希，邱信明. 冲击动力学[M]. 北京：清华大学出版社，2011.

[3] Girard A, Roy N. Structural Dynamics in Industry[M]. London: ISTE Ltd and John Wiley and Sons Inc., 2008.

[4] Grimes P J, Mc Tigue L D, Riley G F, et al. Advancements in Structural Dynamic Technology Resulting from Saturn V Programs[R]. Vol. II, NASA CR-1540, 1970.

[5] 潘忠文，曾耀祥，廉永正，等. 运载火箭结构动力学模拟技术研究进展[J]. 力学进展，2012，42(4)：406-415.

[6] Auriel C J. 阿里安运载火箭动力学研究的数学模型[M]. 朱仲方，黄怀德，译. 飞行器的 POGO(纵向耦合)振动专题集：下册. 北京：《强度与环境》编辑部，1981：26-34.

[7] Whiteley J. Finite Element Methods: A Practical Guide[M]. Berlin: Springer, 2017.

[8] 孙侠生，段世慧，陈焕生. 坚持自主创新，实现航空 CAE 软件的产业化发展[J]. 计算机辅助工程，2010，19(1)：1-6.

[9] 史光梅，何颖波，吴瑞安，等. 面向对象有限元并行计算框架 PANDA[J]. 计算机辅助工程，2010，19(4)：8-14.

[10] 范宣华，肖世富，陈璞，等. 大规模结构动力学并行计算与软件研发进展[J]. 力学进展，2016(3)： 421-432.

第2章 结构动力学分析基本理论

本章主要对结构动力学分析的基本理论体系的内容和框架进行简明扼要的梳理,目的在于使读者能够从整体上了解结构动力学分析的基本体系和框架,也为本书后续章节的阅读和理解提供必需的知识储备。

2.1 单自由度系统的动力学响应

一个系统的自由度数是指完全描述该系统一切部位在任何瞬时的位置所需要的独立坐标的数目[1]。与一般科学问题的研究类似,从最简单的单自由度情况开始分析,如图2.1所示。

图2.1 单自由度系统示意图

图2.1描述了含阻尼特性(实际结构不同程度地存在阻尼特性)的质量弹簧系统,其结构动力学方程为

$$m\ddot{x} + c\dot{x} + kx = f \tag{2.1}$$

式中,m、c 和 k 分别为单自由度系统的质量、阻尼和刚度参数;f 为外载荷。

2.1.1 时域响应分析

在自然界中,振动载荷最原始的信号记录以时间历程形式描述,即外载荷 f 是时间的函数,为便于分析,假设 f 为谐波形式,并考虑其初始状态(初始位移和初始速度),则式(2.1)变为

$$m\ddot{x} + c\dot{x} + kx = f_e \sin(\omega_e t), \ x(0) = x_0, \ \dot{x}(0) = \dot{x}_0 \tag{2.2}$$

式中,f_e 为谐波载荷的幅值;ω_e 为谐波载荷的圆频率,单位为 rad/s。

此时，可以得到该单自由度系统响应全解的解析形式为

$$x(t) = \mathrm{e}^{-\zeta\omega_n t}\left[x_0\cos(\omega_d t) + \frac{\dot{x}_0 + \zeta\omega_n x_0}{\omega_d}\sin(\omega_d t)\right]$$
$$+ A\mathrm{e}^{-\zeta\omega_n t}\left\{\sin\varphi\cos(\omega_d t) + \frac{\omega_n}{\omega_d}[\zeta\sin\varphi - \lambda\cos\varphi]\sin(\omega_d t)\right\} + A\sin(\omega_e t - \varphi) \tag{2.3}$$

式中，固有频率 $\omega_n = \sqrt{\dfrac{k}{m}}$；相对阻尼系数 $\zeta = \dfrac{c}{2\omega_n m}$；固有阻尼频率 $\omega_d = \omega_n\sqrt{1-\zeta^2}$；频率比 $\lambda = \dfrac{\omega_e}{\omega_n}$；稳态响应振幅 $A = \dfrac{f_e}{k\sqrt{\left(1-\lambda^2\right)^2 + \left(2\zeta\lambda\right)^2}}$；相位角 $\varphi = \arctan\dfrac{2\zeta\lambda}{1-\lambda^2}$。

式 (2.3) 等号右端可分为三项，第一项为结构对初始状态的响应，为自由振动，第二项为自由伴随振动，第三项为稳态振动。可以看出，自由振动和自由伴随振动都将随着时间逐渐衰减，最终稳定在第三项的稳态振动响应，图 2.2 为三个分项响应，图 2.3 为总位移响应时间历程曲线，图 2.3 中曲线为图 2.2 中三项响应时间历程之和。

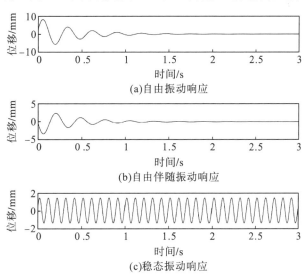

图 2.2　各分项位移响应时间历程曲线

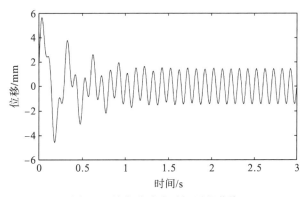

图 2.3　总位移响应时间历程曲线

　　工程中单纯的谐波载荷较少,更多情况下振动载荷呈随机性,但根据傅里叶变换,可将这些振动载荷转换为多个谐波载荷成分的组合,因此,对于呈线性特性的装备结构而言,基于线性叠加理论,结构的响应也可看成多个谐波响应的叠加。

　　实际分析中,任意时程载荷下结构的响应可以通过杜哈梅积分来计算,其原理是将时程载荷看成一系列脉冲载荷的叠加,对作用在时刻 τ 的脉冲载荷 $f(\tau)$ 而言,结构的脉冲响应为

$$h(t-\tau) = \frac{f(\tau)}{m\omega_d}e^{-\zeta\omega_n(t-\tau)}\sin\left[\omega_d(t-\tau)\right], \quad t > \tau \tag{2.4}$$

　　根据线性系统叠加原理,系统对任意激励力的响应等于系统在时间区间 $0 \le \tau \le t$ 内各个脉冲响应的总和,即

$$x(t) = e^{-\zeta\omega_n t}\left[x_0\cos(\omega_d t) + \frac{\dot{x}_0 + \zeta\omega_n x_0}{\omega_d}\sin(\omega_d t)\right] + \frac{1}{m\omega_d}\int_0^t f(\tau)h(t-\tau)\mathrm{d}\tau \tag{2.5}$$

2.1.2　频域响应分析

　　从上述时域分析可知,谐波载荷下,随着时间增加,在阻尼作用下,结构的响应最终也表现为稳态的谐波形式,响应的频率与谐波载荷频率一致,因此关注稳态响应的幅值更有意义,即式(2.3)中的稳态响应幅值 A,它反映了某激励频率下,位移响应的幅值。若将振动信号通过傅里叶变换表征为频谱形式,则对应可获得响应的频谱形式,即

$$|x(\omega)| = \frac{f_e(\omega)}{k\sqrt{\left[1-\lambda(\omega)^2\right]^2 + \left[2\zeta(\omega)\lambda(\omega)\right]^2}} = \left|\frac{1}{k - m\omega^2 + \mathrm{i}c\omega}\right|f_e(\omega) = H(\omega)f_e(\omega)$$

$$\tag{2.6}$$

式中,$H(\omega)$ 为传递函数,该分析过程与时间无关,各个频率点的计算也是相互独立的,因此,计算效率要高得多。仍以图2.1中的单自由度系统为例,在扫频形式(载荷 f_e 的大小恒定,改变激励的频率 ω_e)载荷下,结构的位移响应谱如图2.4所示,图2.4反映了在不同频率谐波载荷作用下,结构响应幅值的变化情况。在固有频率附近位移值最大,说明若外界载荷的激励频率与结构的固有频率接近,结构响应将急剧增大,即共振。

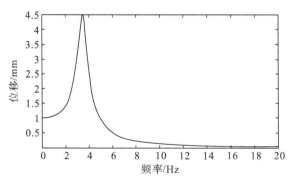

图2.4　结构的位移响应谱

实际装备工程中的振动载荷是非常复杂的，往往具有较强的随机性，即使是相同的运行工况，测量得到的载荷信号在时间历程上也不尽相同，看似杂乱无章，难以进行对比分析，使得仅依据对某一条时程载荷的分析结果难以全面评估，需要多个样本的统计分析。根据工程实践及振动信号的数据统计分析，在相同随机工况下，这些载荷往往具有广义平稳随机振动的特点，表现为多个样本的频谱特性非常相似，因此，在应用中我们更多的是采用频域分析方法，结合对计算结果的统计特性分析开展装备结构的动力学性能评估研究。

2.2　多自由度系统的动力学响应

单自由度系统动力学响应分析可用解析的方式便捷地开展研究，但实际当中能用单自由度系统描述动力学行为的结构是极少的，对于各个部位的动力学响应存在明显差异的结构（即使是实际工程中大部分的梁、板壳等典型规则部件），单自由度系统的分析方法显然已不再适用，需要采用多自由度系统的建模方式及求解方法。

以梁和板的横向振动为例，其动力学方程仍然可以用解析方式表示，分别如式(2.7)和式(2.8)所示。

$$\rho A \frac{\partial^2 y}{\partial t^2} + EJ \frac{\partial^4 y}{\partial x^4} = p(x,t) \tag{2.7}$$

$$\frac{Eh^3}{12(1-\mu^2)}\left(\frac{\partial^4 \omega}{\partial x^4} + 2\frac{\partial^4 \omega}{\partial x^2 \partial y^2} + \frac{\partial^4 \omega}{\partial y^4} \right) + \rho h \frac{\partial^2 \omega}{\partial t^2} = p(x,y,t) \tag{2.8}$$

式中，ρ 为材料密度；E 为弹性模量；A 为梁结构横截面积；J 为梁截面惯性矩；p 为外载荷；h 为板厚度；μ 为泊松比；ω 为位移响应挠度。

这些方程是结构动力学早期研究和发展的基础，它是基于连续模型，针对整个求解域（分析对象为整体结构）进行研究的，但只能获得某些规则部件、特定载荷、简单边界条件下的响应，且未考虑阻尼及更复杂的响应行为（如梁的拉伸、扭转）等，在实际装备结构的动力学分析中已经难以适用，更多的是基于离散模型的有限元分析方法。

2.3　有限元法的基本理论

2.3.1　有限元法分析的基本思想

有限元法是一种近似求解方法，其基本思想最早可以追溯到 1943 年 Courant[2]的探索性工作，他尝试将一系列三角形区域上定义的分片连续函数与最小位能原理项结合，求解 Venant 扭转问题。有限元法的实际应用则与计算机技术的发展密切相关，1960 年，Clough[3]在平面弹性问题的求解中，第一次提出了有限单元法的名称。

通俗来讲，有限元法采用"化整为零"的思想，将整体结构分解为多个区域，每个区域称为单元，单元之间的连接点称为节点。如图 2.5 所示，将一块薄板既可以划分为多个规则的平面四边形单元，也可以划分为多个平面三角形单元，当然也可以划分为两类形状单元的组合。

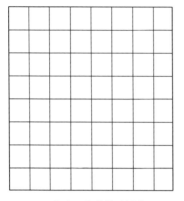
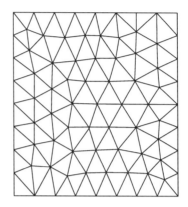

(a)平面四边形单元划分   (b)平面三角形单元划分

图 2.5   不同的单元划分形式

当分解得足够小时，每个单元上的位移函数可以采用多项式近似描述，多项式运算简便，随着项数增多，可以逼近任何一段光滑的函数曲线。有限元法将每个单元视为一个求解域，建立每个单元矩阵形式的动力学方程（忽略阻尼的影响），如式(2.9)所示。

$$M^e \ddot{q}^e + K^e q^e = F^e \tag{2.9}$$

式中，$\ddot{q}^e$ 和 q^e 分别为单元上各个节点的加速度和位移；M^e 和 K^e 分别为单元的质量和刚度矩阵；F^e 为单元上各个节点上承受的载荷向量。每个单元的节点在整体结构中都是有编号的，当整体结构离散并建立了每个单元的动力学方程后，就可以按照节点编号顺序组装成整个结构矩阵形式的动力学方程，然后再基于相应的数值模拟方法进行分析，可见基于单元离散的有限元法获得的是结构在单元节点上的响应。

有限元法出现后，许多学者也开展了大量理论研究，1960 年，Argyris[4]出版了第一本关于结构分析中能量原理和矩阵方法的专著；1967 年，Zienkiewicz 和 Cheung 出版了第一本有关有限元分析的专著。我国的不少学者在有限元领域也做出了卓越的贡献，包括：钱伟长[5]对拉格朗日乘子法与广义变分原理之间关系的研究；钱令希[6]对力学分析的余能原理的研究；冯康[7]在有限元分析收敛性理论方面的开创性研究等。这些研究表明，有限元方法的理论基础是变分原理，在数学上已经证明是微分方程和边界条件的等效积分形式，在求解有限元方程的算法稳定可靠的前提下，随着单元数目的增加，即分块区域的细化，或者随着单元上用于描述位移函数的多项式阶次提高，计算结果的近似程度也会不断提高，近似解也将逐步收敛于精确解[8]，这些成果为有限元法在工程中的应用打下了坚实的理论基础。

由于有限元方程可以表示成规范化的矩阵形式，在求解上转化为矩阵代数运算，特别适合计算机程序化的实现及运算，使得近几十年来，在计算机技术飞速发展、新的数值计算方法不断出现、软件功能更加完善的背景下，基于有限元方法的动力学分析已成为大型复杂装备在研制过程中的常规工作[9]。

2.3.2　单元刚度矩阵

从有限元理论的基本思想可知,有限元分析的首要任务在于构造单元的刚度矩阵和质量矩阵,目前主要采用能量原理(如最小势能原理和虚功原理)来描述。由于最小势能原理和虚功原理是等价的[7],因此本章以矩形离散平面单元(图 2.6)为例,采用最小势能原理对动力学方程中最关键的单元刚度矩阵的建立过程进行分析。

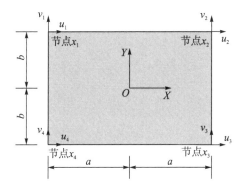

图 2.6　矩形离散平面单元

图 2.6 中的矩形单元有 4 个节点,分别为 x_1、x_2、x_3、x_4,长和宽分别为 $2a$ 和 $2b$,坐标平面 XOY 的原点位于中心,每个节点在平面上有 2 个自由度,分别为 u 和 v,该单元的 8 个自由度形式的位移场为

$$\boldsymbol{q}^e = \begin{bmatrix} u_1 & v_1 & u_2 & v_2 & u_3 & v_3 & u_4 & v_4 \end{bmatrix}^{\mathrm{T}} \tag{2.10}$$

为简单起见,先考虑静力学问题,$\boldsymbol{F}$ 为节点上的外力载荷向量,表示为

$$\boldsymbol{F} = \begin{bmatrix} f_{u1} & f_{v1} & f_{u2} & f_{v2} & f_{u3} & f_{v3} & f_{u4} & f_{v4} \end{bmatrix}^{\mathrm{T}} \tag{2.11}$$

此时,该单元上的外力功 W 和应变能 U 可表示为

$$\begin{cases} W = \boldsymbol{F}^{e\mathrm{T}} \boldsymbol{q}^e \\ U = \dfrac{1}{2} \displaystyle\int_{\Omega} \boldsymbol{\sigma}^{\mathrm{T}} \left(\boldsymbol{q}^e \right) \boldsymbol{\varepsilon} \left(\boldsymbol{q}^e \right) \mathrm{d}\Omega \end{cases} \tag{2.12}$$

式中,$\boldsymbol{\sigma}$ 和 $\boldsymbol{\varepsilon}$ 分别为单元的应力场和应变场;Ω 为矩形单元积分域。

考虑到 8 个自由度描述了 x 和 y 两个方向的位移,每个方向 4 个,选择如下多项式形式的位移场:

$$\begin{cases} u(x,y) = a_0 + a_1 x + a_2 y + a_3 xy \\ v(x,y) = b_0 + b_1 x + b_2 y + b_3 xy \end{cases} \tag{2.13}$$

在节点位移 $\boldsymbol{q}^e$ 给定的情况下,将式(2.10)代入式(2.13),可得到系数 a_0、a_1、a_2、a_3、b_0、b_1、b_2、b_3,整理后可将式(2.13)改写为

$$\begin{cases} u(x,y) = L_1(x,y)u_0 + L_2(x,y)u_1 + L_3(x,y)u_2 + L_4(x,y)u_3 \\ v(x,y) = L_1(x,y)v_0 + L_2(x,y)v_1 + L_3(x,y)v_2 + L_4(x,y)v_3 \end{cases} \tag{2.14}$$

式中,

$$\begin{cases} L_1(x,y) = \dfrac{1}{4}\left(1+\dfrac{x}{a}\right)\left(1+\dfrac{y}{b}\right) \\ L_2(x,y) = \dfrac{1}{4}\left(1-\dfrac{x}{a}\right)\left(1+\dfrac{y}{b}\right) \\ L_3(x,y) = \dfrac{1}{4}\left(1-\dfrac{x}{a}\right)\left(1-\dfrac{y}{b}\right) \\ L_4(x,y) = \dfrac{1}{4}\left(1+\dfrac{x}{a}\right)\left(1-\dfrac{y}{b}\right) \end{cases} \tag{2.15}$$

式 (2.14) 的矩阵形式为

$$\boldsymbol{Q}(x,y) = \begin{bmatrix} u(x,y) \\ v(x,y) \end{bmatrix} = \begin{bmatrix} L_1 & 0 & L_2 & 0 & L_3 & 0 & L_4 & 0 \\ 0 & L_1 & 0 & L_2 & 0 & L_3 & 0 & L_4 \end{bmatrix} \begin{bmatrix} u_1 \\ v_1 \\ u_2 \\ v_2 \\ u_3 \\ v_3 \\ u_4 \\ v_4 \end{bmatrix} = \boldsymbol{L}\boldsymbol{q}^e \tag{2.16}$$

由式 (2.16) 可以得到单元应变场的表述为

$$\boldsymbol{\varepsilon}(x,y) = \begin{bmatrix} \varepsilon_{xx} \\ \varepsilon_{yy} \\ \varepsilon_{xy} \end{bmatrix} = \begin{bmatrix} \dfrac{\partial u}{\partial x} \\ \dfrac{\partial v}{\partial y} \\ \dfrac{\partial u}{\partial y} + \dfrac{\partial v}{\partial x} \end{bmatrix} \boldsymbol{Q} = \begin{bmatrix} \dfrac{\partial}{\partial x} & 0 \\ 0 & \dfrac{\partial}{\partial y} \\ \dfrac{\partial}{\partial y} & \dfrac{\partial}{\partial x} \end{bmatrix} \begin{bmatrix} u(x,y) \\ v(x,y) \end{bmatrix} = \boldsymbol{B}\boldsymbol{q}^e \tag{2.17}$$

式中,

$$\boldsymbol{B} = \begin{bmatrix} \dfrac{\partial}{\partial x} & 0 \\ 0 & \dfrac{\partial}{\partial y} \\ \dfrac{\partial}{\partial y} & \dfrac{\partial}{\partial x} \end{bmatrix} \begin{bmatrix} L_1 & 0 & L_2 & 0 & L_3 & 0 & L_4 & 0 \\ 0 & L_1 & 0 & L_2 & 0 & L_3 & 0 & L_4 \end{bmatrix} = \begin{bmatrix} B_1 & B_2 & B_3 & B_4 \end{bmatrix} \tag{2.18}$$

进一步,可以得到单元的应力场表述为

$$\boldsymbol{\sigma} = \boldsymbol{D}\boldsymbol{\varepsilon} = \boldsymbol{D}\boldsymbol{B}\boldsymbol{q}^e \tag{2.19}$$

式中,$\boldsymbol{D}$ 为弹性系数矩阵。对于平面应力问题,$\boldsymbol{D}$ 的表达式为

$$D = \frac{E}{1-\mu^2} \begin{bmatrix} 1 & \mu & 0 \\ \mu & 1 & 0 \\ 0 & 0 & \dfrac{1-2\mu}{2} \end{bmatrix} \tag{2.20}$$

对于平面应变问题，D 的表达式则为

$$D = \frac{E}{(1+\mu)(1-2\mu)} \begin{bmatrix} 1-\mu & \mu & 0 \\ \mu & 1-\mu & 0 \\ 0 & 0 & \dfrac{1-2\mu}{2} \end{bmatrix} \tag{2.21}$$

此时，可以得到单元的势能为

$$\Pi = U - W = \frac{1}{2} \boldsymbol{q}^{e\mathrm{T}} \int_{\Omega} \boldsymbol{B}^{\mathrm{T}} \boldsymbol{D} \boldsymbol{B} \mathrm{d}\Omega \boldsymbol{q}^e - \boldsymbol{F}^{e\mathrm{T}} \boldsymbol{q}^e = \frac{1}{2} \boldsymbol{q}^{e\mathrm{T}} \boldsymbol{K}^e \boldsymbol{q}^e - \boldsymbol{F}^{e\mathrm{T}} \boldsymbol{q}^e \tag{2.22}$$

根据最小势能原理，单元的真实位移函数 $\boldsymbol{q}^e$ 应当使得系统势能取极小值，因此，对 $\boldsymbol{q}^e$ 取一阶极值，得到单元的刚度方程：

$$\boldsymbol{K}^e \boldsymbol{q}^e = \boldsymbol{F}^e \tag{2.23}$$

式中，$\boldsymbol{K}^e$ 为 4 个节点矩形单元的刚度矩阵。将 $\boldsymbol{K}^e$ 进一步展开，可表述为

$$\boldsymbol{K}^e = \int_{-b}^{b} \int_{-a}^{a} \boldsymbol{B}^{\mathrm{T}} \boldsymbol{D} \boldsymbol{B} t \, \mathrm{d}x \, \mathrm{d}y \tag{2.24}$$

式中，t 为矩形单元的厚度。

2.3.3　单元质量矩阵

对于结构动力学问题，在计算单元势能时，还需要考虑单元的动能 P（简单起见，忽略阻尼），在位移场 $Q(x,y)$ 下，P 可以表示为

$$P = \frac{t}{2} \dot{\boldsymbol{q}}^{e\mathrm{T}} \rho \int_{\Omega} \boldsymbol{L}^{\mathrm{T}} \boldsymbol{L} \mathrm{d}\Omega \dot{\boldsymbol{q}}^e \tag{2.25}$$

此时，单元势能改写为

$$\begin{aligned} \Pi = P + U - W &= \frac{t}{2} \dot{\boldsymbol{q}}^{e\mathrm{T}} \rho \int_{\Omega} \boldsymbol{L}^{\mathrm{T}} \boldsymbol{L} \mathrm{d}\Omega \dot{\boldsymbol{q}}^e + \frac{t}{2} \boldsymbol{q}^{e\mathrm{T}} \int_{\Omega} \boldsymbol{B}^{\mathrm{T}} \boldsymbol{D} \boldsymbol{B} \mathrm{d}\Omega \boldsymbol{q}^e - \boldsymbol{F}^{e\mathrm{T}} \boldsymbol{q}^e \\ &= \frac{1}{2} \dot{\boldsymbol{q}}^{e\mathrm{T}} \boldsymbol{M}^e \dot{\boldsymbol{q}}^e + \frac{1}{2} \boldsymbol{q}^{e\mathrm{T}} \boldsymbol{K}^e \boldsymbol{q}^e - \boldsymbol{F}^{e\mathrm{T}} \boldsymbol{q}^e \end{aligned} \tag{2.26}$$

对 $\boldsymbol{q}^e$ 取一阶极值，得到单元的动力学方程：

$$\boldsymbol{M}^e \ddot{\boldsymbol{q}}^e + \boldsymbol{K}^e \boldsymbol{q}^e = \boldsymbol{F}^e \tag{2.27}$$

式中，$\boldsymbol{M}^e$ 为 4 节点矩形单元的质量矩阵，同样地，将 $\boldsymbol{M}^e$ 进一步展开，可表述为

$$\boldsymbol{M}^e = \rho \int_{-b}^{b} \int_{-a}^{a} \boldsymbol{L}^{\mathrm{T}} \boldsymbol{L} t \, \mathrm{d}x \, \mathrm{d}y \tag{2.28}$$

需要说明的是，按照式 (2.28) 构造的质量矩阵称为一致质量矩阵，存在非对角线元素，即存在耦合项。此外，在有限元中还经常使用一种集中质量矩阵，它假定单元的质量集中

在节点上,这种矩阵为对角线形式,不存在耦合项,形式更为简单,图 2.6 的矩形单元,其集中质量矩阵为

$$\boldsymbol{M}^e = \frac{\rho abt}{2} \begin{bmatrix} 1 & & & & & & & \\ 0 & 1 & & & & & & \\ 0 & 0 & 1 & & & & & \\ 0 & 0 & 0 & 1 & & \text{sym} & & \\ 0 & 0 & 0 & 0 & 1 & & & \\ 0 & 0 & 0 & 0 & 0 & 1 & & \\ 0 & 0 & 0 & 0 & 0 & 0 & 1 & \\ 0 & 0 & 0 & 0 & 0 & 0 & 0 & 1 \end{bmatrix} \tag{2.29}$$

2.3.4　边界条件的处理

仍以该矩形单元为例,当单元处于自由状态时,式(2.9)中 $\boldsymbol{M}^e$、$\boldsymbol{K}^e$ 的矩阵维数均为 8×8,$\boldsymbol{q}^e$、$\boldsymbol{F}^e$ 的维数均为 8×1,按照节点编号顺序将该方程写成矩阵形式,如图 2.7 所示,质量和刚度矩阵中每个节点编号下的子矩阵维数均为 2×2。以常见的固支约束为例,若将单元的 1、2 号节点固支约束,则对应地将节点 1 和 2 所在的行与列删除,此时,单元的动力学方程矩阵形式缩减为图 2.8 的形式。

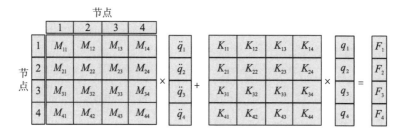

图 2.7　4 节点矩形单元动力学方程的矩阵形式

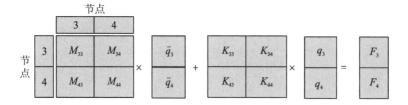

图 2.8　1、2 号节点固支条件下的矩形单元动力学方程矩阵形式

2.3.5　小结

以上通过平面矩形单元对有限元的基本思想进行了分析,这种矩形单元也称为平面四边形单元,在有限元应用中,可以根据结构的实际情况,划分为梁、杆、平面三角形、空

间四面体、空间六面体等多种形式的单元，这样使得任意形状的结构最终都可以通过有限元离散建模。结构所承受的载荷，最终也分配到各个节点上。

总体来讲，有限元法就是将复杂的几何对象划分为一个个形状比较简单的单元，并基于多项式形式的位移函数来近似描述单元节点的位移，构建单元的质量和刚度矩阵，然后按照单元在整体结构中的编号规则，组装成整体结构矩阵形式的动力学方程，进而根据约束状态处理边界条件，结合相关的数值模拟方法求解结构响应。

实际上，图 2.6 所示的平面四边形单元只考虑了 4 个节点，位移场函数为线性的（xy 项为双线性项），称为低阶单元。当在平面四边形的每条边的中间再设置一个节点，这样平面四边形将变成 8 节点平面四边形高阶单元，如图 2.9 所示，位移场函数则需要通过包含 x^2 和 y^2 的二次曲线来描述，称为高阶单元。一般来讲，高阶单元的计算精度更高，模型规模更大。

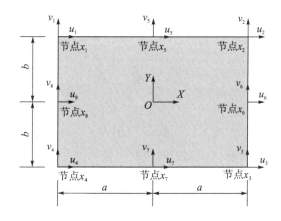

图 2.9　8 节点平面四边形高阶单元

2.4　基于有限元的动力学数值模拟基本方法

2.4.1　模态分析基本理论

从式 (2.6) 可以看出，当载荷特征频率与结构固有频率接近时，结构的响应幅值会大幅增加，即发生共振，会对运行中的结构的安全性带来极大危害，因此对结构固有频率的分析显得非常重要，需要说明的是，从式 (2.3) 也可以看出，理论上响应幅值最大的频率并不精确在固有频率 ω_n 处，而是比 ω_n 略微偏小一些，即阻尼固有频率 ω_d，如式 (2.30) 所示，但相对阻尼系数 ζ 往往较小，因此阻尼固有频率与固有频率非常接近。

$$\omega_d = \sqrt{1-\zeta^2}\,\omega_n \tag{2.30}$$

进行模态分析的目的在于获得结构的模态参数，包括固有频率和模态振型，可以对结构的动力学特性进行评估，如通过对固有频率与环境载荷特征频率的对比分析，可以评估结构是否会发生共振，通过振型分析可以观察哪些是响应放大的敏感区域，进而可以指导结构设计的改进。

对于单自由度系统可以直接通过式 (2.3) 进行计算，但装备结构经过有限元离散后，结构动力学方程一般为大型矩阵形式，需要通过矩阵方法进行分析。

为简单起见，考虑无阻尼状态的装备结构基于有限元离散后的自由振动方程。

$$M\ddot{X}(t) + KX(t) = 0 \tag{2.31}$$

式中，M 和 K 分别为结构的质量和刚度矩阵。

假设结构以初始位移或初始速度或两者兼有的形式获得能量，结构产生振动，如果将图 2.1 中的弹簧振子系统拉开一定的位移 x_0，然后突然松开，从式 (2.3) 可知，其自由振动响应的形式为

$$x(t) = x_0 \cos(\omega_n t) \tag{2.32}$$

即结构将以固有频率 ω_n 的谐波形式一直振动下去，同样地，对于多自由度系统，也可以假设其自由振动响应形式为

$$X(t) = Z\cos(\omega_n t) \tag{2.33}$$

式中，Z 为各节点自由度响应幅值构成的向量，将式 (2.33) 代入式 (2.31)，得

$$\left(K - \omega_n^2 M\right)Z = 0 \tag{2.34}$$

该方程有非零解的条件是

$$\left|K - \omega_n^2 M\right| = 0 \tag{2.35}$$

这样就得到了结构的特征方程，通过矩阵运算，可以得到特征值 ω_n^2 和特征向量 ψ。ψ 即模态振型。若整体结构的质量矩阵 M 和刚度矩阵 K 的维数均为 $m \times m$，那么通过式 (2.35)，可以得到结构的固有频率向量和模态振型矩阵。

$$\begin{aligned}\omega_n &= \begin{bmatrix} \omega_1 & \omega_2 & \cdots & \omega_m \end{bmatrix} \\ \psi &= \begin{bmatrix} \psi_1 & \psi_2 & \cdots & \psi_m \\ {\scriptstyle m\times 1} & {\scriptstyle m\times 1} & & {\scriptstyle m\times 1} \end{bmatrix}\end{aligned} \tag{2.36}$$

式中，$\omega_i(i=1,\cdots,m)$ 和 $\psi_i(i=1,\cdots,m)$ 称为第 i 阶模态参数；ω_n 为圆频率，单位为 rad/s，对应的赫兹频率为

$$f = \frac{\omega_n}{2\pi} \tag{2.37}$$

根据矩阵分析理论，特征向量之间具有正交性，假设 ψ_i、ψ_j 为第 i 阶和第 j 阶模态振型，结合式 (2.34)，可以得

$$\begin{cases} K\psi_i = \omega_i^2 M\psi_i \\ K\psi_j = \omega_j^2 M\psi_j \end{cases} \tag{2.38}$$

将式 (2.38) 中的第一式转置，并右乘 ψ_j，且由于 K、M 为对称矩阵，得

$$\psi_i^{\mathrm{T}} K\psi_j = \psi_i^2 \psi_i^{\mathrm{T}} M\psi_j \tag{2.39}$$

对式 (2.38) 中的第二式左乘 ψ_i^{T}，得

$$\psi_i^{\mathrm{T}} K\psi_j = \psi_j^2 \psi_i^{\mathrm{T}} M\psi_j \tag{2.40}$$

式 (2.39) 与式 (2.40) 相减，得

$$\left(\psi_i^2 - \psi_j^2\right)\psi_i^{\mathrm{T}} M \psi_j = 0 \tag{2.41}$$

考虑到 $i \neq j$ 时，$\omega_i \neq \omega_j$，则整理得

$$\begin{cases} \psi_i^{\mathrm{T}} M \psi_j = 0, \\ \psi_i^{\mathrm{T}} K \psi_j = 0, \end{cases} \tag{2.42}$$

当 $i = j$ 时，$\omega_i = \omega_j$，则整理可得

$$\begin{cases} \psi_i^{\mathrm{T}} M \psi_i = M_{qi} \\ \psi_i^{\mathrm{T}} K \psi_i = K_{qi} \end{cases} \tag{2.43}$$

式中，M_{qi} 和 K_{qi} 为常数，称为第 i 阶主质量和第 i 阶主刚度。

模态振型的这种正交性，将为基于模态叠加法的动力学响应计算带来极大的方便，后续内容会进行说明。需要说明的是，在实际计算分析中，一般都是将模态振型进行基于质量矩阵的归一化处理，即将各阶主质量转换为单位矩阵。

$$\begin{cases} \phi_i^{\mathrm{T}} M \phi_i = 1 \\ \phi_i^{\mathrm{T}} K \phi_i = \dfrac{K_{qi}}{M_{qi}} = \omega_i^2 \end{cases} \tag{2.44}$$

此时对应的振型 ϕ 称为正则振型。

2.4.2 阻尼矩阵

上述内容中，为简单起见，未对阻尼矩阵进行重点分析说明，实际装备结构中都是存在阻尼特性的，在连接形式复杂、存在减振设计的结构中尤为明显。阻尼的存在将使得振动系统的能量逐渐转化为热能或噪声，达到耗能的目的，对于图 2.1 中的弹簧振子系统，由于真实情况下阻尼的存在，在初始条件下的自由振动会逐渐衰减下来，并不会一直振动下去。

实际上阻尼矩阵也可按照单元质量和单元刚度矩阵的形式构造，与质量单元矩阵仅有系数上的差异，仍以平面四边形单元为例，其单元阻尼矩阵为

$$C^e = v \int_{-b}^{b} \int_{-a}^{a} L^{\mathrm{T}} L t \, \mathrm{d} x \, \mathrm{d} y \tag{2.45}$$

式中，v 为单元的阻尼系数，该系数并不容易确定，通过试验往往也只能反映材料的阻尼特性，对于连接形式产生的阻尼特征难以描述，因此在结构动力学的有限元数值模拟中，为便于分析，往往并不直接构建阻尼矩阵，常常采用比例阻尼的方式来表征，即将结构阻尼矩阵假设为如下形式：

$$C = \alpha M + \beta K \tag{2.46}$$

式中，α 和 β 为常数。

易见，阻尼矩阵 C 也是对称矩阵，同样基于模态振型的正交性，有

$$C_q = \phi^{\mathrm{T}} \left(\alpha M + \beta K\right) \phi = \alpha M_q + \beta K_q \tag{2.47}$$

M_q 和 K_q 为 M_{qi} 和 K_{qi} 构成的对角矩阵，将式 (2.47) 两边同时除以 M_q，得

$$2\zeta_i\omega_i = \alpha + \beta\omega_i^2, \quad i = 1,\cdots,m \tag{2.48}$$

式中，ζ_i 为第 i 阶模态的模态阻尼比，如通过两阶主要模态的阻尼比 ζ_i 和 ζ_j 就可以计算得到系数 α 和 β，从而确定阻尼矩阵 $\boldsymbol{C}$。

$$\alpha = \frac{2(\zeta_i\omega_j - \zeta_j\omega_i)}{\omega_j^2 - \omega_i^2}\omega_i\omega_j, \quad \beta = \frac{2(\zeta_j\omega_j - \zeta_i\omega_i)}{\omega_j^2 - \omega_i^2} \tag{2.49}$$

由上述分析可知，阻尼对结构的固有频率没有影响，但对阻尼固有频率有影响；阻尼对固有频率处的响应影响很大，阻尼越大，响应越小。

此时，装备结构考虑阻尼的结构动力学方程为

$$\boldsymbol{M}\ddot{\boldsymbol{X}}(t) + \boldsymbol{C}\dot{\boldsymbol{X}}(t) + \boldsymbol{K}\boldsymbol{X}(t) = F(t) \tag{2.50}$$

需要指出的是，由于阻尼的机理至今未完全被研究清楚，在实际装备工程中，阻尼参数不容易被精确测量或计算出来，主要是通过模态试验测定各阶模态阻尼比。根据工程经验，对于金属材料的梁、板等简单零部件，其模态阻尼比较小，一般在 1%以下；存在连接的结构，由于连接处的能量传递耗散，模态阻尼比相对较大，可取 2%左右，对于减振隔振结构，其模态阻尼比甚至可超过 10%。

2.4.3 动力学响应数值模拟基本方法

上面对基于有限元法的结构动力学方程的构造进行了基本的阐述，在动力学响应求解数值模拟方法上则可分为全方法和模态叠加法。全方法是直接基于式(2.5)和式(2.6)进行动力学响应计算，但对于离散成大型矩阵形式的装备结构而言，在应用上存在较大困难，如时域分析中，式(2.5)中 $h(t-\tau)$ 将表示成矩阵形式，且难以确定数值；频域分析中式(2.6)需要对大型矩阵进行求逆，在计算的精度和效率上都存在困难，甚至不可行。模态叠加法采用了降维解耦等处理方式，是解决上述问题的有效技术手段。

模态叠加法运用了展开定理：根据正交性特征，模态分析中得到的各个振型向量之间是线性独立的，它们构成了 m 维空间的一个基函数，这意味着 m 维空间的任意向量都可以表示成这 m 个线性独立向量的线性组合[9]。因此，可以将结构的动力学响应表示成各阶振型的线性组合，如式(2.51)所示。

$$\boldsymbol{X}(t) = \boldsymbol{\phi}\eta(t) \tag{2.51}$$

将式(2.51)代入式(2.50)，并同时乘 $\boldsymbol{\phi}^{\mathrm{T}}$，得

$$\boldsymbol{\phi}^{\mathrm{T}}\boldsymbol{M}\boldsymbol{\phi}\ddot{\eta}(t) + \boldsymbol{\phi}^{\mathrm{T}}\boldsymbol{C}\boldsymbol{\phi}\dot{\eta}(t) + \boldsymbol{\phi}^{\mathrm{T}}\boldsymbol{K}\boldsymbol{\phi}\eta(t) = \boldsymbol{\phi}^{\mathrm{T}}F(t) \tag{2.52}$$

根据振型向量的正交性特征，进一步简化得到式(2.53)形式的方程组

$$\begin{cases} \ddot{\eta}(t) + 2\zeta_i\omega_i\eta \\ \ddot{\eta}_i(t) + 2\zeta_i\omega_i\dot{\eta}_i(t) + \omega_i^2\eta_i(t) = F_{\eta i}(t) \end{cases}, i = 1,\cdots,m \tag{2.53}$$

式(2.53)为 m 个相互独立的单自由度系统构成的动力学方程组，其模态空间下的动力学响应 η 容易计算获得，然后再根据式(2.51)就能获得实际物理坐标下的响应。需要说明的是，在实际分析过程中，由于结构低阶模态对结构响应的影响更大，因此可以截取载荷

频率范围内的模态参数进行计算，是一种近似算法。需要说明的是，载荷频率范围之外的模态对结构响应也是有影响的，但影响较小，在数值模拟中往往推荐将 1.5 倍载荷频率范围上限内的模态阶数考虑在内。

简而言之，模态叠加法将多自由度动力学方程通过模态坐标映射，转换为模态空间下相互独立的多个单自由度动力学方程组，实现降维和解耦，进而可快速计算得到这些单自由度系统的动态响应，然后再将这些模态空间下的动态响应通过线性组合，换算为实际物理坐标下的结构响应。

上述分析也表明，模态分析及模态叠加法都基于线性理论，因此模态分析和基于模态叠加法的结构动力学响应分析都无法处理结构中的非线性因素，但采用全方法的瞬态分析(时域法)能够考虑结构的非线性因素。

参 考 文 献

[1] 倪振华. 振动力学[M]. 西安：西安交通大学出版社，1989.

[2] Courant R. Variational method for solutions of problems of equilibrium and vibrations[J]. Journal of the American Mathematical Society, 1943, 49: 1-23

[3] Clough R W. The Finite Element Method in Plane Stress Analysis[C]. Proceedings of 2nd ASCE Conference on Electronic Computation, Pittsburgh, 1960: 345-378.

[4] Argyris J H. Energy Theorems and Structural Analysis[M]. London: Butterworths,1960.

[5] 钱伟长. 变分法及有限元[M]. 北京：科学出版社，1980.

[6] 钱希令. 余能原理[J]. 中国科学, 1950, 1(2/3/4): 449-456.

[7] 陈传森. 有限元方法的超收敛性[J]. 数学进展，1985(1): 39-51.

[8] 王勋成. 有限单元法[M]. 北京：清华大学出版社，2003.

[9] Rao S S. 机械振动[M]. 李欣业, 张明路, 译. 4 版. 北京：清华大学出版社，2009.

第 3 章   复杂工程结构动力学建模方法

模型的有效性是获得正确数值模拟结果的重要前提，本章结合作者所在团队多年来在复杂装备结构动力学分析中开展的相关工作，对结构动力学建模过程中一些重要的、实用的建模方法进行阐述，主要包括以下几个方面：①模型简化；②网格划分；③连接结构建模。

3.1   模 型 简 化

根据分析类型的不同，模型简化的方式也存在差异，在结构动力学分析中，研究对象一般是整体结构，对整体动力学特性影响甚微的局部细节往往会大量简化，常规的操作包括倒角倒圆删除、孔洞填实、间隙填补、破碎面缝补等，这些在许多 CAE 相关的资料书籍中都有介绍，本章基于 Workbench 软件平台，主要介绍模型几何处理、结构单元简化、部件连接方式等几种实用的建模处理方法，并结合实例说明其具体应用。

3.1.1   模型几何处理

1. 模型干涉检查

当前在基于有限元仿真的数值模拟中，计算机辅助设计（computer aided design，CAD）输入模型逐步实现三维化，在 CAE 软件中也提供了许多与不同 CAD 软件的接口，图 3.1 为 Workbench 软件支持的 CAD 模型格式，方便设计模型的导入，极大地提高工作效率，常用的格式包括.x_t、.stp、.iges、.prt 等模型文件。

图 3.1   Workbench 软件支持的 CAD 模型格式

但在实际工作中，由于 CAD 模型不可避免地在质量上存在各种问题，常见的如模型装配时的干涉，会给后续的仿真工作造成不同程度的不利影响，如网格划分困难。因此有必要在 CAD 模型导入时，进行模型干涉检查。以图 3.2 中两个筒体装配件为例，由于 CAD 几何模型中外筒体内径略微大于内筒体外径，存在干涉。

图 3.2　筒体装配件几何模型

直观上往往难以对干涉进行判断，可通过布尔操作进行检查。具体步骤如下所示。

步骤 1：在 Create 下拉菜单中选中 Boolean。

步骤 2：将其中布尔运算操作(Operation)改为 Intersect，在 Tool Bodies 中选中两个筒体作为操作对象，建议将所分析对象的所有部件都选中，以便对整体结构的干涉情况进行分析，如图 3.3 所示。

步骤 3：单击 Generate 按钮，完成检查，若这两个筒体之间没有干涉，是紧密贴合的，那么在该布尔操作后没有几何体存在；若存在干涉，则会将干涉部分留下，生成一个很薄厚度的筒体，对于本节模型而言，生成结果如图 3.4 所示，若这两个筒体在实际结构中是作为固连处理的，这将给后续的网格划分带来困难，通过几何模型初步检查，需要对存在干涉的模型在 CAD 软件中进行处理。

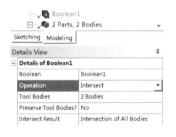

图 3.3　布尔操作设置

图 3.4　相交操作后留下的干涉部分

2. 断线连接

在几何模型中，往往也会发现许多看起来比较规则的几何体无法划分规则的六面体网格，或者生成的网格较为畸形，常见的原因之一就是在几何线上存在断点。以图 3.5 所示

图 3.5　法兰盘结构及局部

的法兰盘结构为例，经过倒角删除、破面合并等处理，并单击工具栏中的 Display Vertices 按钮，将显示处理后模型的断线，如图 3.6 所示，能够看到边缘上有许多断线，断线之间的几何点将在后续的网格划分中生成节点。

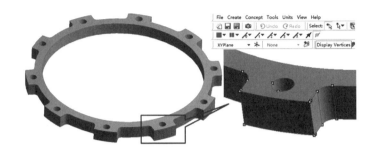

图 3.6　处理后模型的断线

这些断线可以通过连接处理，在 Workbench 中进行断线合并批量处理的操作。

步骤 1：在工具栏中单击线拾取按钮。

步骤 2：全选(Ctrl+A)模型中的线。

步骤 3：在 Tool 工具栏下拉菜单中选择 Merge 工具，单击 Generate 按钮，完成合并，效果如图 3.7 所示。

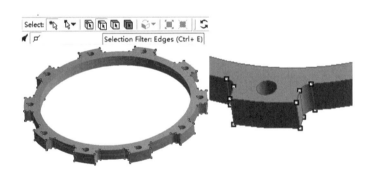

图 3.7　断线合并后的模型

3.1.2　结构单元简化

　　装备结构部件的几何尺度往往跨度大，可达数个量级，虽然理论上对于任意形式的工程结构，都可以通过四面体单元进行有限元离散化，但四面体网格往往模型规模较为庞大、计算困难；划分为六面体网格或四边形网格能够减少网格规模，同时提高计算精度[1]，但往往构型或连接形式较为复杂，使得几何切分和网格划分较为烦琐。图 3.8 所示的某离心机转臂，为薄板组合结构，其厚度与平面尺寸差异很大，在进行四面体和六面体实体网格划分时都比较困难。

(a)离心机　　　　　　　　　　　　(b)转臂（内部视图）

图 3.8　某离心机及其转臂

结构单元主要包括梁单元、杆单元、壳单元、质量单元等，对于图 3.8 中的转臂结构，显然采用壳单元进行建模比较合理，以下以 Workbench 软件平台为例，采用抽中面技术，对其简化建模过程进行说明。在处理之前，首先将转臂结构按照图 3.8(b) 的方式切割成 6 个部分，每个部分几何特征相对简单。

步骤 1：在 Geometry（几何模型）操作模块中，全选转臂结构的 6 个部分，右键单击空白处，在弹出的菜单中选择 form new part 形成一个部分，使得各个部分黏接在一起，如图 3.9 所示。

步骤 2：在 Tools（菜单）中选择 Mid-Surface 项，将在界面左下方出现抽中面选项栏，如图 3.10 所示。

步骤 3：将抽中面选项栏中的 Selection Method 子项修改为 Automatic 模式，其中的 Minimum Threshold 和 Maximum Threshold 选项表示厚度搜索的范围，可根据实际结构厚度范围进行设置，在本转臂实例中分别设置为 5mm 和 25mm，并将 Ambiguous Face Delete 选项改为 None，其他选项保持默认即可，如图 3.11 所示。

步骤 4：在 Find Face Pairs Now 子项中，选择 Yes，即完成自动搜索，此时 Face Pairs 中将显示能够抽中面的实体。

步骤 5：单击 Generate 按钮，生成抽中面结果，如图 3.12 所示，即实现薄板组合结构转化为壳体结构单元的简化，极大地简化了后续的网格划分和计算。

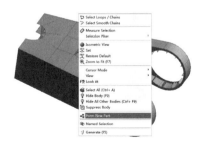
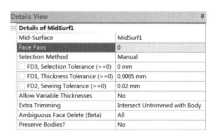

图 3.9　部件黏接　　　　　　　　　　　　　图 3.10　抽中面选项栏

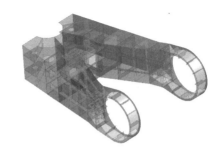

图 3.11　选项栏修改　　　　　　　图 3.12　抽中面结果(透视)

提示：选项栏中的 Ambiguous Face Delete 子项目前需要在 Workbench 主界面中打开测试功能选项才能显示，具体路径为 Tools→Options…→Appearance→Beta Options，在其方框中打钩。该子项默认为 All，会将抽中面过程中不明确的结果删除，在本算例中，会导致部分抽中面结果的不完整，实际应用中可根据生成的壳模型的检查进行选择。

3.1.3　部件连接方式

工程实际结构常常由多个零件或部组件构成，如何对界面进行建模非常关键，显著地影响着动力学分析结果。如果界面上有相对运动，可根据具体情况采用运动副、摩擦接触等方式定义界面行为。大部分零部件之间并没有相对运动，在动力学分析中可采用共节点或绑定接触的方式进行建模。

共节点建模方式中，零部件划分网格时需要在界面上共用节点。绑定接触建模时，不同部件上独立划分网格，界面上不需要共用节点，通过拉格朗日法、多点约束等方式使界面两侧的节点位移匹配。不同零件尺寸不同、界面形状不规则等导致采用共节点建模时界面附近往往难以划分规则的、质量较高的四边形(二维)或六面体(三维)网格。适当的几何简化、模型剖分、划分更密集的网格等措施可以改善这一状况，但也带来简化误差增加、建模效率降低、机时成本增加等新问题。采用绑定接触建模的方式可以克服这些问题，定义复杂界面的两侧为不同组件，并在组件之间建立绑定的接触关系，以保证节点位移协调，将会大幅地提高建模效率，并很容易地获得高质量的六面体网格。当然，在提高建模效率的同时还要保证分析精度，本节还将介绍绑定接触建模的设置要求，并以具体算例比较它与共节点建模的差异。

1. 绑定接触设置

在 Ansys 和 Workbench 中设置接触时，一般需要指定接触类型、设置目标面与接触面、选择接触算法、指定探测点与弹球区域等，其中大部分设置都有默认参数和默认选择，下面分别介绍。

1)接触类型

不同的接触类型可以模拟许多不同的特殊物理效应。根据法向和切向的相互运动情况，Ansys 和 Workbench 提供以下几种类型的接触，如图 3.13 所示。

(1)绑定接触(Bonded)：默认设置，适用于法向不可以分开，切向无相对滑移的情况。

(2)不分离接触(No Separation)：不支持显式动力学分析，适用于法向不可以分开，切向可以发生轻微相对滑移的情况。

(3)无摩擦接触(Frictionless)：适用于法向可以分开，切向也可以发生相对滑移，并且摩擦系数为零的情况。

(4)粗糙接触(Rough)：不支持显式动力学分析，适用于法向可以分开，切向不可以发生相对滑移(摩擦系数无穷大)的情况。

(5)摩擦接触(Frictional)：适用于法向可以分开，切向也可以发生相对滑移，并且有非负摩擦系数的情况。

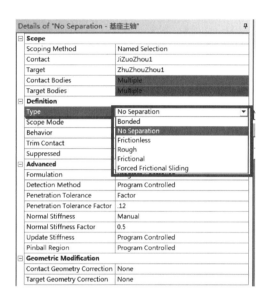

图 3.13　Workbench 中的接触类型设置

其中，绑定接触和不分离接触是线性行为，忽略间隙和穿透，仅进行一次迭代；无摩擦接触、摩擦接触及粗糙接触是非线性行为，需要多次迭代。对自由度规模较大的工程结构而言，非线性的动力学分析还不成熟，因而动力学计算时最常用的接触类型为绑定接触和不分离接触。

2)设置目标面与接触面

接触设置时需要设定目标面与接触面，接触面单元不可穿透目标面，但目标面单元可以穿透接触面，两者混淆会引起不同的穿透状态，从而影响求解精度。如果界面两侧材料弹性模量差异明显，错误的指定可能会使计算结果差异巨大。作者曾在泡沫垫层和钢壳的算例上发现，错误指定后固有频率的计算结果偏差高达 36%。

一般而言，对于刚对柔的接触形式，刚体面为目标面而可变形面为接触面。对于这种形式，应选择较软的面作为接触面，较刚的面作为目标面，可遵循以下原则。

(1)如果一个凸面预计会接触一个平面或凹面，则平面或凹面应该被定义为目标面。

(2) 如果一个面明显大于另一个面，如一个面包围着另一个面，则大面应该为目标面。

(3) 如果一个面网格质量好，而另一个面网格粗，则质量好的网格面应该为接触面，粗网格面应该为目标面。

(4) 如果一个外表面采用了高阶单元，另一个采用了低阶单元，则高阶单元面为接触面，低阶单元面为目标面。

(5) 如果一个面的材料弹性模量远大于另外一个面，则弹性模量大的面作为目标面，弹性模量小的面作为接触面。

3）选择接触算法

Workbench 中提供的接触算法包括罚函数法（penalty function method）、增强拉格朗日法（augmented Lagrange method）、法向拉格朗日法（normal Lagrange method）和多点约束方程法（MPC），如图 3.14 所示。

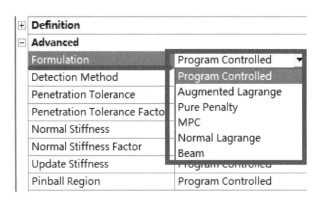

图 3.14　接触算法设置

罚函数法和增强拉格朗日法都是罚函数方程，接触公式分别如式(3.1)和式(3.2)所示。增强拉格朗日法比罚函数法增加了拉格朗日乘子 λ，因而对接触刚度 k_n 变得不敏感。其中，x_p 代表渗透量或穿透量；F_n 代表接触压力。

$$F_n = k_n x_p \tag{3.1}$$

$$F_n = k_n x_p + \lambda \tag{3.2}$$

法向拉格朗日法将接触压力作为额外增加的自由度直接求解，不通过接触刚度和穿透计算获得，接触公式如式(3.3)所示，式中 DOF 表示自由度。该方法可以得到零或接近零的穿透量，但要消耗更多的计算代价。

$$F_n = \text{DOF} \tag{3.3}$$

多点约束方程法通过在内部添加约束方程来"连接"接触面间的位移，如图 3.15 所示。该方法不基于罚函数法或拉格朗日乘子法，而是采用直接有效地关联接触面的方式，仅适用于绑定接触和不分离接触。该方法还可以支持大变形效应。当接触两侧的自由度类型不同时，多点约束方程的建立方式可参考图 3.16。在图 3.16 中，上方的壳单元含有旋转自由度，下方的实体单元仅有平动自由度，采用 MPC（multi-point constrain）约束时，程序将根据节点 2 的旋转自由度 ROTZ[①]及节点 1、节点 2、节点 3 之间的距离，计算出节点 1 和节点 3 的平动自由度 UY[②]。后面算例将展示，采用绑定接触建模进行线性动力学分析时，推荐选择多点约束法代替默认的增强拉格朗日法。

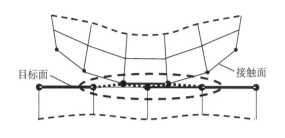

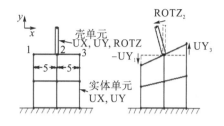

图 3.15 多点约束方程法示意图　　　　图 3.16 壳单元和实体单元多点约束连接

4）指定探测点与弹球区域

探测点和弹球区域用于检查接触状态，Workbench 中的探测点设置和弹球区域设置如图 3.17 所示。

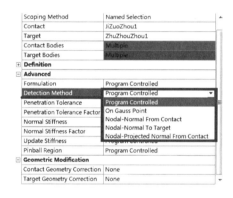

图 3.17 探测点设置和弹球区域设置

罚函数法和增强拉格朗日法默认使用积分点探测，法向拉格朗日法和多点约束法使用目标法向的节点探测。积分点探测比节点探测使用更多的点，但一般认为比节点探测更精确。节点探测在处理边接触时会稍微好一些，但是，通过局部网格细化，积分点探测也会达到同样的效果。两种方法的区别如图 3.18 所示，积分点探测有 10 个点，而节点探测只有 6 个点。

---

① 表示绕 Z 轴的转角。
② 表示 Y 方向位移。

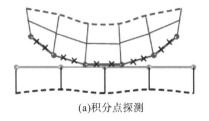 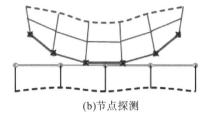

(a)积分点探测　　　　　　　　　　(b)节点探测

图 3.18　积分点探测和节点探测示意图

弹球区域用于区分远场开放和近场开放的状态,可以认为是包围每个接触探测点周围的球形边界。如果一个在目标面上的节点处于这个球体内,Workbench 就会认为它"接近"接触,而且会更加密切地监测它与接触探测点的关系(什么时候及是否接触已经建立)。在球体以外的目标面上的节点相对于特定的接触探测点不会受到密切监测。如果绑定接触的缝隙小于弹球半径,Workbench 仍将会按绑定来处理那个区域。弹球区域的示意图如图 3.19 所示。一般程序自动控制弹球半径,也可在接触设置处修改,如图 3.17 所示。

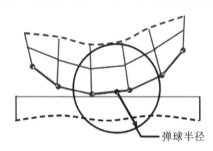

弹球半径

图 3.19　弹球区域的示意图

弹球区域有以下几个用处。

(1)为接触计算提供高效率的运算,在搜寻给定接触区域可能发生接触的单元时,区域区分"近"和"远"开放接触。

(2)决定绑定接触允许缝隙的大小,如果使用 MPC 公式,弹球区域也决定多少个节点包含在 MPC 方程中。

(3)确定可以包含的初始穿透深度。

2. 绑定接触建模和共节点建模的比较

如前面所述,共节点建模不考虑界面接触,将紧紧连接的部组件作为一个"铸造好"的整体(类似 3D 打印),接触界面上的有限元网格全部共享节点。绑定接触的建模对两个组件各自划分网格,不受对方影响,在复杂界面之间建立绑定接触单元来协调界面两侧节点的位移,通常可以快速地划出整齐规则的高质量六面体网格,大幅地提高建模效率。毋庸讳言,采用绑定接触方式协调接触界面两侧的节点位移,不可避免地引入了近似,一定程度上确实降低了求解精度,但其影响较小。上面所述表明,对于适量的绑定接触对,正确合理地设置接触,其计算结果完全可以满足工程精度要求。大部分的接触设置都可以沿用软件默认的方式进行,但是以下几点需要引起特别注意,否则可能造成错误的结果。

（1）在不同组件之间建立的接触对既不能多余也不能丢失，推荐采用手动方式而非程序自动识别的方式，后者经常会产生多余的接触对。

（2）目标面和接触面不能随意混淆，应按照前述原则进行指定。

（3）绑定接触的算法推荐采用多点约束法代替默认的增强拉格朗日法，后面算例中有详细的对比研究。

某大型土工离心机的几何模型如图 3.20 所示，包括主轴、吊耳、转臂、转臂支撑、吊篮、模型箱及配重等。在 Workbench 中采用无中间节点的实体单元(低阶单元)分别建立共节点的有限元模型和绑定接触有限元模型，如图 3.21 所示。边界条件利用体对地(body-ground)方式建立轴承单元模拟主轴的轴承，并在主轴的底部施加轴向位移约束。共节点模型以六面体网格为主，难以划分六面体网格的地方以四面体网格进行过渡。绑定接触模型共分为主轴、转臂支撑、支撑盖板、转臂、转臂销轴、吊耳、吊篮销轴、吊篮底板、模型箱、配重等 10 个组件，全部划分六面体网格，并在互相接触的组件之间按照前述五项原则建立 13 组接触对。

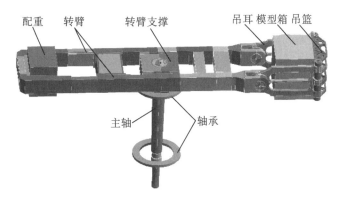

图 3.20 某大型土工离心机的几何模型

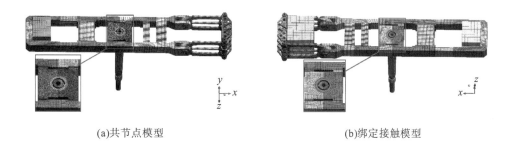

(a)共节点模型　　　　　　　　　　　　　　(b)绑定接触模型

图 3.21 某离心机有限元模型

采用 Block Lanczos 方法进行模态分析，两种建模方式前七阶模态的计算结果对比如表 3.1 所示，相应振型如图 3.22 所示。共节点模型的节点数为 139546，单元数为 261954，模态求解时间为 2min1s；绑定模型的节点数为 88479，单元数为 73409，模态求解时间为 1min6s。其中共节点模型已经经过收敛性验证，加密一倍后固有频率差异不足 3%，可以作为参考解进行比较。

表 3.1　共节点模型和绑定接触模型的固有频率对比

阶次	共节点模型固有频率/Hz	绑定接触模型 MPC 算法		绑定接触模型增强拉格朗日算法		振型描述
		固有频率/Hz	相对偏差	固有频率/Hz	相对偏差	
1	0	0	—	2.516	—	刚体旋转
2	3.236	3.175	-1.9%	4.190	29.5%	倾覆
3	9.252	8.856	-4.3%	9.346	1.0%	侧翻
4	9.256	9.094	-1.7%	9.686	4.6%	转臂一阶弯曲
5	15.132	14.306	-5.5%	16.790	11.0%	转臂绕顺臂向转动
6	20.420	20.262	-0.8%	20.348	-0.4%	转臂二阶弯
7	22.990	21.833	-5.0%	24.221	5.4%	转臂扭转

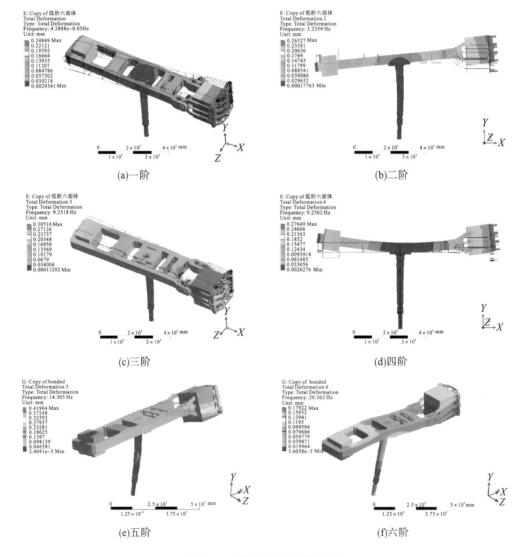

(a)一阶　　　　　　　　　　　　　(b)二阶

(c)三阶　　　　　　　　　　　　　(d)四阶

(e)五阶　　　　　　　　　　　　　(f)六阶

图 3.22　离心机的前六阶振型

虽然两个模型的网格密度基本相同,但由于共节点模型要在局部适当加密时才能获得较高质量的单元,因而其节点数比绑定接触模型多 58%,计算时长也增加。

由表 3.1 可知,绑定接触模型中采用软件默认的增强拉格朗日法计算的固有频率结果误差较大,刚体旋转模态的零固有频率计算值为 2.516Hz,第一阶弹性模态(即倾覆模态)固有频率误差近 30%,这在工程上是不可接受的。但是若绑定接触模型采用多点约束算法,则计算结果与共节点模型相近,刚体旋转的固有频率为零,一阶弹性模态固有频率相差 1.9%,最大固有频率相差 5%左右。随着网格的加密,绑定接触模型的计算精度还会提高。

3.2　网　格　划　分

有限元的基本思想认为真实的连续体可以划分为无限小的微元,当微元足够小,结构网格足够密时,有限个微元足以代表真实结构。当然,网格越密,自由度越多,计算耗费的成本越大,因而在资源受限的条件下,划分适当数目的网格进行计算才是可取的。一般而言,在响应梯度较大的部位划分较密集的网格,在梯度较小的部位划分较稀疏的网格。

网格划分的软件实现,读者参考相应软件帮助或工具书即可,本书不做讨论。下面从网格收敛性和网格质量两个方面阐述有限元模型网格划分的优劣。

3.2.1　网格收敛性

采用有限元方法进行计算分析时必然存在数值误差。数值误差通常包括离散误差、迭代误差、舍入误差、统计误差等,其中离散误差是指数学模型(偏微分方程)的精确解和计算方程(离散方程)的精确解之间的差异,往往是数值误差中最重要的部分。离散误差的来源就是将真实的连续体离散为一个个微元(空间域),或者将连续的时间离散为一个个时间步(时间域)。因此,从空间域的角度看,网格的稀疏程度决定了空间离散带来的数值误差是否可忽略,进一步影响着结构仿真分析的结果是否可信,这些问题需要网格收敛性分析来回答。

网格收敛性分析的一般流程如图 3.23 所示。先进行初始的网格划分,再对网格进行一次加密(一般为初始网格尺寸的一半),如果相比于加密前结果偏差较小,满足工程要求,则证明网格已经收敛,不需要加密,否则继续加密网格,重新分析,直至满足收敛要求。

下面以圆拱形炸药结构件为例,展示网格收敛性分析的过程,给出一些较为通用的结论。圆拱形炸药件由高聚物黏结炸药(plastic bonded explosives,PBX)浇注而成,放置在水平面上,顶部受到竖直向下的集中力作用,如图 3.24 所示。采用商业有限元软件 Ansys 中的 20 节点六面体实体单元 Solid186 进行网格离散,为减少计算量,根据左右和前后方向的对称性建立了 1/4 模型,初始网格和加密网格的有限元计算模型如图 3.25 所示。

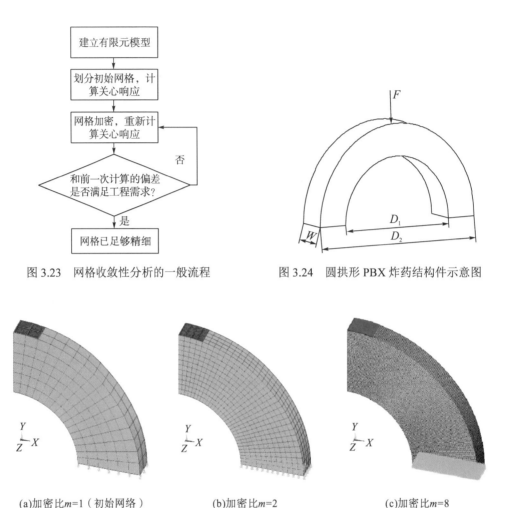

图 3.23　网格收敛性分析的一般流程　　　图 3.24　圆拱形 PBX 炸药结构件示意图

(a)加密比*m*=1（初始网络）　　　(b)加密比*m*=2　　　(c)加密比*m*=8

图 3.25　不同加密网格的结构件 1/4 有限元计算模型

　　初始网格下炸药件的响应分布云图如图 3.26 所示，表 3.2 则给出了不同网格加密比的有限元模型计算结果。由于炸药具有明显的拉压不对称性，不能采取等效应力校核其强度，关注响应中给出了最大拉应力和最大压应力的结果。由表 3.2 可知，加密比为 2~4 时，网格加密了一倍，最大拉应力和最大压应力均变化 1.2%，位移变化 0.1%，弯矩变化 0.003%，一般工程上认为已经足够精确了，因此选取加密比为 2 的网格。

　　图 3.27 更直观地反映了各响应量随网格加密程度的变化曲线，也反映了有限元网格收敛性分析中的一些常见现象。位移是有限元计算的直接解，它通常随着网格加密快速地收敛；而应力、应变根据位移的梯度计算得到，收敛速度较慢，如果对它们的计算精度要求较高，通常需要采用高阶单元、划分较精细的网格才能满足要求。边界上的支反力、弯矩等响应是对应力积分获得的，通常随网格加密的收敛速度一般较应力更快。另外，如果发生应力集中的现象，线性分析的计算结果是发散的，该处应力原则上无穷大，因而一般不采用应力集中位置的应力响应作为网格收敛性的评判标准。

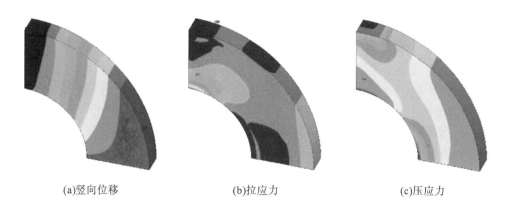

(a)竖向位移　　　　　　　　　(b)拉应力　　　　　　　　　(c)压应力

图 3.26　初始网格下炸药件的响应分布云图

表 3.2　不同网格加密比的有限元模型计算结果

网格序号	加密比 m	最大拉应力 σ_t/MPa	最大压应力 σ_n/MPa	最大竖向位移 d/mm	最大 Z 向弯矩 MN/(N·m)
1	1	9.60895	−8.98210	−0.0366666	−6.20099
2	2	9.74585	−8.84229	−0.0371241	−6.20478
3	4	9.55730	−8.62272	−0.0372457	−6.20578
4	6	9.44271	−8.52388	−0.0372686	−6.20597
5	8	9.37470	−8.46953	−0.0372767	−6.20603
6	16	9.25863	−8.38173	−0.0372845	−6.20610

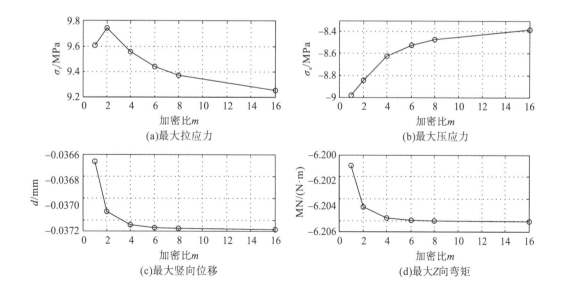

(a)最大拉应力　　　　　　　　　　　　　　(b)最大压应力

(c)最大竖向位移　　　　　　　　　　　　　(d)最大Z向弯矩

图 3.27　关心响应量的计算结果随网格加密的变化

网格离散引起的数值误差是永远无法消除的,上述传统方法从工程角度出发,可以给出满足要求的网格解。在该方法基础上,学者还研究出了理查森外推法、面向目标的离散误差估计法等一系列更加深入的网格收敛性分析方法,不仅可以推荐一套精度合适的网格,还可以估计当前网格的离散误差大小,更有力地支撑仿真分析结果。感兴趣的读者可详细阅读文献[1]和[2]。

值得注意的是,复杂装备结构的有限元模型往往具有几十万、上百万,甚至上千万的自由度,加密后自由度数目再次攀升,其计算成本往往难以接受,严格的网格收敛性分析常常难以实现。实际上,往往并不要求装备结构所有位置的网格都非常精细,一是决策者只关注少数区域位置的响应,二是很多位置的网格是否加密对关注位置的影响非常小。本书作者认为,对于有经验的仿真分析人员而言,很多时候没有必要对整体模型进行均匀一致的加密,通过局部位置的网格加密结果足以判断网格是否收敛。至于哪些局部位置,需要分析人员根据知识经验及对模型的认识综合判断。

3.2.2　网格质量

除了网格密度需要关注,好的网格也非常重要,它可以在求解过程中将误差降低到最小,尽可能减小数值发散,避免不精确甚至不正确的结果。劣质的单元会导致较差的结果,甚至在某些情况下得不到结果。

Ansys 提供了不同的网格质量标准来度量网格质量,在 Workbench 中单击 Mesh→Quality→Mesh Metric 后,可在下拉菜单中选择任意一项网格质量标准进行检查,默认值为 None。下面逐个介绍这些标准。

(1)单元质量(element quality):除了线单元和点单元,基于单元体积与边长的比值计算模型中的单元质量因子也是单元质量的一个综合标准,范围为[0,1],0 代表单元体积为零或负值,1 代表完美的正方体或正方形。

(2)纵横比(jaspect ratio):单元最长边和最短边的比值,理想值为 1。结构分析中四边形单元的警告限值为 20,错误限值为 1×10^6。

(3)雅可比值(Jacobian ratio):代表单元空间与真实空间的映射失真程度。理想值为 1,值越高失真程度越严重,一般不应超过 40。极端扭曲单元的雅可比行列式为负,将会导致分析程序的终止。在采用高阶单元离散、采用六面体主导方法划分网格时,推荐随时观测单元的雅可比值,如果较多单元出现负值,即使完成了网格划分依然会导致求解失败。

(4)翘曲因子(warping factor):代表单元的翘曲程度,理想值为 0。较高的翘曲因子表明程序无法很好地处理单元算法或提示网格质量有缺陷。薄膜壳单元错误限值为 0.1,大多数壳单元的错误限值为 1,但 Shell181 允许承受更高翘曲,其峰值可达 7。

(5)平行偏差(parallel deviation):以单元边构造单位矢量,对每对对立边点乘单位矢量并取反余弦,得到平行偏差角度。理想值为 0°,无中间节点的四边形的警告限值为 70°,若超过 150°则报错。

(6)最大顶角(maximum corner angle):理想三角形最大顶角为 60°,理想四边形最大顶角为 90°。无中间节点的四边形单元警告限值为 155°，错误限值为 179.9°。

(7) 倾斜度(skewness)：理想值(等边或等角)为 0，[0,0.25) 为优秀，[0.25,0.5) 为好，[0.5,0.75) 为中等可接受，[0.75,0.9) 为次等，[0.9,1) 为坏，最差值 1 代表退化。

(8) 正交质量(orthogonal quality)：通过面法向矢量、从单元中心指向每个相邻单元中心的矢量，以及从单元中心指向每个面的矢量计算获得。理想值为 1，最差值为 0。

选择一种指标后，检查结果给出最小值、最大值、平均值及标准偏差，如图 3.28 所示。每种指标从不同的角度表征网格质量，虽然某项得分较高的网格不一定是好网格，但某项得分较低的网格一定不是好网格。网格检查图表(metric graph)还可以显示单元质量的分布，不同单元类型用不同颜色显示，单击图中的直方柱可以显示相关的单元。可单击直方图上方的 Control 按钮控制显示范围、单元类型等参数，Y 轴可切换为单元数量或者体积/面积的百分比。

如果划分网格时报错，可以双击信息进行查看，也可以右击空白处，在弹出的菜单中，选择 Show Problematic Geometry 显示存在问题的几何体，从而有针对性地进行几何模型检查。

(a)网格质量检查入口

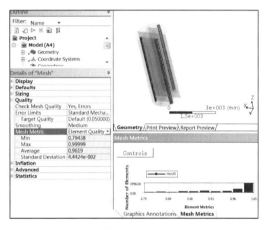
(b)质量检查的得分及直方柱

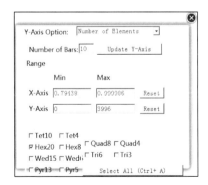
(c)柱形图的控制选项

图 3.28　查看网格质量

3.3 连接结构建模

在动力学分析中，连接结构对响应的影响至关重要，主要体现在对连接区域刚度特性和阻尼特性的影响。螺栓是目前结构中最常用连接方式，在振动条件下，螺栓连接一般表现为弱非线性，动力学建模往往需要针对整体结构进行建模，难以反映螺栓连接细节（螺纹、螺牙等），否则规模太大，因此往往都不对螺栓连接的细节结构进行建模，但如何考虑连接区域的刚度的等效性成为建模过程中关注的重点。

从目前的认识来看，结构连接部位的局部刚度存在弱化现象，若将连接件的界面全固连，则刚度比实际情况过大；若只将螺杆截面面积范围部分固连，则刚度比实际情况偏小。本节根据实际工程情况，列出几种在动力学分析中常用的螺栓连接建模方式。

3.3.1 虚拟材料法

以螺栓法兰连接为例，在动力学分析有限元建模中，常常忽略掉连接部位的螺栓及螺孔等几何细节，为了能准确地刻画整体结构的动力学特性，将连接部位分离出一种材料作为虚拟材料，如图 3.29 所示，其力学参数（主要是弹性模量）通过结构动力学试验结果（一般是模态试验结果）进行识别得到。

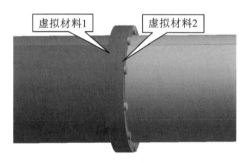

图 3.29　螺栓法兰连接的虚拟材料法建模示意图

螺栓连接结合部存在具有一定厚度的过渡区域，如图 3.30 所示，该过渡区域刚度和阻尼特性与结构其他区域存在较大差异，是影响整个结构动力学特性的主要因素之一。在连接结合部出现过渡区域的主要原因是结构的实际粗糙表面，通过扫描电子显微镜观察到粗糙表面的微观形貌，典型形貌如图 3.31 所示，可以看出，实际粗糙表面具有随机性、多尺度性和无序性[3]。

根据结构表面的实际轮廓，接触表面在接触面内各个方向（即切平面或切向）性能基本相同，因此可以认为粗糙表面在横向各向同性。结合部由两个相互接触的粗糙表面构成，因此结合部也可认为具有横向各向基本同性的特征。将图 3.31 中的连接结合部等效为一种等截面的横观各向同性的薄层单元，如图 3.32 所示，薄层单元与两侧构件在建模时采用共节点或绑定进行连接。

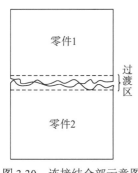

图 3.30　连接结合部示意图

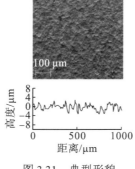

图 3.31　典型形貌

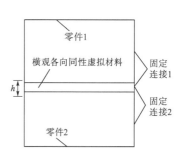

图 3.32　虚拟材料连接示意图

通过上述分析,可知基于虚拟材料法的动力学建模过程中的关键问题在于薄层单元的参数如何获得,几何参数主要是指薄层单元的厚度,薄层单元的弹性参数主要包括弹性模量和泊松比。

1. 薄层单元的厚度

结构在加工过程表面处理过程中,金属表面上微凸体的表层组织结构将发生变化,根据金属表面上微凸体的表层微观结构,可以计算出微凸体层的各层厚度之和。虚拟材料的厚度可以定义为结合部两接触材料微凸体层厚度 h_1 和 h_2 之和。考虑现有机床结合面的表面粗糙度,根据金属表面微凸体表层微观结构,微凸体层厚度在 0.5mm 附近波动[4,5]。所以虚拟材料的厚度一般可取为 1mm。

2. 薄层单元的弹性参数

一般而言,材料完备的弹性参数包括三个方向的弹性模量 E_x、E_y、E_z,三个方向的剪切模量 G_{xy}、G_{xz}、G_{yz},以及三个泊松比 v_{xy}、v_{yz}、v_{zx} 共 9 个参数。当采用薄层单元模拟结合部连接部位时,该单元材料表现为等效横观各向同性,如图 3.33 所示,有 $E_x=E_y$, $G_{xz}=G_{yz}$,同时,考虑结合部微凸体之间的大量间隙,在一个方向施加拉压作用力时,与其相垂直的另一个方向横向变形主要用于填补微凸体之间的横向间隙,根据泊松比的定义,横向 v_{yz}、v_{zx} 应该趋近于 0,而泊松比对模态分析结果影响较小,因此,也可以假设 v_{xy} 趋近于 0,计算时可取 0.01。同时,由于横观各向同性,E_x、G_{xy}、v_{xy} 有各向同性的关系,即

$$G_{xy} = \frac{E_x}{2(1+v_{xy})} \tag{3.4}$$

由于 v_{xy} 趋近于 0,因此 $G_{xy} \approx E_x/2$。

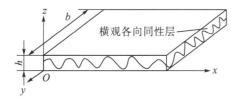

图 3.33　薄层单元模拟的结合部

通过上述分析可知，当采用虚拟材料法进行建模时，独立的弹性参数通常考虑以下三个，即 $E_x=E_y=2G_{xy}$、$G_{xz}=G_{yz}$ 和 E_z，主要是基于模态试验结果，对薄层单元的弹性模量参数进行修正。

3. 算例演示

某法兰连接筒结构通过 10 个 M8 的螺栓连接成一体，拧紧力矩为 16N·m。两筒体材料均为 45 号钢，弹性模量为 205GPa，密度为 7800kg/m³，泊松比为 0.3。通过自由状态下的模态试验测试得到该结构自由状态下一阶弯曲、二阶弯曲的频率分别为 1283.05Hz、2779.45Hz。基于 Workbench 平台、采用虚拟材料法的主要优化仿真过程如下所示。

步骤 1：在 Workbench 中将螺栓法兰连接圆筒结构的螺栓、螺孔及边上的倒角删除，螺栓法栏连接圆筒结构如图 3.34 所示。

图 3.34   螺栓法兰连接圆筒结构

步骤 2：在法兰结合面上下两侧各切 0.5mm 组成薄层单元，将薄层单元、上筒体、下筒体分为三个部分，以便后续网格划分，如图 3.35 所示。

步骤 3：设置上、下筒体及薄层单元的材料参数。考虑了薄层单元材料的横观各向同性，需要单击薄层单元，然后在 Toolbox 的 Linear Elastic 中双击 Orthotropic Elasticity，并输入其中的 9 个参数。由于本章采用响应面方法对薄层材料参数进行优化，因此需要材料属性将 3 个弹性模量和 3 个剪切模量后的框内打钩，将其定义为设计变量，如图 3.36 所示。

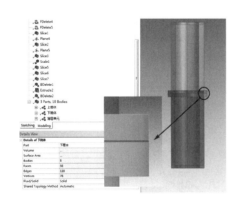

图 3.35   分离薄层单元   图 3.36   定义材料参数

步骤 4：赋予筒体和薄层单元材料参数，并划分网格。注意薄层单元附近的网格尺寸的匹配，并进行薄层单元与上、下筒体绑定设置，接触算法选择 MPC 算法，如图 3.37 所示。本章中，3 个方向的弹性模量和剪切模量的初始输入值为 5×10^9Pa，该值在薄层单元为各向同性材料的假设下，一阶弯曲频率与试验值较为接近,可经过几次简单的试算得到,具体过程此处不再详细赘述。

步骤 5：进行模态分析。边界条件为自由状态，设置求解前 20 阶模态，并将分析结果中的第一阶和第二阶弯曲模态固有频率信息前的方框打钩，框内将显示符号 P，即将这两阶固有频率设置为优化的目标参数，如图 3.38 所示。

图 3.37　薄层单元与两侧筒体绑定设置　　　　图 3.38　定义弯曲模态固有频率为优化目标参数

步骤 6：回到 Project Schematic，双击分析流程中的 Parameter Set，图 3.39 显示参数化设置信息。

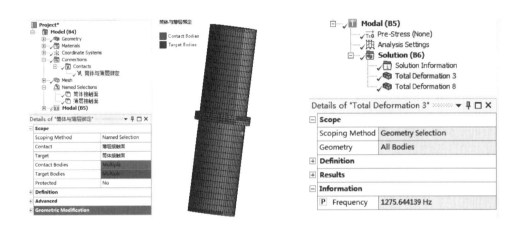

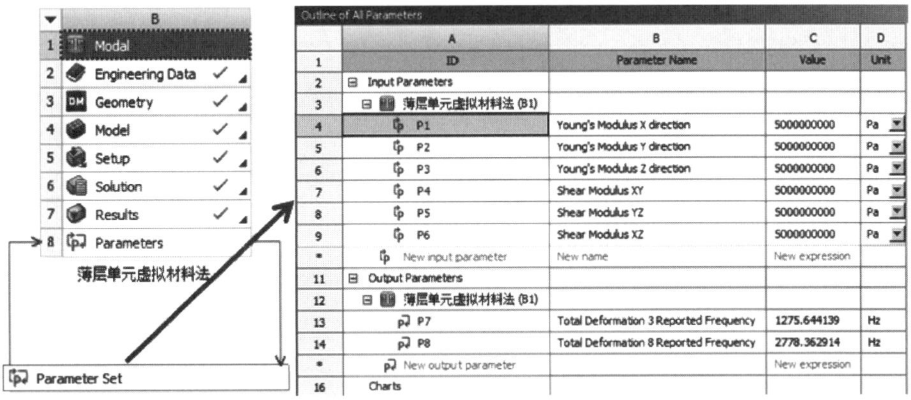

图 3.39　定义优化目标参数

步骤 7：增加新的优化目标变量。在输出参数栏 New output parameter 右侧的 New expression 中，分别输入 P1-P2、P5-P6、P1-2*P4，增加 P9、P10、P11 三个输出参数，如

图 3.40 所示。目的在于将这三个参数作为优化目标参数，以达到 E_x 与 E_y、G_{xz} 与 G_{yz}、E_x 与 $2G_{xy}$ 接近的目的。同时单击 Design of Experiments，可以看到有多种设计点的抽样方法供选择，本章中采用 Latin Hypercube Sampling Design 方法，如图 3.41 所示。

图 3.40　定义新的优化目标参数

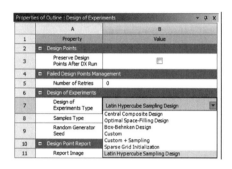

图 3.41　可供选择的设计点抽样方法

　　步骤 8：在 Design Exploration 中双击 Response Surface Optimization，添加响应面优化模块，如图 3.42 所示。并双击响应面优化模块中的 Design of Experiments，进行数值试验设计点设置，并设置 P1～P6 六个参数的上下限，默认值为±10%的变化范围，建议初步优化时，可将该范围扩大，本算例中下限取 1×10^9，上限取 1×10^{10}，如图 3.43 所示。

　　步骤 9：双击响应面优化模块中的 Optimization，单击 Objective and Constraints，然后在 Table of Schematic 中单击 Select a Parameter 的下三角按钮，进行目标优化参数设置，如图 3.44 所示。设置完成后，右键单击响应面优化模块，在弹出的菜单中单击 Update，进行优化仿真。

　　步骤 10：优化分析结果验证。仿真分析完成后，单击优化分析模块的结果，将列出三个候选优化点，可以看到这三个候选点在响应面优化时与目标值都较为接近，将这三个候选点均作为设计点，如图 3.45 所示。

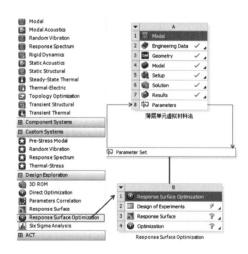

图 3.42　添加响应面优化模块

图 3.43　设置优化变量范围

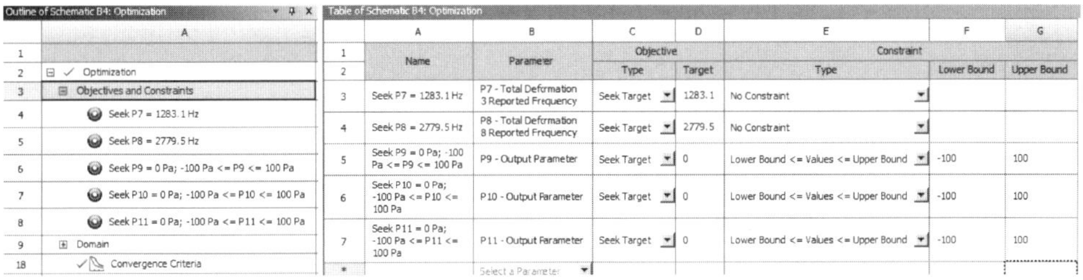

图 3.44　目标优化参数设置

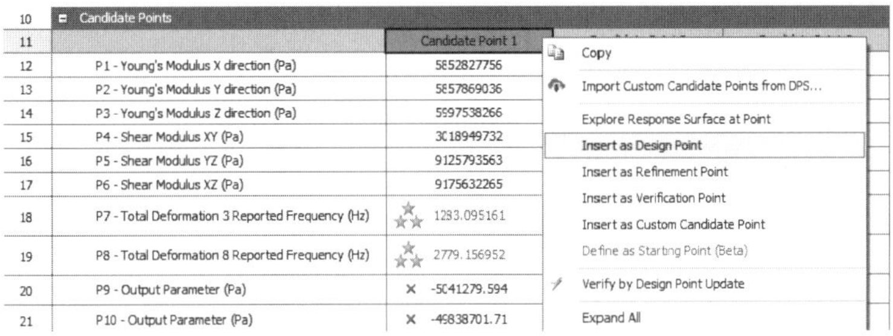

图 3.45　将候选点设为设计点

步骤 11：候选点验证。在 Parameter Set 中，可以看到 DP0、DP1、DP2 三个设计点，然后单击左上角的 Update All Design Points，获得三个设计点的分析结果，如图 3.46 所示，可以看出 DP2 的结果与目标值最为接近，右击 DP2，在弹出的菜单中单击 Copy Inputs to Current，将 DP2 的设计值作为模型参数。

	A	B	C	D	E	F	G	H	I
1	Name	P1 - Young's Modulus X direction	P2 - Young's Modulus Y direction	P3 - Young's Modulus Z direction	P4 - Shear Modulus XY	P5 - Shear Modulus YZ	P6 - Shear Modulus XZ	P7 - Total Deformation 3 Reported Frequency	P8 - Total Deformation 8 Reported Frequency
2	Units	Pa	Pa	Pa	Pa	Pa	Pa	Hz	Hz
3	DP 0 (Current)	7.2289E+09	7.2993E+09	5.8036E+09	3.7113E+09	5.2374E+09	5.4645E+09	1281.8	2780.3
4	DP 1	7.0972E+09	7.244E+09	5.7694E+09	3.568E+09	3.9619E+09	3.9684E+09	1281.6	2772.3
5	DP 2	7.2289E+09	7.2993E+09	5.8036E+09	3.7113E+09	5.2374E+09	5.4645E+09	1281.8	2780.3

图 3.46　将最优候选点设为模型参数

步骤 12：观察优化结果。在此进入模态分析中的 Model（模块），可以观察到在 DP2 的设计值下连接筒结构的前两阶弯曲模态结果，如图 3.47 所示，识别得到薄层单元两个水平方向的弹性模量 E_x 和 E_y 约为 7.23×10^9Pa 和 7.30×10^9Pa，轴向 Z 方向的弹性模量 E_z 约为 5.80×10^9Pa，水平方向的剪切模量 G_{xy} 约为 3.71×10^9Pa，轴向的剪切模量 G_{xz} 和 G_{yz} 分别为 5.24×10^9Pa 和 5.46×10^9Pa，该设计值下，连接筒结构的前两阶弯曲模态固有频率分别为 1281.8Hz 和 2780.3Hz，与目标值非常接近。

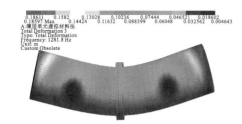 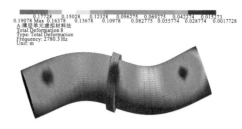

图 3.47　优化设计参数下的前两阶弯曲模态振型云图

以上演示了在 Workbench 平台下采用响应面优化方法识别虚拟材料参数的主要过程，若希望进一步提高精度，可根据当前识别结果，进一步缩小图 3.43 中的参数变化范围，能够在更小范围内进行抽样设计，以提高响应面优化的精度。

3.3.2　基于等效接触区域的螺栓连接动力学建模方法

1. 建模思路

虚拟材料法以试验数据为基础，进行连接区域的模型修正，建模过程简单，所得到的修正结果只对具体对象适用，对不同形式的连接难以通用。对于设计阶段的方案，由于还没有实体结构，更是无法得到模态试验数据以支持虚拟材料参数的修正，因此，在设计阶段要对方案的动力学特性进行评估，就需要采用一种比较通用的正向的动力学建模方法。

目前在工程上多采用静刚度等效建模方法，该方法通过非线性静力学数值模拟获得被连接件之间的有效接触区域，然后在动力学建模过程中，将该有效接触区域固连。在振动载荷作用下，结构的响应往往是在某一平衡位置附近存在小幅波动，对螺栓连接而言，可以认为界面连接状态也是在预紧载荷作用下的有效接触区域附近存在小幅变化，因此，这种静刚度等效建模方法也是合理的。

具体实施中，首先在静力学分析中建立螺栓与被连接件之间的非线性接触，分析连接结构在预紧扭矩作用下的非线性静力学响应，获得被连接件之间的有效接触区域，该区域一般为圆形，然后在动力学建模时，不考虑螺栓建模，而是将被连接件之间的有效接触区域固连。

可见，这种建模方法的关键是确定圆形有效区的半径，文献[6]通过有效接触区域内接触压强与面积的积分值与预紧力相等来确定有效半径，并进一步考虑有效接触区域内应力分布的不均匀性，通过梯度虚拟材料进行建模，但这种方式对接触部位网格划分要求较高，积分方式在应用上较为烦琐。文献[7]提出了有效接触面积的理论计算方法，给出了圆形和方形接触区域面积通用形式的表达公式，并考虑了不同连接件的厚度，该方法虽然简单易用，但是没有考虑预紧载荷差异及螺栓与连接件材料特性的影响，其中的半锥角参数如何取值对结果影响也较大，该值一般取 30°，但具体到不同形式的连接方式中存在不同程度的差异，有时甚至可以达到 45°。

　　本章考虑到实际装备结构动力学分析中的应用性,以该区域内节点法向的合力与螺栓预紧力相等为依据,来确定有效接触区域的半径。

2. 算例演示

　　下面以图 3.48 中的板筒组合结构为例,进行主要分析过程的说明。圆板与筒采用 8 个 M5 的螺栓进行连接,拧紧力矩为 4N·m,圆筒与地面上刚性基础采用 8 个 M8 的螺栓进行连接,拧紧力矩为 16N·m,圆板、筒体及垫片的材料均为铝。

(a)筒板组合结构　　　　　　　　　　　　　　(b)M5及M8螺栓连接

图 3.48　板筒组合结构

主要步骤如下所示。

步骤 1:根据式(3.5)计算得到螺杆上的拉力 F 为

$$F = \frac{M}{kD} \tag{3.5}$$

式中,M 为拧紧力矩;k 为拧紧力矩系数;D 为螺杆的公称直径,可以根据紧固件手册查得相关参数值。

　　步骤 2:建立螺栓连接区域详细的三维模型,包含垫片、螺头等,为便于后续提取圆形有效区域内的节点法向力合力,需要在被连接件上划分出圆形的几何区域,如图 3.49 所示。

圆形有效
接触区

(a)板与筒体螺栓连接　　　　　　　　　　　(b)板与筒体圆形有效接触区

图 3.49　圆板与筒体连接部分模型

　　步骤 3:划分网格,设置螺头与垫片、垫片与被连接件之间及被连接件之间的摩擦接触关系。

步骤 4：创建螺栓连接的局部坐标系。选择圆板与筒体连接的 8 个 M5 的螺杆，右击桌面空白处，在弹出的菜单中，选择 Creat Coordinate System，同时通过 Detail 中的 Principal Axis 和 Orientation About Principal Axis 将局部坐标系的 Z 轴与螺杆轴向一致，如图 3.50 所示，并可将该坐标系进行命名，便于后续选择，如"圆板与筒体连接局部坐标"。

步骤 5：施加螺栓预紧载荷。如图 3.51 所示，在 Scope 中选择圆板与筒体连接的 8 个螺杆，并在 Coordinate System 中选择"圆板与筒体连接局部坐标"，在 Definition 中的 Preload 中，输入由式 (3.5) 计算得到的螺杆上的拉力 F 乘以 8 后的结果，该值为 8 个螺栓的螺杆拉力之和，将平均分配到 8 个螺栓上，实现 8 个螺栓的预紧载荷同时加载，如图 3.51 所示。

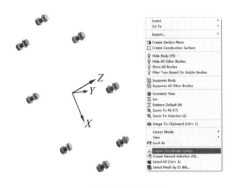
(a)创建局部坐标系

(b)调整局部坐标系Z轴指向

图 3.50　螺栓预紧加载局部坐标系创建

(a)插入螺栓预紧载荷

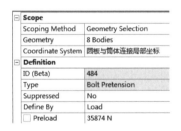
(b)定义预紧载荷

图 3.51　施加螺栓预紧载荷

步骤 6：单击 Solve，进行计算。

步骤 7：提取有效接触区的法向合力。分析结束后，插入 User Define Result 项，在 Scope 中选择一个接触区域面，在 Expression 中选择 enfoz，并分析结果，如图 3.52 (a) 与 (b) 所示。该方式也可以单击 Solution，在界面上方选择 Worksheet，此时会出现如图 3.52 (c) 与 (d) 所示的窗口，右击 ENFO（component 选项卡对应为 Z），在弹出的菜单中单击 Creat User Define Result。实际上，该窗口中许多表达式可以提取相应的分析结果。

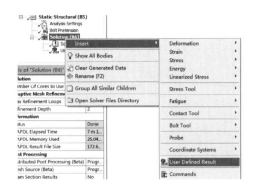

(a)插入自定义结果

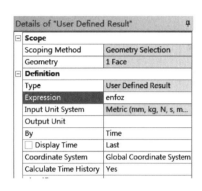

(b)界面力自定义表达方式

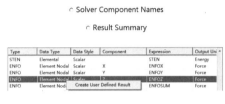

(c)GUI方式定义界面力

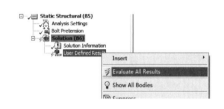

(d)计算自定义结果

图 3.52　有效接触面界面力载荷分析

步骤 8：输出有效接触面上的节点力载荷。如图 3.53 所示，输出方式为 Excel(表格)，包括节点编号及节点力，可将节点力进行求和，从而获得该有效接触面上的合力，通过调整接触区域的半径，使得该合力与螺栓预紧载荷接近，从而确定有效接触区域半径的大小。

也可以在 Workbench 中通过插入命令流的方式直接获得界面的合力，其过程为：首先在求解前将需要提取合力的面通过 Create Named Selection 命名，然后右击 Solution，在 Insert 选项中选择 Commands，最后在右侧面板中输入以下命令流：

```
set,1! 读取解
cmsel,s,gf! gf 为所需要提取合力的面的组件名
fsum! 计算合力
*get,my_gf,fsum,0,item,fz!
```

这样即将法向力(Z 方向)的合力存储到 my_gf 的变量中并输出，其中 my_是输出变量显示的前缀，也可以在 Output Search Prefix 栏中，将前缀 my_修改为其他字符，删除则会将命令流中的变量输出，此时单击结果中的 Commands(APDL)，会在左下角的 Results 中显示合力值，如图 3.54 所示。在该算例中，最终得到板与筒体之间有效接触区域直径约为 11.4mm，筒体与基础之间的有效接触区域直径为 21.6mm。然后删除螺栓结构，填充螺栓孔洞，得到所建立的动力学模型如图 3.55 所示。

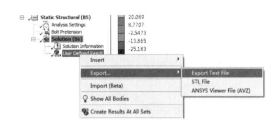

图 3.53　输出有效接触区域节点力数据　　　　　图 3.54　合力输出结果

图 3.55　基于有效接触区域建模的板筒组合结构动力学模型

　　表 3.3 和表 3.4 进一步给出了不同接触区域直径值设置下接触区合力值，其变化趋势如图 3.56 所示，可见其规律为随着接触区直径的增大，合力呈先增大后缓慢减小的趋势。

表 3.3　M5 规格螺栓不同接触区域直径下接触区合力值

螺栓规格	接触区域直径/mm								
	6	8	9	10	11	12	14	16	18
M5	1176.3N	2952.0N	3562.9N	4101.2N	4404.9N	4563.0N	4535.7N	4502.3N	4500.4N

表 3.4　M8 规格螺栓不同接触区域直径下接触区合力值

螺栓规格	接触区域直径/mm								
	10	12.5	15	17.5	20	22.5	25	27.5	30
M8	2789.0N	5756.0N	8085.7N	9732.2N	10823.0N	11217.0N	11238.0N	11263.0N	11243.0N

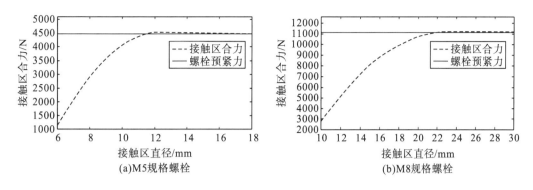

图 3.56 接触合力值随接触区直径变化趋势

图 3.57 和图 3.58 分别为连接界面上的法向力的分布和有效接触区边缘上法向力的分布，图 3.59 为有效接触区外部分法向力的分布，由图可知：

(1)在螺栓连接处，连接界面上的法向力分布有一处明显的圆形区域，受压为主，与接触区圆形假设情况一致。

(2)有效接触区边缘上法向力在零附近。

(3)有效接触区外部分的法向力很小，说明在动力学建模时，被连接件界面有效接触区域外的部分可以不考虑接触关系。

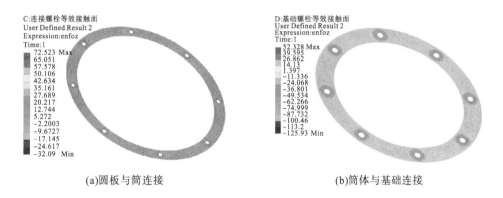

图 3.57 连接界面上的法向力的分布

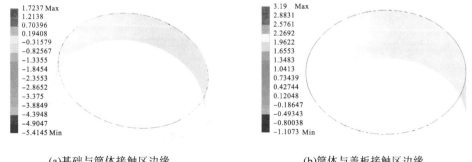

图 3.58 有效接触区边缘上法向力的分布

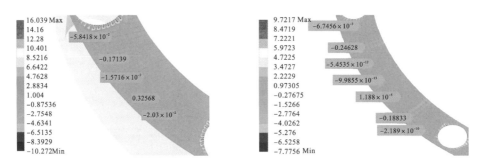

(a)基础与筒体连接非有效接触区　　　　　　(b)筒体与盖板连接非有效接触区

图 3.59　有效接触区外部分法向力的分布

在上述数值模拟中，摩擦系数均设置为 0.2，为考察摩擦系数对分析结果的影响，分别再次计算了摩擦系数为 0.1 和 0.3 两种情况下的结果，如表 3.5 所示，结果表明，不同摩擦系数下，有效接触区内的合力变化很小，说明摩擦系数对有效接触区域半径的影响甚微。

表 3.5　不同摩擦系数下连接件有效接触区域法向合力

螺栓规格	摩擦系数		
	0.1	0.2	0.3
M5	4498.7N	4474.4N	4470.8N
M8	11165N	11078N	11112N

为验证上述建模方法的有效性，本节进行了多种工况的模态试验，包括：
(1)对圆板进行自由状态的模态测试，试验数据用于修正板结构模型。
(2)对圆筒进行自由状态，试验数据用于修正筒结构模型。
(3)对圆筒进行固支状态的模态测试。
(4)对圆板和筒体组合件进行自由状态的模态测试。
(5)对圆板和筒体组合件进行固支状态的模态测试。

(a)筒体固支　　　　　　　　　　(b)板筒组合件固支

图 3.60　固支状态下的试验件状态

对以上各种工况均进行了 7 次试验,试验结果取平均值,并将基于有效接触区域建模方法建立的动力学模型进行模态分析,其中图 3.60 为固支状态下的试验件状态,有效接触面建模方式的计算值与试验值对比如表 3.6 所示。

表 3.6　有效接触面建模方式的计算值与试验值对比

工况	阶次	试验平均值/Hz	计算值/Hz	振型描述	相对偏差/%
圆筒固支状态	1	1389.62	1413.20	筒体一阶鼓曲	-1.67
	2	1938.74	2040.10	筒体二阶鼓曲	-4.97
圆板和筒体组合自由状态	1	310.23	316.29	圆板一阶鼓曲	-1.92
	2	606.77	623.84	圆板二阶鼓曲	-2.74
	3	1129.87	1141.75	筒体一阶鼓曲与圆板高阶鼓曲耦合	-1.04
	4	1972.32	1993.70	筒体二阶鼓曲与圆板高阶鼓曲耦合	-1.07
圆板和筒体组合固支状态	1	318.21	303.50	圆板一阶鼓曲	4.85
	2	611.39	618.61	圆板二阶鼓曲	-1.17

由表 3.6 可知,三种状态下的模态试验结果与试验结果吻合较好,说明在设计阶段无试验数据支撑的情况下,基于有效接触区域的螺栓连接建模方法的有效性和准确性。

表 3.7 给出了连接位置固连模型的计算值与试验值对比,从表中可以看出,若将螺栓连接界面全部固连,该方法虽然在建模过程中简单易实施,但刚度明显偏大,所得到的结构的固有频率显著偏高,在高阶模态,其振型规律已经发生变化,难以反映真实的结构动力学特性。

表 3.7　连接位置固连模型的计算值与试验值对比

工况	阶次	试验平均值/Hz	计算值/Hz	振型描述	相对偏差/%
圆筒固支状态	1	1389.62	1744.8	筒体一阶鼓曲	25.56
	2	1938.74	2150.8	筒体二阶鼓曲	10.94
圆板和筒体组合自由状态	1	310.23	499.8	圆板一阶鼓曲	61.11
	2	606.77	1016.7	圆板二阶鼓曲	67.56
	3	1129.87	—	筒体一阶鼓曲与圆板高阶鼓曲耦合	—
		—	1155.4	筒体一阶鼓曲	
	4	—	1659.3	圆板高阶鼓曲	
		1972.32	—	筒体二阶鼓曲与圆板高阶鼓曲耦合	—
圆板和筒体组合固支状态	1	318.21	488.44	圆板一阶鼓曲	53.50
	2	611.39	1013.0	圆板二阶鼓曲	65.69

参 考 文 献

[1] Roache P J. Perspective: A method for uniform reporting of grid refinement studies[J]. Journal of Fluids Engineering, 1994, 116(3): 405-413.

[2] Oberkampf W L, Roy C J. Verification and Validation in Scientific Computing[M]. Cambridge: Cambridge University Press, 2010.

[3] 张学良. 机械结合面动态特性及应用[M]. 北京: 中国科技出版社, 2002.

[4] 田红亮, 刘芙蓉, 方子帆, 等. 引入各向同性虚拟材料的固定结合部模型[J]. 振动工程学报, 2013, 26(4): 561-573.

[5] 张学良, 范世荣, 温淑花, 等. 基于等效横观各向同性虚拟材料的固定结合部建模方法[J]. 机械工程学报, 2017, 53(15): 141-147.

[6] 廖静平, 张建富, 郁鼎文, 等. 基于虚拟梯度材料的螺栓结合面建模方法[J]. 吉林大学学报(工学版), 2016, 46(4): 1149-1150.

[7] 蔡力钢, 郝宇, 郭铁能, 等. 螺栓结合面法向静态刚度特性提取方法研究[J]. 振动与冲击, 2014, 33(16): 18-23.

第4章 复杂工程结构动力学数值模拟的分析方法

前面提到,装备结构动力学分析主要包括模态分析和响应分析两部分内容,前者通过模态分析技术,对结构的固有频率和振型等动态特性参数进行分析,同时可为后续基于模态叠加法的结构动力学响应计算提供数据。在装备结构动力学响应分析时,目前主要是根据载荷类型特征,开展不同类型的数值模拟,包括以下几种分析。

(1)模态分析:获得结构的动力学响应特性,包括固有频率、振型等,是后续基于模态叠加法的动力学响应分析的基础。

(2)谐响应分析:获得结构在谐波载荷下的响应,如发动机、汽轮机工作状态下的响应,同时也可以通过谐响应分析获得振动载荷在结构中的传递特性。

(3)随机振动分析:获得结构在随机振动载荷下的响应,如行驶中的汽车在路面激励下的响应,可以获得结构在随机载荷下具有统计特性的响应分布。

(4)复合响应分析:获得结构在复合载荷环境作用下的结构响应。在实际工程中,装备结构往往处于复合载荷状态,如飞行过程中的导弹在不同阶段会处于过载、温度、气动、噪声、振动等多种复合环境,因此,结构动力学分析也需要与其他的分析手段耦合,如过载与振动耦合、过载及温度与振动的耦合等。

(5)瞬态分析:获得结构的响应时间历程。需要说明的是,对于地震响应分析而言,当获得了地震的时程载荷时,也可通过瞬态分析方法进行地震响应计算,被认为是一种更合理的地震响应分析方法[1,2]。

(6)响应谱分析:获得结构在给定响应谱(如地震响应谱)下的结构响应。

其中,谐响应、随机振动、复合响应都在频域内进行分析;瞬态分析则在时域范围内进行分析;响应谱分析则比较特殊,属于基于模态分析的拟静力分析方法,本章将基于 Ansys/Workbench 软件平台,分别对这些分析类型的具体内涵和应用进行较为深入的说明。

4.1 模 态 分 析

4.1.1 模态分析理论

对于振动问题和结构动力学特性的认识都源于模态分析,作为结构动力学分析的基础,模态分析在认识和研究结构动力学响应时扮演了重要的角色。模态特征从单摆、单自由度振子到飞机、火箭，模态理论反映了结构或系统本身的固有特性，决定了在不同外载荷作用下，结构动力学响应的固有规律，是用简化数学模型描述世界物理本质的优美典范。

从第 2 章的讨论来看，对于装备结构而言，模态叠加法是分析其动力学响应的最基本的方法，从动力学方程[式(2.31)]来看，系统表征为矩阵形式后，在给定外载荷作用下的响应可以通过求解方程组得到，而质量、阻尼和刚度矩阵决定了系统的固有特性。

根据数学分解，可以将模态特性分解为固有频率、振型(试验测试中还可获得各阶模态对应的模态阻尼比)，分别与矩阵的特征值及特征向量对应。因此，从理论上来说，模态分析就是通过不同的数学方法，求解矩阵特征值和特征向量的过程。

4.1.2 模态分析方法

商业有限元软件中，以 Ansys 为例，常用的求解模态的方法包括以下几种：Supernode 法、Block Lanczos 法、PCG Lanczos 法、Subspace 法、Unsymmetric 法、Damped 法、QR Damped 法，各种方法的对比见表 4.1 和表 4.2。

表 4.1 模态分析方法对比

分析方法	适用情况	矩阵特性	特征值提取技术
Supernode 法	屈曲不可用	对称的质量阵、刚度阵	内核采用节点分组、缩减和 Lanczos 法
Block Lanczos 法	屈曲可用	对称的质量阵、刚度阵	Lanczos 法内核采用 QL 法
PCG Lanczos 法	屈曲不可用	对称的质量阵、刚度阵	Lanczos 法内核采用 QL 法
Subspace 法	屈曲可用	对称的质量阵、刚度阵	内核采用自动变换的 Subspace 法
Unsymmetric 法	屈曲可用	对称或非对称的质量阵、刚度阵	Lanczos 法内核采用 QR 法
Damped 法	屈曲可用	对称或非对称的质量阵、阻尼阵、刚度阵	Lanczos 法内核采用 QR 法
QR Damped 法	屈曲可用	对称或非对称的质量阵、阻尼阵、刚度阵或非对称阻尼系统	基于缩减质量及阻尼阵的 QR 法

表 4.2 不同模态求解方法适用范围

方法	适用模型	网格质量要求	刚体模态	振型阶数 n	备注
Supernode 法	结构及非结构单元	一般	支持	$100 < n \leqslant 10000$	—
Block Lanczos 法	结构及非结构单元	一般	支持	$\geqslant 40$	—
PCG Lanczos 法	结构及非结构单元	较高	支持	$n < 100$	—
Subspace 法	任意类型	较高	可能不收敛	$n < 40$	不适用于含约束方程模型
Unsymmetric 法	结构及非结构单元	一般	支持	—	可能会漏根

1. Supernode 法

Supernode 求解器用来求解大型多阶(100＜振型阶数≤10000 阶)对称矩阵的特征值问题，其对所有的模型都适用。一个 Supernode 是来自一组单元的节点集。Supernode 是求解器自动生成的。Supernode 法首先求解每个 Supernode 在 0～ FREQE×RangeFact (RangeFact 是通过 SNOPTION 命令指定的，默认为 2.0)频段的特征模态，其次采用 Supernode 模态来计算结构在 FREQB～FREQE 频段的(FREQB 和 FREQE 是通过 MODOPT 命令指定的)全局模态。在求解模态阶数高于 200 阶时 Supernode 法比 Block Lanczos 法或 PCG Lanczos 法求解更快。

Supernode 法采用与 Block Lanczos 法和 PCG Lanczos 法相类似的方法，Supernode 法求解进度可以通过 SNOPTION 命令来控制。默认情况下，特征模态精度是基于频率区间确定的，如表 4.3 所示。

表 4.3　Supernode 法的求解精度[1]

频率区间/Hz	Supernode 法求解精度偏差/%
0～100	0.01
100～200	0.05
200～400	0.20
400～1000	1.00
高于 1000 Hz	3.0～5.0

需要说明的是：

(1)可以用 SNOPTION 命令来加大求解精度，但是也会带来求解时间的增加。

(2)增大 RangeFact 值(SNOPTION 命令)可以带来更加精确的求解。

(3)在 Supernode 法中特征值计算的每一步，会执行一个 Sturm 检查。在 Supernode 法的计算中丢失模态的概率是极低的。

(4)集中质量矩阵选项(LUMPM，ON) 在 Supernode 法中是不能用的。分析中会选择常质量阵选项从而忽略 LUMPM 的设置。

2. Block Lanczos 法

Block Lanczos 法是 Ansys 中最常用的模态求解方法，常用于求解振型≥40 的壳体或实体模型，网格质量较差时也可以求解。Block Lanczos 法(用 MODOPT，LANB 或者 BUCOPT，LANB 命令调用)可用于大对称矩阵的特征值求解问题。

3. PCG Lanczos 法

PCG Lanczos 法是迭代法，常用于求解自由度超过 50 万，振型＜100 的壳体和实体模型，对网格质量有较高的要求。PCG Lanczos 法与 Block Lanczos 法的基础相同，但仅能用于模态分析，不能用于屈曲分析。

4. Unsymmetric 法

当系统矩阵为非对称或系统刚度阵和质量阵单独或一起都为非对称时，可以用 Unsymmetric 法，其常用于求解含有声学单元的流固耦合问题及系统质量阵、刚度阵不对称的问题，求解结果中可能遗漏高阶频率。

5. Subspace 法

Subspace 法常用于求解振型阶数<40 的壳体和实体模型，对网格质量有较高要求，求解中可能因为存在刚体模态导致不收敛，具有约束方程时不建议采用此种方法。

4.1.3 预应力模态分析

1. 预应力模态分析理论

根据模态分析理论，如果模型的状态是确定不变的，则其动力学特性不会变化，而实际情况下，结构往往在外载的作用下发生旋转、变形等，结构内部的应力分布会随着接触状态及载荷变化等而改变，因此考虑某一状态下的结构动力学特性需要与系统运行状态关联。典型的例子就是琴弦在张力作用下拉应力的变化及手指改变局部约束位置，可以发出不同频率的声音。除此之外，典型的受到载荷及运动作用下的结构还有以下几种。

(1) 旋转设备。如高速旋转的离心机、涡轮发动机和风机叶片等。

(2) 惯性载荷较大的结构。如火箭在大推力下的飞行状态。

(3) 受内压或外压作用的结构。如燃料箱、高压罐等。

(4) 预紧结构。如琴弦、悬索桥等。

应力状态对结构特性的作用主要体现在对结构刚度矩阵的影响：

$$\boldsymbol{K} = \boldsymbol{K}_0 + \boldsymbol{K}_s \tag{4.1}$$

式中，$\boldsymbol{K}_0$ 为结构无应力作用下的刚度矩阵；$\boldsymbol{K}_s$ 为结构在预应力作用下的应力刚化矩阵。

$$\boldsymbol{K}_s = \begin{bmatrix} \boldsymbol{K}_{s0} & & \\ & \boldsymbol{K}_{s0} & \\ & & \boldsymbol{K}_{s0} \end{bmatrix} \tag{4.2}$$

式中，应力刚化子矩阵：

$$\boldsymbol{K}_{s0} = \int_V \boldsymbol{G}^{\mathrm{T}} \boldsymbol{S}_m \boldsymbol{G} \mathrm{d}V \tag{4.3}$$

$\boldsymbol{S}_m$ 为由各个应力分量构成的柯西应力，即

$$\boldsymbol{S}_m = \begin{bmatrix} \sigma_x & \sigma_{xy} & \sigma_{xz} \\ \sigma_{xy} & \sigma_y & \sigma_{yz} \\ \sigma_{xz} & \sigma_{yz} & \sigma_z \end{bmatrix} \tag{4.4}$$

$\boldsymbol{G}$ 为形函数梯度矩阵，可以表示为

$$G = \begin{bmatrix} \dfrac{\partial N_1}{\partial x} & \dfrac{\partial N_2}{\partial x} & \cdots & \dfrac{\partial N_n}{\partial x} \\[2mm] \dfrac{\partial N_1}{\partial y} & \dfrac{\partial N_2}{\partial y} & \cdots & \dfrac{\partial N_n}{\partial y} \\[2mm] \dfrac{\partial N_1}{\partial z} & \dfrac{\partial N_2}{\partial z} & \cdots & \dfrac{\partial N_n}{\partial z} \end{bmatrix} \tag{4.5}$$

式中，N_n 代表第 n 个形函数。

从式(4.5)中可以看出，在进行预应力模态分析时，结构的刚度矩阵包含原始刚度矩阵和应力影响刚度矩阵两部分，在提取特征值和特征向量时，可采取与普通模态分析同样的算法，需通过两个步骤。

(1)针对受外力的弹性体，开展静力分析以求解结构预应力。

(2)由预应力计算应力影响矩阵，并将应力刚化矩阵与原始刚度矩阵叠加，形成新的刚度矩阵，最后根据特征值求解方法计算结构的模态。

结构内部的拉应力会导致应力刚化效应，与此相关的结构固有频率上升；反之，压应力会导致应力软化效应，固有频率下降。

2. 算例演示

以图 4.1 中梁结构为例，截面为 Φ10mm，长度为 1m，材料为铝合金，采用 Timoshenko 梁单元进行离散，一端固支，另一端受轴向载荷作用，模型如图 4.1 所示，其第一阶弯曲模态振型图如图 4.2 所示。

图 4.1　轴向受拉力梁模型(模型显示实体)

图 4.2　第一阶弯曲模态振型图

梁在受拉和受压情况下的模态变化对比如图 4.3 所示，可见梁在轴向拉力和压力作用下分别出现了刚化与软化的现象，随着压力载荷变大，梁的固有频率下降，接近屈服载荷时急剧下降。在拉力作用下，固有频率上升。需要说明的是，模型中分析的为理想情况，实际工程问题中，还应根据静力分析结果判断结构材料是否已经屈服破坏。

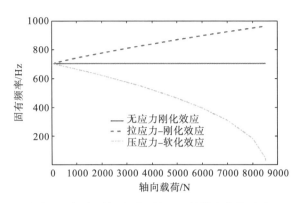

图 4.3   梁在受拉和受压情况下的模态变化对比

该算例 Ansys 分析的 APDL 代码如下:

! 建立梁模型后,先进行静力分析

```
/solu
antype,0,                 ! 定义分析类型为静力分析
d,node_fix,all,0          ! 定义 node_fix 点为固支边界条件
f,node_f,fx,1000          ! 在 node_f 点上施加 1000N 的轴向拉力,若为压力,
```
则为-1000N
```
nlgeom,on                 ! 大变形开关,根据需要打开(on)或关闭(off)
pstres,on                 ! 打开预应力开关
solve
fini
```
!在静力分析基础上开展预应力模态分析,边界条件等同于静力分析状态
```
solu
antype, modal             ! 定义分析类型为模态分析
pstres,on                 ! 打开预应力开关
modopt,lanb,6             ! 采用 Block Lanczos 法分析前 6 阶模态
mxpand,,,,yes,,no         ! 为后续应力/应变求解扩展模态分析结果,不写入
```
file.mode 文件
```
outres,all
solve
fini
```

4.1.4   旋转软化

1. 旋转软化理论

旋转软化效应是结构在旋转过程中,由于局部变形导致的,可以用刚度矩阵的变化来描述。

对考虑大变形的结构来说，结构在离心力作用下的伸长 u 与旋转半径 r 有以下关系：

$$Ku = \Omega^2 M (r + u) \tag{4.6}$$

$$\Omega^2 = \begin{bmatrix} -\left(\omega_y^2 + \omega_z^2\right) & \omega_x \omega_y & \omega_x \omega_z \\ \omega_x \omega_y & -\left(\omega_x^2 + \omega_z^2\right) & \omega_y \omega_z \\ \omega_x \omega_z & \omega_y \omega_z & -\left(\omega_x^2 + \omega_y^2\right) \end{bmatrix} \tag{4.7}$$

式中，Ω 表示离心机旋转矩阵，由三个方向的旋转角度 ω_x、ω_y、ω_z 合成得到。

令

$$\bar{K} = K - \Omega^2 M \tag{4.8}$$

考虑旋转软化效应后，结构的动力学控制方程为

$$\left| K - \omega^2 M \right| = 0 \tag{4.9}$$

式中，ω 代表转子的固有频率或特征频率。

若在此基础上同时考虑预应力刚化效应，则控制方程可写为

$$\left| \bar{K} + K_s - \omega^2 M \right| = 0 \tag{4.10}$$

式中，$\bar{K}$ 表示旋转软化后的刚度矩阵；K_s 表示考虑应力刚化后的刚度增加量。

可见，对于旋转结构而言，应力刚化和旋转软化效应同时存在。

2. 算例演示

图 4.4 为简化叶片模型，尺寸为 100mm×500mm，厚度为 5mm，根部固支，绕主轴旋转，第一阶模态振型如图 4.5 所示，一阶固有频率随不同效应作用下的变化如图 4.6 所示。

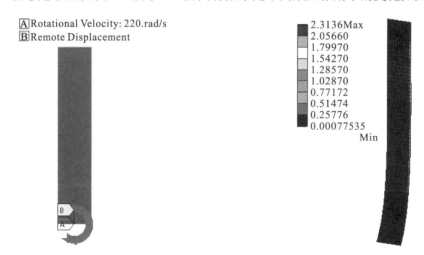

图 4.4 简化叶片模型   图 4.5 第一阶模态振型

从图 4.6 中可看出，结构旋转运动导致的离心力，仅考虑应力刚化作用下使得低阶模态固有频率上升；仅考虑旋转软化效应则反之，两者耦合作用，是此消彼长的关系，与结构转速相关。若应力刚化占主导，则模态频率会提高（相对于不考虑应力刚化和旋

转软化）；若旋转软化占主导，则反之。对不同的模态阶数固有频率影响略有不同，趋势类似。

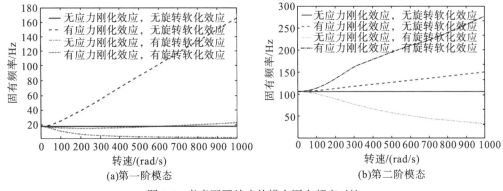

图 4.6　考虑不同效应的模态固有频率对比

!　说明：仅考虑旋转软化效应时，不需要进行静力分析，若单独或复合考虑应力刚化效应，才需要首先进行静力分析；考虑预应力效应前面已有算例，此处仅提供考虑旋转软化效应的算例。

```
/solu
antype,static          ! 定义分析类型为静力
!coriolis,on,,,on       ! 考虑陀螺效应时，需打开开关，单位为 rad/s
pstres,on              ! 考虑应力刚化效应时，需打开预应力开关
omega,10               ! 定义旋转速度，单位为 rad/s
solve
fini
!————————考虑旋转软化效应的模态分析————————
/solu
antype,modal           ! 定义分析类型为模态分析
modopt,qrdamp,6,,,on   ! 采用 qrdamp 方法分析前 6 阶模态(默认考虑
                       ! 旋转软化效应)
!qropt,on
mxpand,6
omega,,,10             ! 定义绕 z 轴转动角速度为 10rad/s，仅在模
态分析中定义旋转角速度，才可以判断为转子动力学模态分析，默认考虑旋转软化效应
coriolis,on,,,on       ! 打开陀螺效应开关
solve
fini
```

结构旋转产生的效应还包括陀螺效应，也是转子动力学重要的考虑因素。陀螺效应其主要来自结构旋转过程中的科里奥利力作用，因其作用效果对结构阻尼阵影响较大，属于复模态分析范畴，将在第 10 章中进行详细介绍。

4.2　谐响应分析

4.2.1　谐响应分析理论

谐响应分析是一种频域分析方法，是为了获得结构在谐波载荷下的结构响应，包括响应的幅值和相位信息。式(2.6)就是谐响应分析的求解公式，该响应为复数形式，其模表示谐响应的幅值，虚部则包含相位角 θ 的信息，如式(4.11)所示。

$$\theta = \arcsin\left\{\frac{\text{Im}\left[x(\omega)\right]}{\text{abs}\left[x(\omega)\right]}\right\} \tag{4.11}$$

谐响应分析可以采用全方法和模态叠加法进行计算，采用全方法时，结构的质量、刚度、阻尼参数均为整体结构离散的矩阵形式，计算精度相对较高，但需要对整体刚度矩阵进行求逆，因此计算效率较低，在工程分析中已经很少应用，一般都基于模态叠加法进行计算。

对于力形式的载荷，如激振杆形式的载荷，基于模态叠加法的谐响应分析容易实现；此外，还有通过振动台施加基础加速度载荷的方式实现谐波激励，但其理论分析和算法却相对复杂，在某些版本的 CAE 软件中甚至都无法实现，如早期的 Ansys 版本。

将基于有限元离散后的结构动力学方程按照节点是否位于边界约束区域进行分块，如式(4.12)所示。

$$\begin{bmatrix} M_{ss} & M_{gs} \\ M_{sg} & M_{gg} \end{bmatrix}\begin{bmatrix} \ddot{X}_s \\ \ddot{X}_g \end{bmatrix} + \begin{bmatrix} C_{ss} & C_{gs} \\ C_{sg} & C_{gg} \end{bmatrix}\begin{bmatrix} \dot{X}_s \\ \dot{X}_g \end{bmatrix} + \begin{bmatrix} K_{ss} & K_{gs} \\ K_{sg} & K_{gg} \end{bmatrix}\begin{bmatrix} X_s \\ X_g \end{bmatrix} = \begin{bmatrix} F_s \\ F_g \end{bmatrix} \tag{4.12}$$

式中，s 为非约束节点集合；g 为约束节点集合；X_s 和 X_g 分别为非约束节点和约束节点相对于地面坐标系的绝对响应；M_{ss} 和 M_{gg} 为质量矩阵的对角线元素，$M_{gs}=M_{sg}$，为质量矩阵的非对角线元素；C_{ss} 和 C_{gg} 为阻尼矩阵的对角线元素；$C_{gs}=C_{sg}$，为阻尼矩阵的非对角线元素；K_{ss} 和 K_{gg} 为刚度矩阵的对角线元素，$K_{gs}=K_{sg}$，为刚度矩阵的非对角线元素；F_s 和 F_g 分别为作用在非约束节点和约束节点上的力载荷。

对于基础加速度激励 $\ddot{X}_g$ 而言，有 $F_s=0$，并考虑集中质量矩阵，有 $M_{gs}=M_{sg}=0$，将式(4.12)中第一式展开，有

$$M_{ss}\ddot{X}_s + C_{ss}\dot{X}_s + C_{gs}\dot{X}_g + K_{ss}X_s + K_{gs}X_g = 0 \tag{4.13}$$

忽略边界阻尼项 C_{gs}，式(4.13)可转换为

$$M_{ss}\ddot{X}_s + C_{ss}\dot{X}_s + K_{ss}X_s = -K_{gs}X_g \tag{4.14}$$

这样就将基础运动项转换为力形式的载荷项，但式(4.14)不能直接采用模态叠加法进行分析，这是因为其中的响应 X_s 是结构关于地面坐标系的绝对位移，而根据模态叠加法的基本原理，振型是结构相对于约束节点的相对位移，因此，还需要将绝对响应改写为结构相对于约束节点的响应 X_u 与约束节点的响应 X_g 之和[3]，即

$$X_s = X_u + X_g \tag{4.15}$$

将式(4.15)代入式(4.14)，整理后得

$$M_{ss}\ddot{X}_u + C_{ss}\dot{X}_u + K_{ss}X_u = -M_{ss}\ddot{X}_g - C_{ss}\dot{X}_g - K_{ss}X_g - K_{gs}X_g \qquad (4.16)$$

令式(4.16)中的动力项为零，则只剩下拟静力项，拟静力项为体系自相平衡的内力，即有

$$K_{ss}X_g + K_{gs}X_g = 0 \qquad (4.17)$$

则式(4.16)可改写为

$$M_{ss}\ddot{X}_u + C_{ss}\dot{X}_u + K_{ss}X_u = -M_{ss}\ddot{X}_g - C_{ss}\dot{X}_g \qquad (4.18)$$

式(4.18)也称为相对运动法(relative motion method，RMM)描述的基础激励下的结构动力学方程，可以采用模态叠加法进行计算。

上面对基础激励下基于模态叠加法的谐响应分析方法进行了较为严格的推导，但式(4.18)中右端的载荷项比较复杂，为便于工程数值模拟，可以采用大质量法(large mass method，LMM)这一近似方法进行计算。LMM 假设在基础约束节点上存在数值很大的质量 M_L，此时，基础位置上的质量矩阵的元素 M_{gg} 将变为 $M_{gg}+M_L$，并同时释放运动方向的自由度，那么要使得约束节点产生 $\ddot{X}_g$ 的基础加速度，则需要在基础约束节点上施加的力载荷 F_g 近似为

$$F_g \approx M_L\ddot{X}_g \qquad (4.19)$$

将式(4.19)代入式(4.12)，并将式(4.12)第二行展开并同乘以 $1/M_L$，有

$$\frac{M_{gg}}{M_L}\ddot{X}_g + \ddot{X}_g + \frac{C_{gg}}{M_L}\dot{X}_g + \frac{K_{sg}}{M_L}X_s + \frac{K_{gg}}{M_L}X_g \approx \ddot{X}_g \qquad (4.20)$$

M_L 越大，式(4.20)两边误差越小。一般建议 M_L 为所分析对象的总质量的 10^6 倍以上，实际分析中，M_L 的取值需要根据所产生的基础约束节点的响应与目标值之间的误差进行调整。

LMM 是一种近似方法，动力学数值模拟中，常采用瑞利阻尼，即将结构阻尼表述成结构质量矩阵和刚度矩阵的线性组合。

$$C_{gg} = \alpha M_L + \beta K_{gg} \qquad (4.21)$$

此时，式(4.20)将近似为

$$\ddot{X}_g + \alpha\dot{X}_g \approx \ddot{X}_g \qquad (4.22)$$

可见，系数 α 越大，误差越大。

上面对基础激励下基于模态叠加法的谐响应分析的理论进行了推导，并对应用较多的 LMM 及其误差进行了分析。随着理论认识的不断深入，以及分析工具的不断完善和改进，目前相对运动法已经在软件中得到实现。

4.2.2　Ansys 经典界面谐响应分析实例

图 4.7 所示的悬臂梁结构，在固支端施加横向的基础加速度激励，其幅值为 1g，频率为 1～200Hz，频率点间隔为 1Hz。

图 4.7　基础激励下的悬臂梁结构示意图

采用模态叠加法计算结构响应时，需要在模态分析时添加 modcont 命令，这与力激励或全方法分析是不同的，且该命令无法通过 GUI 交互界面进行操作，其响应求解的 APDL 代码及主要注释如下：

```
/solu
antype,2   !进入模态分析
d,fix,uy,0   !约束悬臂梁固支端非激励方向的位移，fix 是端部约束节点集合
的组件名
d,fix,uz,0
modopt, lanb,20   !分析并扩展 20 阶模态
mxpand, 20, , ,0
modcont, ,on     !考虑强制施加的基础运动项
d,fix,ux,1     !此处的 1 不是位移，而是基础载荷的辨识号码，在谐响应加载时
使用
solve
finish
/solu     !进入谐响应
antype, 3
hropt, msup, 20, ,0
hrout, on, off, 0
dval,1,acc,9.81   !1 为模态分析时建立的横向激励载荷的辨识号码，若将 acc
改为 u 则表示施加基础位移载荷
harfrq, 1,200,   !分析频率范围
nsubst, 199,     !分析频率点数
kbc,1
dmprat, 0.01,   !阻尼比
outpr, all, all,
solve
finish
!读取谐响应数据
/post26
file,'file','rfrq','.'
/ui,coll,1
nsol,2,27,u,x, ux_2,   !读取 27 号节点(悬臂端)ux 方向的响应结果
```

```
store,merge
prod,3,1,2, , , , ,2*3.1416,1,1,   !由位移响应谱获得速度响应谱
prod,4,1,3, , , , ,2*3.1416,1,1,   !由速度响应谱获得加速度响应谱
!绘制位移响应谱曲线
xvar,1
plvar,2,
!绘制速度响应谱曲线
xvar,1
plvar,3,
!绘制加速度响应谱曲线
xvar,1
plvar,4,
```

计算得到悬臂端的加速度响应曲线如图 4.8 所示。

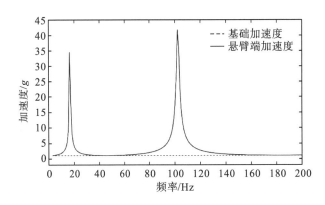

图 4.8　加速度响应曲线

　　需要说明的是，在实际数值模拟中，载荷谱为曲线形式，即非恒定幅值情况，如表 4.4 所示。

表 4.4　非恒定幅值情况

频率/Hz	位移幅值/mm
1	2.0
20	3.0
100	1.5
200	1.0

此时，可以建立表形式的载荷谱，其 APDL 命令如下：
```
!定义空表格 b
*dim, b, table, 4, 1, 1, , ,
!定义频率点，频率点的定义在表格中的零列
```

```
b(1,0,1)=1
b(2,0,1)=20
b(3,0,1)=100
b(4,0,1)=200
!定义幅值，幅值的定义在表格中的第一列
b(1,1,1)=0.002
b(2,1,1)=0.003
b(3,1,1)=0.0015
b(4,1,1)=0.001
!加载表形式的载荷谱
dval, 1, u, %b%
```

当需要提取某一频率下的结构响应结果时，则可以通过扩展分析结果获得，其命令流为

```
/sol
expass,1
expsol, , ,50,1                !扩展 50Hz 处的响应结果
hrexp,all,
/status,solu
solve
finish
/post1
!提取位移响应
set, , ,1,0,50                  !提取 50Hz 处位移响应的实部，若要提取幅值，则
```
改成 set, , ,1,3,50，若要提取相位，则改成 set, , ,1,4,50,
```
/efacet,1
plnsol, u,x, 0,1.0             !绘制 x 方向位移响应的实部云图
set, , ,1,1,50                 !提取 50Hz 处 x 方向位移响应的虚部
/efacet,1
plnsol, u,x, 0,1.0             !绘制 x 方向位移响应的虚部云图
!提取速度响应
set, , ,velo,0,50             !提取 50Hz 处速度响应的实部
/efacet,1
plnsol, u,x, 0,1.0             !绘制 x 方向速度响应的实部云图
set, , ,velo,1,50             !提取 50Hz 处速度响应的虚部
/efacet,1
plnsol, u,x, 0,1.0             !绘制 x 方向速度响应的虚部云图
!提取加速度响应
set, , ,acel,0,50             !提取 50Hz 处加速度响应的实部
/efacet,1
```

```
plnsol, u,x, 0,1.0          !绘制 x 方向加速度响应的实部云图
set, , ,acel,1,50           !提取 50Hz 处加速度响应的虚部
/efacet,1
plnsol, u,x, 0,1.0          !绘制 x 方向加速度响应的虚部云图
```

4.2.3　Workbench 平台谐响应分析实例

仍以图 4.7 中模型受到基础加速度载荷为例，其主要分析流程如下所示。

步骤 1：将 Harmonic Response 模块拖拽至 Modal 模块的 Solution 上，完成基于模态叠加法的谐响应分析流程搭建，如图 4.9 所示。

步骤 2：设置分析参数，如图 4.9 所示，包括分析频率范围、频率点间隔及模态阻尼等。

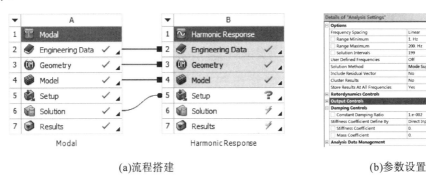

(a)流程搭建   (b)参数设置

图 4.9　Workbench 中基于模态叠加法的谐响应分析流程搭建及参数设置

步骤 3：施加基础加速度载荷，激活 Base Excitation 项，如图 4.10 和图 4.11 所示。对于表格载荷谱的基础载荷，将载荷定义中的 Constant 改为 Tabular(Frequency)，然后在 Tabular Data 栏中输入载荷谱值即可，其设置如图 4.12 所示。对于较为复杂的载荷谱，可从 Excel 或 MATLAB 中将数据复制后粘贴到 Tabular Data 中。位移加载设置与此类似，不再赘述。

步骤 4：单击 Solve 按钮，完成求解。

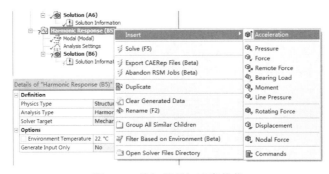

图 4.10　施加基础加速度载荷

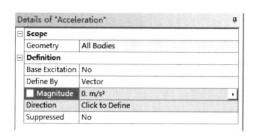
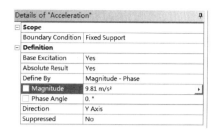

(a)默认设置　　　　　　　　　　　　(b)修改设置

图 4.11　基础加速度载荷设置

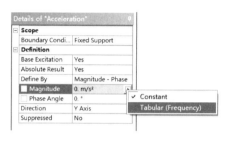
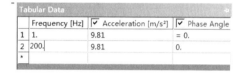

(a)修改为表格形式加载　　　　　　　　(b)输入载荷谱值

图 4.12　表格形式的载荷谱加载设置

　　需要说明的是，在包括谐响应分析在内的基于模态叠加法的动力学响应分析中，常采用模态阻尼比来表征阻尼参数，但 Workbench 的谐响应分析模块中，模态阻尼比的设置在 GUI 界面上只有常阻尼比可以选择，对于随模态阶数变化的阻尼比则可以通过插入命令流的方式实现，如图 4.13 所示。

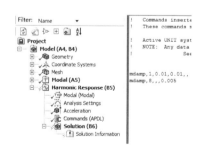

(a)插入命令流　　　　　　　　　　　(b)添加各阶模态阻尼比

图 4.13　Workbench 中添加随模态阶数变化的阻尼比

　　另外，由于谐响应分析中各个频率点的响应之间是相互独立的，在后处理时能够得到每个节点在整个频段上的响应幅频曲线，也能通过扩展分析得到每个频率点下整个结构的响应分布，但对每个节点或自由度而言，在整个频段内响应最大时的频率点往往并不一致，不便于对整体结构全频段的响应进行评估。

Workbench 在谐响应模块中提供了非常实用的后处理方式，图 4.14(a) 给出了 Maximum Over Frequency 的结果，即将每个节点幅频响应的最大值提取出来，从而获得整体结构每个节点的极值响应云图。类似地，图 4.14(b) 中给出了 Frequency Of Maximum 的结果，将每个节点响应最大值出现的频率提取出来，从而获得整体结构响应最大值出现的频率云图。

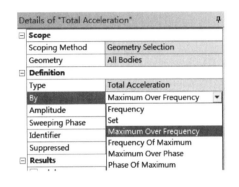 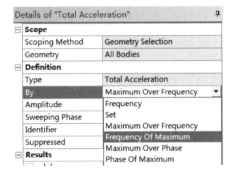

(a)每个节点幅频响应的最大值   (b)每个节点响应最大值出现的频率

图 4.14   全频段响应极值后处理方式

图 4.15 给出了整体结构全频段响应极值的处理结果，结果表明，全频段内所有节点加速度响应的最大值为 300.17m/s^2，位置为自由端。

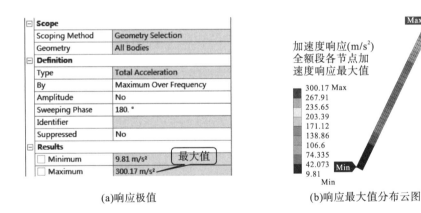

(a)响应极值   (b)响应最大值分布云图

图 4.15   整体结构全频段响应极值的处理结果

图 4.16 为全频段响应极值出现频率后处理结果，最大值为 124Hz(第三阶模态频率)。这样就便于对全结构在全频段范围内的响应极值进行分析，对响应较大的位置，可进一步观察该位置出现响应极值的频率下的全结构响应结果，往往对应的是模态振型被激发。

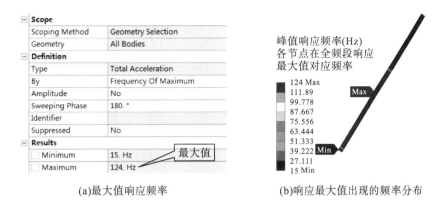

(a)最大值响应频率   (b)响应最大值出现的频率分布

图 4.16   全频段响应极值出现频率后处理结果

4.3   瞬 态 分 析

4.3.1   Ansys 经典界面瞬态分析实例

基础激励下的瞬态分析理论方法与谐响应方法相同，只是所研究的响应变量是时域量而非频率量而已，此处不再赘述。

仍以图 4.7 中的模型为例，也考虑基础加速度激励，假设该激励形式为正弦波，幅值为 1g，频率为 50Hz，时间为 0～0.2s，时间步长为 0.001s，方向为 X 方向，其 APDL 代码及主要注释如下：

```
!模态分析
/solu
antype,modal
modopt,lanb,20      !分析 20 阶模态
mxpand,20,,,         !扩展 20 阶模态
d,fix,ux,0           !约束非激励方向自由度，fix 为约束节点集合组件名
d,fix,uz,0
modcont, ,on        !考虑强制施加的基础运动项
d,fix,uy,1           !此处的 1 不是位移，而是基础载荷辨识号码，在瞬态响
应加载时使用
save
solve
finish
!瞬态分析
/solu
antype,trans
trnopt,msup,,,,20,,,yes      !最少 20 阶模态参与计算
```

```
kbc,1
outres,all,all                    ! 输出所有响应结果
lvscale,,1
dmprat,0.01                       !定义模态阻尼比
!定义谐波载荷
*dim,b,table,200,1,1
*do,i,1,200
    !定义时间步,table(i,j,k)表数据格式中, i 为行, j 为列(从 0 开始), k
    为页
    b(i,0,1)= i*0.001
    !定义载荷
    b(i,1,1)=9.81*sin(2*3.14159*20*i*0.001)
*enddo
deltim,0.001                      !定义时间步长
time,0                            !初始化
dval,1,acc,0
solve
time,0.1
dval,1,acc,%b%                    !定义表格形式的时程载荷
solve
finish
```

可见，上述过程与谐响应分析类似，但需要说明的是，此时只能在 Post1 和 Post26 中获取节点的位移响应，如果要获得结构的加速度响应和速度响应，还需要继续进行分析结果的扩展处理，相应的 APDL 代码为

```
!扩展分析结果
/solu
expass,on
numexp,all,0,0.2,               !在所有时刻扩展, 0.2s 为分析时间范围终止时刻
solve
finish
/post26
file,'file','rst','.'
nsol,2,470,a,x, ax_2,           !基础加速度曲线, 本算例中 470 号节点为基础节点
xvar,1
plvar,2,
```

基础节点的加速度响应时程曲线如图 4.17 所示。

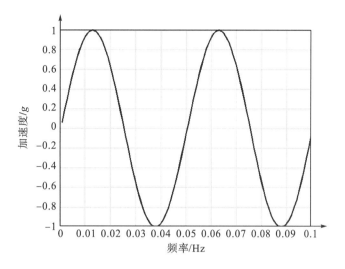

图 4.17　基础节点的加速度响应时程曲线

4.3.2　Workbench 平台瞬态分析实例

仍以图 4.7 中的结构受到 4.3.1 节中的基础正弦波加速度载荷为例，其主要分析流程如下所示。

步骤 1：将 Transient Structural 模块拖拽至 Modal 模块的 Solution 上，完成基于模态叠加法的瞬态分析流程搭建，如图 4.18 所示。

步骤 2：设置分析参数，包括时间范围、时间步长、模态阻尼比等，如图 4.18 所示。

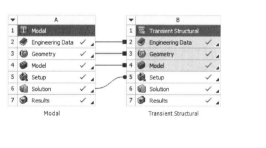

(a)流程搭建　　　　　　　　　　　　(b)参数设置

图 4.18　基础正弦波加速度激励下基于模态叠加法的瞬态分析流程搭建及参数设置

步骤 3：施加基础正弦波加速度，如图 4.19 所示，激活 Base Excitation 项，可从 Excel 或 MATLAB 中将时程载荷数据复制后粘贴到 Tabular Data 中，如图 4.20 所示。

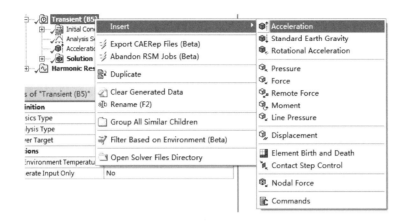

图 4.19   施加基础正弦波加速度

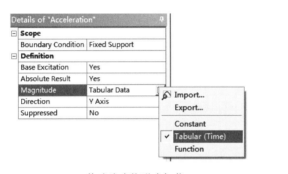

(a)修改为表格形式加载   (b)输入时程载荷数据

图 4.20   表格形式的时程载荷加载

步骤 4：单击 Solve 按钮，完成求解。

在后处理方面，与谐响应类似，瞬态分析能够获得每个节点在分析时间范围内的响应时程曲线，也可以获得全结构在某一时刻下的结构响应。与谐响应类似，可以通过 Maximum Over Time 的方式进行处理，获得全结构在分析时间范围内结构响应的极值，如图 4.21 所示。

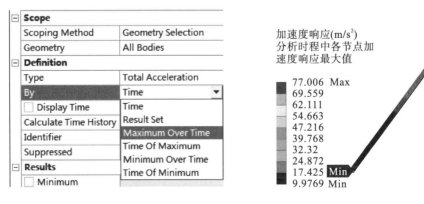

(a)响应极值   (b)响应最大值分布云图

图 4.21   全频段响应极值后处理结果

同样，也可以通过 Time Of Maximum 的方式获得每个节点响应最大值的时刻，如图 4.22 所示。

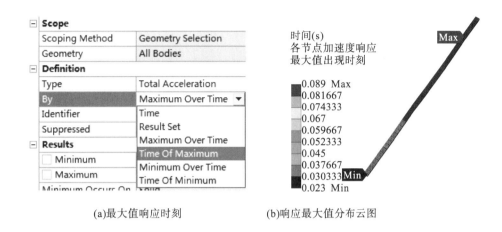

(a)最大值响应时刻   (b)响应最大值分布云图

图 4.22 全频段响应极值发生时刻的后处理结果

4.4 随机振动分析

4.4.1 随机振动基本理论

自然界中存在时间历程是非确定性的一些载荷，例如，风载荷、地震载荷、路面载荷等，因此结构体在这些载荷的作用下的响应也是随机的，不能事先预测某一个特定时刻下这些载荷的值。但是在大量的观测中，这些随机载荷都具有一定的统计规律性，随机振动就是为了研究在这种随机载荷作用下结构响应的统计规律。

在随机振动动力学问题中，载荷(力、位移、加速度或压强等)及结构的响应(位移、速度、加速度、应力、应变、反力等)的时间历程都是随机的。如果进行一次试验，该次试验的测量结果用一个时间函数来表示，重复进行试验，可以得到一系列具体函数的集合 $\{x_1(t), x_2(t), \cdots, x_n(t)\}$，如图 4.23 所示。每一次测量的结果都称为随机过程的一个样本函数，试验中所有可能出现的样本函数 $y_t(t)$ 的集合称为随机过程。

若观察某一个特定的时刻，如 t_1，显然该时刻下随机过程的值 $X(t_1) = \{x_1(t_1), x_2(t_1), \cdots, x_n(t)\}$ 构成一个随机变量，从这一角度来讲，随机过程也可以视作一个依赖于时间的随机变量系 $[X(t_1), X(t_2), \cdots]$，这一定义是将随机变量的描述方法移植到随机过程的理论依据。

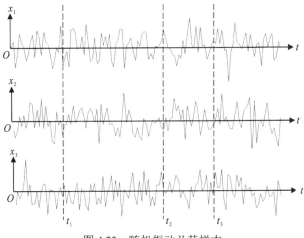

图 4.23　随机振动及其样本

将随机过程的各个样本在固定时刻 t 进行集合平均，将得到随机过程的数学期望，即随机变量的均值，可表示为[4]

$$E\big[X(t)\big]=\mu(t)=\int_{-\infty}^{+\infty}x(t)p(x,t)\mathrm{d}x \tag{4.23}$$

式中，$p(x,t)$ 为随机变量 $X(t)$ 的概率密度函数，其方差为

$$D\big[X(t)\big]=\sigma^2(t)=E\left\{\big[X(t)-\mu(t)\big]^2\right\}=\int_{-\infty}^{+\infty}\big[x(t)-\mu(t)\big]^2p(x,t)\mathrm{d}x \tag{4.24}$$

为了研究随机过程 $X(t)$ 在 t_1 和 t_2 两个不同时刻取值之间的关系，可定义自相关函数：

$$\begin{aligned}R_{XX}(t_1,t_2)&=E\big[X(t_1)X(t_2)\big]\\&=\int_{-\infty}^{+\infty}\int_{-\infty}^{+\infty}x_1(t_1)x_2(t_2)p(x_1,t_1;x_2,t_2)\mathrm{d}x_1\mathrm{d}x_2\end{aligned} \tag{4.25}$$

式中，$p(x_1,t_1;x_2,t_2)$ 为随机变量 $X(t_1)$ 和 $X(t_2)$ 的联合概率分布密度。

同理，为研究两个随机过程 $X(t)$ 与 $Y(t)$ 在 t_1 与 t_2 两个不同时刻取值之间的关系，可定义互相关函数：

$$\begin{aligned}R_{XY}(t_1,t_2)&=E\big[X(t_1)Y(t_2)\big]\\&=\int_{-\infty}^{+\infty}\int_{-\infty}^{+\infty}x_1(t_1)y_2(t_2)p(x,t_1;y,t_2)\mathrm{d}x\mathrm{d}y\end{aligned} \tag{4.26}$$

随机振动分析在工程应用中有几个重要的假设，包括：

(1)随机激励是平稳随机过程。即随机过程的概率分布不随时间的变化而变化，但严格意义上的平稳随机过程几乎是不存在的，在实际工程中往往引入广义平稳随机振动的概念，即只要平均值和相关函数保持平稳即可。

以路面载荷为例，在某段道路的行驶过程中，任一时刻的路面载荷特征难以确定或预测，但是对若干次行驶的路面载荷的监测数据在频域内进行统计，会发现这些统计特性具有较大的相似性，如其加速度功率谱密度曲线近似度较高，因此对于工程应用来说，将其假设为平稳随机过程是合理的。平稳随机过程类似于"稳态"的概念，这种特性使得我们可以在频域中求解问题，从而大大提高求解速度。

(2)随机激励是各态历经的。为计算平稳随机过程的各种统计量，从严格意义上说，需要对大量测量样本的总体做平均得到期望值,称为集合平均;对其中的某一个样本在时间上做平均称为时间平均,各态历经性即集合平均和时间平均得到的所有各组概率特性都相等。对于一个各态历经随机过程,只需要进行一次随机试验,获得一个样本,就可以方便地求得随机过程的各个统计特性,因此可以减少试验时间和节约经费。

(3)随机激励是零均值高斯过程。即激励在任何一个时刻下的一维概率分布服从正态分布,因此该随机过程的统计特性只需要知道其方差即可进行描述。

相关函数反映了随机过程的时域特征,在结构动力学分析中,往往希望将方程控制在频域中进行描述。对自相关函数 R_{XX} 进行傅里叶变换,就可以得到平稳随机过程在频域中的统计描述方法。

$$S_{XX}(f) = \frac{1}{2\pi} \int_{-\infty}^{+\infty} R_{XX}(\tau) \mathrm{e}^{-\mathrm{i}2\pi f \tau} \mathrm{d}\tau \qquad (4.27)$$

式(4.27)称为随机过程 $X(t)$ 的自功率谱密度(auto-power spectral density)函数,简称功率谱密度或自谱。若随机过程 $X(t)$ 的单位为 A(g、MPa、m 等),则功率谱密度 $S_{XX}(f)$ 的单位为 A^2/Hz。

功率谱密度函数有许多重要的性质,对于零均值平稳随机过程,其在频域内的积分值等于随机过程的方差,即

$$\sigma_X^2 = \int_{-\infty}^{+\infty} S_{XX}(f) \mathrm{d}f \qquad (4.28)$$

从上述分析可知,只要获得了自谱密度函数,就可以得到其方差,对于正态随机过程而言,也就确定了其概率分布特性。其中,均方差 σ_X 也称为均方根值,这在随机振动分析中是非常重要的参数。

4.4.2　随机振动的有限元分析方法

随机振动的响应可以基于谐响应分析进行推导,以加速度响应为例,根据式(2.6),结构的谐响应可表征为 $X(\omega) = H(\omega)F(\omega)$,即传递函数 $H(\omega)$ 与外载荷 $F(\omega)$ 相乘的形式。若结构在有限元离散后的自由度数目为 m,$X(\omega)$ 和 $F(\omega)$ 的维数为 $m \times 1$,$H(\omega)$ 的维数为 $m \times m$,则结构响应的功率谱为

$$P_X(\omega) = X(\omega)X(\omega)^{\mathrm{T}} = H(\omega)P_F(\omega)H(\omega)^{\mathrm{T}} \qquad (4.29)$$

式中,$P_X(\omega)$ 为响应的功率谱;$P_F(\omega)$ 为载荷的功率谱,单位为 $(\mathrm{m/s}^2)^2$ 或 g^2。

随机振动分析中,载荷和响应一般通过功率谱密度形式来表征,以加速度为例,单位为 $(\mathrm{m/s}^2)^2/\mathrm{Hz}$ 或 g^2/Hz,式(4.29)可修改为

$$S_X(\omega) = H(\omega)S_F(\omega)H(\omega)^{\mathrm{T}} \qquad (4.30)$$

式中,$S_X(\omega)$ 为响应的功率谱密度矩阵,包括响应的自谱和互谱,需要说明的是,在试验中一般都只测量响应的自谱;$S_F(\omega)$ 为载荷的功率谱密度矩阵,维数为 $m \times m$,矩阵中的对角线元素为自谱,为非负实数,非对角线元素为互谱,一般为复数形式,互谱反映了相关性。在数值仿真中,最常见的是一致激励,即载荷的功率谱密度矩阵中非对角线元素为 0,且对角线元素相等,是载荷作用面上激励幅值相等、完全同步的理想状态。

4.4.3　随机振动数值仿真算例演示

1. Workbench 平台随机振动分析实例

以图 4.24 所示的结构模型为例，受到图 4.25 所示的基础加速度载荷，Workbench 平台上随机振动响应分析的主要步骤如下所示。

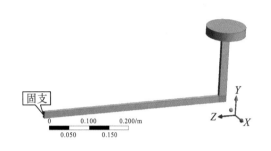

图 4.24　结构模型　　　　　　　　　图 4.25　基础加速度载荷

步骤 1：搭建随机振动分析流程。在 Workbench 中，通过 Modal 和 Random Vibration 两个模块搭建随机振动响应分析流程，如图 4.26 所示。需要注意的是，相比谐响应和瞬态分析中存在模态叠加法与全方法两种不同的分析方式，Ansys 软件中随机振动分析只能基于模态叠加法。

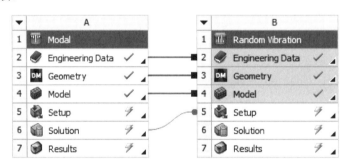

图 4.26　搭建随机振动响应分析流程

步骤 2：在模态分析模块中，在结构的基础上施加固支边界条件，并定义模态分析的阶数，如图 4.27 所示。对于较复杂、考察频率范围内模态较密集的实际工程结构，为减小模态截断产生的误差，通常模态分析的频率范围可按照随机振动分析的最高频率进行适当放大，一般不低于 1.5 倍。但是，如果结构较刚硬或者分析频率过低，以致在所考察频率范围内结构参与模态过少，则应放大分析频率范围，使其能够包含结构的前几阶主要模态。

步骤 3：设置随机振动分析参数，如图 4.28 所示，包括阻尼和输出项等。其中，为提高计算效率，可将 Exclude Insignificant Modes 选项打开，将默认阈值 0 修改为 1×10^{-3}，即只将参与因子在 1×10^{-3} 以上的模态进行合并。

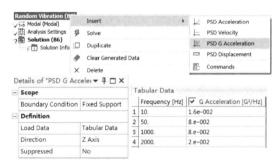

图 4.27　模态分析参数设置(一)　　　　　图 4.28　随机振动分析参数设置

步骤 4：施加基础加速度激励，随机振动分析模块设置如图 4.29 所示，包括载荷类型、施加的位置及方向等。

步骤 5：求解并观察分析结果。插入某点的加速度响应均方根值云图，结果如图 4.30 所示，插入某点的加速度响应功率谱密度曲线，并计算结果，如图 4.31 和图 4.32 所示。

图 4.29　随机振动分析模块设置

图 4.30　插入某点的加速度响应均方根值云图，并计算结果

图 4.31　插入某点的加速度响应功率谱密度曲线(一)

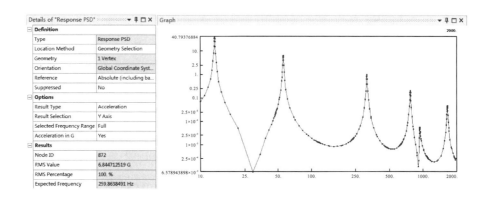

图 4.32　插入某点加速度响应功率谱密度曲线(二)

基于 Workbench 平台进行随机振动仿真时，特别需要注意以下几方面。

(1)阻尼参数设置。目前 Workbench 平台中，模态阻尼比设置默认为各阶都是常阻尼比(0.01)，若需要手动指定，可将 Constant Damping 选项中的 Programming Controlled 改为 Manual，并手动输入值。但这种修改仍然只是指定常阻尼比，无法对各阶模态指定阻尼比，此时，可插入 APDL 命令进行设置，如图 4.33 所示，右击 Random Vibration(DS)，在弹出的菜单中选择 Insert→Commands，然后在 Commands 文本框中输入：

```
mdamp,1,0.02,,0.02   ! 定义第 1 阶和第 3 阶模态阻尼比，可续写到第 7 阶
mdamp,8,0.05         ! 定义第 8 阶模态阻尼比
```

上述命令就将第 1 阶、第 3 阶、第 8 阶模态阻尼比进行了附加设置，需要说明的是，该命令流中的阻尼比将与常阻尼比进行叠加，即最终仿真计算时，第 1 阶、第 3 阶模态阻尼比为 0.03，第 8 阶模态阻尼比为 0.06，其他各阶则为常阻尼比(0.01)。

图 4.33　插入命令流

(2)提取某节点的响应功率谱密度曲线。目前 Workbench 平台中，默认只能直接提取几何点的响应功率谱密度曲线，若需要提取关注节点上的结果，可以通过建立局部坐标系的方式实现，首先右击关注节点，在弹出的菜单中选择创建局部坐标系，此时，将在项目树的 Coordinate System 中增加一个默认名字为 Coordinate System 的坐标系，可将其重命名，如局部坐标系，其方向设置默认与全局坐标系一致，如图 4.34 所示。

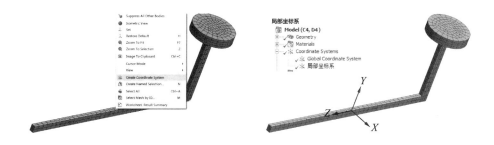

图 4.34　建立局部坐标系

与图 4.31 类似，插入响应功率谱曲线，将 Location Method 改为 Coordinate System，再在 Location 选项中选择刚才新增的局部坐标系并计算结果，如图 4.35 所示。

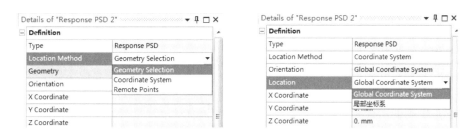

图 4.35　通过局部坐标系获得关注节点的响应功率谱密度曲线设置

（3）获得合成的响应云图。目前 Workbench 版本中，GUI 界面上只能获得各个方向分量的响应云图，有时需要获得多个方向合成的响应云图，此时也可以通过添加命令流的方式实现。与图 4.33 类似，右击 Solution，在弹出的菜单中选择 Insert→Commands，然后在 Commands 文本框中输入以下命令流：

```
/show,png,rev,0  !将底色改为白色
/efacet,1
/view, 1, 0.5  , 0.5  , 0.5 !视角调整
/angle,1,-30   !旋转角度调整
plnsol, u,sum, 0,1,0 !绘制合成响应
```

图 4.36 为获得合成的加速度均方根响应云图，若要获得其他类型响应的合成云图，以位移响应为例，在上述命令流之前需要添加以下一行命令流：

```
SET, , , , , , ,2  !读取位移响应结果
```

同理，若要提取速度响应结果，则添加以下命令流：

```
SET, , , , , , ,3  !读取速度响应结果
```

获得合成的均方根响应云图结果如图 4.37 所示。

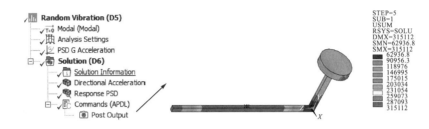

图 4.36　获得合成的加速度均方根响应云图

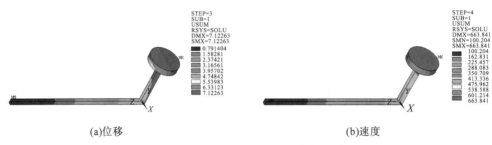

(a)位移　　　　　　　　　　　　　　　　　　　　(b)速度

图 4.37　获得合成的均方根响应云图

(4)对载荷功率谱密度曲线的分析。在随机振动分析中，载荷的功率谱密度多以频率拐点、拐点值和斜率来表征，该曲线以双对数坐标进行绘制，以图 4.25 载荷功率谱曲线为例，若要获得在频率上其他离散点的功率谱密度值，可以通过式(4.31)进行计算。

$$\left(\frac{\omega_2}{\omega_1}\right)^{\frac{m}{3}} = \frac{g_2}{g_1} \tag{4.31}$$

式中，m 为上升段或下降段的斜率，平直段 m 为 0。若已知频率点 ω_1 处的功率谱密度值 g_1 和所处折线的斜率 m，则可以得到所处折线其他任意频率点 ω_2 处的功率谱密度值 g_2。

(5)对均方根响应的分析。随机振动响应多以均方根的形式表征，默认给出的是一倍均方根值。由于随机响应是随机变量，也满足零均值高斯分布，因此所给出的一倍均方根值结果对应的概率为 68.27%，其含义为在响应的时间历程中有 68.27%的响应数据低于该值。对应地也可以给出两倍均方根值结果，其概率为 95.45%，三倍均方根值结果对应的概率为 99.73%。在工程应用中，一般加速度(速度、位移)响应结果以一倍均方根的形式给出，但在强度考核时，其应力结果需要以三倍均方根值来评估。

2. Ansys 经典界面随机振动分析实例

上节算例在 Ansys APDL 中的命令流文件如下：

```
resume, example4_1,db        ! 读取模型
! 前处理模块-预定义约束
/prep7
d, base,all                  ! 在基础上施加固支约束
! 模态分析
/solu
```

```
antype,2,new
eqslv,spar
mxpand,50,0,3000.0,yes    ! 模态分析的阶数应覆盖随机振动的频率范围，且
```
建议最高频率不低于分析最高频率上限的 1.5 倍
```
modopt,lanb,5000,0,3000.0
outres,all,all                    ! 设置输出项
outpr,all,all
solve
finish
! 随机振动分析
/solu
antype,spectr,new          ! 分析类型：随机振动
spopt,psd,5000,yes
! 定义阻尼
dmprat, 0.01
! 定义基础激励：在节点组 base 上施加 y 方向基础加速度激励
psdunit,1,acel,1
d,base,uy,1
! 定义激励功率谱密度
psdfrq,1,,10,50,1000,2000
psdval,1, 1.53664, 7.6832, 7.6832, 1.9208
! 求解
pfact,1,base                    ! 求解参与因子
psdres,disp,rel,yes
psdres,velo,off
psdres,acel,abs,yes
psdcom                ! 组合模态
outres,all,all
outpr,all,all
solve                          ! 求解
finish
! 后处理
/post1                   ! 观察响应均方根值
plnsol,u,sum              ! 位移响应均方根值云图
plnsol,s,eqv                ! von Mises 应力均方根值云图
/post26                   ! 观察响应谱线
numvar,200
store,psd, 5
```

```
nsol,2,25,u,x,ux_2              ! 提取 25 号节点 x 方向的加速度响应结果
rpsd,7,2,,3,1,a1                ! 计算 25 号节点 x 方向加速度功率谱密度
```

4.5 地震响应谱分析

响应谱分析是弥补动力时程响应分析不足的有效替代方法，其特点是求结构的最大响应（位移、加速度、速度等），而不是求解动力学时域方程。特别是对于地震响应谱，它体现了所计算结构最本质的特征量，即固有周期和场地特征，避免了以结构所在地的强震记录作为输入的要求，也避免了繁杂的计算，而又不失去最重要的实质性特征，是一种实用的工程方法。

地震响应谱可以理解为将一个确定的地震时程载荷，作用在一系列阻尼比相同但固有周期不同的单自由度系统上，记录每个单自由度系统的最大响应，然后将这些最大响应与相应单自由度系统的固有频率绘制成的谱曲线。它表示在一定的地震作用下结构的最大反应，是结构进行抗震分析与设计的重要工具。综上，地震响应谱描述的是一系列单自由度系统的最大响应，而非实际施加在结构上的激励曲线。在实际工程有限元分析中，计算结构的最大地震反应，需结合模态叠加法，形成模态坐标系下的多个单自由度系统方程，再利用响应谱曲线进行求解。

基于地震响应谱分析开展结构设计和抗震评估，主要有以下几个基本假设条件[5]。

(1)结构物的地震响应是线弹性的，可以利用叠加原理进行振型组合。

(2)地震动过程是平稳随机过程。

(3)地震响应谱假设在结构的所有支承处的地震动完全相同。

(4)结构物最不利的响应为其最大的地震反应，而与其他动力反应参数，如达到最大值附近的次数或概率无关。

地震响应谱是根据已发生地震的地面运动记录计算得到的，而工程抗震设计需要考虑将来可能发生的地震对结构造成的影响。由于地震的随机性和影响地面运动的复杂性，即使同一地点不同时间发生的地震强度和波形也不会完全相同，地震响应谱也将不同。因此工程结构抗震设计不能采用某一条已确定的地震记录响应谱，而应该考虑地震的随机性，确定一条供设计用的响应谱，即通常所说的设计响应谱。

抗震设计响应谱是根据大量实际分析得到的地震响应谱进行统计分析，在众多响应谱曲线基础上进行平均和光滑处理，并结合震害经验综合判断给出的。也就是说设计响应谱不像实际地震响应谱那样反映一次地震过程的频谱特性，而是从工程设计角度，在总体上把握具有某一类特征的地震运动特性。地震响应谱分析程序的基本输入一般采用设计响应谱曲线，当然用户也可以采用自定义的响应谱曲线作为输入。

4.5.1 响应谱分析理论

响应谱分析一般采用模态叠加法进行求解，即通过模态分析获取的各阶振型对振动响应方程进行坐标变换和方程解耦，将多自由度系统求解转换成多个单自由度系统求解，分别求得各阶模态坐标下的响应，再进行组合获得真实物理坐标系下多自由度系统的响应。

激励可以通过一个方向向量和激励值乘积进行描述，相应的运动方程可以表示为

$$M\ddot{x} + C\dot{x} + Kx = -Md\ddot{x}_g(t) \tag{4.32}$$

式中，M、C 和 K 分别为结构的质量，阻尼和刚度矩阵；$\ddot{x}$、$\dot{x}$ 和 x 分别为结构的加速度、速度和位移响应的相对值；d 为基础激励作用的位置向量；$\ddot{x}g(t)$ 为地震载荷的加速度信号。

利用模态叠加法对式 (4.32) 进行坐标变换，首先进行模态分析，对应广义特征值方程为

$$M\phi = \omega^2 K\phi \tag{4.33}$$

式中，ω 是系统固有圆频率；ϕ 是固有振型矩阵。

对式 (4.33) 所对应的广义特征值方程进行求解，可以得到 m 阶最小特征对 (ω_1, φ_1)，(ω_2, φ_2)，$\cdots$，(ω_m, φ_m)，利用振型进行坐标变换：

$$x = \phi\eta = \sum_{i=1}^{m} \varphi_i \eta_i \tag{4.34}$$

式中，ϕ 是 $n \times m$ 维振型矩阵；η 是 $m \times 1$ 维模态坐标向量；φ_i 是第 i 阶模态振型向量 $(n \times 1)$；η_i 是第 i 阶模态坐标。

将式 (4.34) 代入式 (4.32)，并在式 (4.32) 两端同乘 ϕ^T，根据模态振型关于质量和刚度矩阵的正交特性，并采用比例阻尼，令第 j 阶振型阻尼比为 ξ_j，即

$$\begin{cases} M^* = \phi^T M\phi = I_m, C^* = \phi^T C\phi = \mathrm{diag}\{2\omega_1\zeta_1, 2\omega_2\zeta_2, \cdots, 2\omega_m\xi_m\}, \\ K^* = \phi^T K\phi = \mathrm{diag}\{\omega_1^2, \cdots, \omega_m^2\} \end{cases} \tag{4.35}$$

由此可以得到 m 个解耦的单自由度系统方程，其中第 j 阶模态运动方程可以表示为

$$\ddot{\eta}_j + 2\omega_j\zeta_j\dot{\eta}_j + \omega_j^2\eta_j = -\gamma_j\ddot{x}_g(t) \tag{4.36}$$

式中，γ_j 是第 j 阶模态的参与因子，$\gamma_j = \varphi_j^T Md$。模态参与因子需要根据各阶振型、质量矩阵及方向向量分别进行求解。从式 (4.36) 可以看出，和单自由度系统相比，解耦后的运动方程只是在等号右端项中多乘了一个模态参与因子，故前面单自由度系统推导出来的各物理量也乘以一个 γ_j 即可。

将式 (4.36) 的最大相对位移响应记为 u_j，与 η_j 对应的加速度谱值记为 $S(\omega_j)$，按照前面的响应谱理论，式 (4.36) 的解可以表示为

$$u_j = \left|\ddot{\eta}_j(t)\right|_{\max} = \frac{\gamma_j S(\omega_j)}{\omega_j^2} \tag{4.37}$$

最大相对速度 v_j 和最大绝对加速度 a_j 差一个倍数 ω_j，即

$$v_j = \omega_j u_j = \frac{\gamma_j S(\omega_j)}{\omega_j} \tag{4.38}$$

$$a_j = \omega_j^2 u_j = \gamma_j S(\omega_j) \tag{4.39}$$

需要特别注意的是，式 (4.37) 给出的解并非响应的严格解，而只是该模态坐标系下的一个响应最大值，而各阶模态下的最大值并非同时出现，因而不能将式 (4.37) 代回式 (4.34) 进行简单叠加，而是要考虑某种组合方式获得物理坐标系下的真实响应。

模态组合之前，先根据 u_j 求出第 j 阶振型对应的最大位移响应：

$$\chi_j = \varphi_j u_j \tag{4.40}$$

具体到第 k 个自由度，m 阶振型对应的最大模态位移分别为 $\chi_{1,k}$、$\chi_{2,k}$、…、$\chi_{m,k}$，共同组成 $m \times 1$ 的向量 $\chi_{i,k}$，则第 k 个自由度物理坐标系下的最大位移响应 x_k 可以统一用如下组合表达式进行描述：

$$x_k = \sqrt{\chi_{j,k}^{\mathrm{T}} \boldsymbol{\rho} \chi_{j,k}} = \left(\sum_{i=1}^{m} \sum_{j=1}^{m} \rho_{ij} \chi_{i,k} \chi_{j,k} \right)^{\frac{1}{2}} \tag{4.41}$$

式中，$\boldsymbol{\rho}$ 是 $m \times m$ 振型分量的相关矩阵，对角线元素为 1。常用的组合方法主要包括平方和开方组合(square root of the sum of the squares，SRSS)方法、完全二次组合(complete quadratic combination，CQC)方法、分组 (groupinp，GRP) 方法、双和(double sum，DSUM)方法、首项和 (navam research laboratory sum，NRLSUM)方法等。例如，对于 SRSS 方法，$\boldsymbol{\rho}$ 为单位阵。对于 CQC 方法，相关矩阵 $\boldsymbol{\rho}$ 的系数表达式为

$$\rho_{ij} = \frac{8\left(\zeta_i \zeta_j\right)^{\frac{1}{2}}\left(\zeta_i + r\zeta_j\right)r^{\frac{3}{2}}}{\left(1-r^2\right)^2 + 4\zeta_i\zeta_j r\left(1+r\right)^2 + 4\left(\zeta_i^2 + \zeta_j^2\right)r^2}, \quad r = \frac{\omega_i}{\omega_j} \tag{4.42}$$

其他组合方法的矩阵表达式可以参照文献[1]，在此不再一一列出。最大相对速度、最大绝对加速度的响应可以参照式(4.38)~式(4.40)的过程，将 u_j 分别换成 v_j 和 a_j 并进行组合即可。

4.5.2 Ansys 经典界面响应谱分析实例

与谐响应分析类似，进行基于模态叠加法的响应谱分析时，需要先执行一个模态分析过程。该模态分析过程与单独的模态分析并无二致，不需要在基础上施加载荷辨识号码，直接施加固支约束即可。

以一个建筑结构的地震响应谱分析为例，结构由数层混凝土大楼和钢架组成，其有限元网格模型如图 4.38 所示。

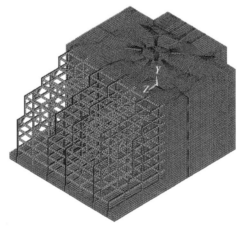

图 4.38 建筑结构有限元网格模型

结构底部各节点固支, 考虑作用与基础上激励的响应谱为加速度谱, 值为 $1\,(\mathrm{mm/s^2})^2/\mathrm{Hz}$, 频率为 1~40Hz, 激励方向为 Y 方向。采用 CQC 方法, 阻尼比为常值 0.01, 响应谱分析的 APDL 代码及主要注释如下:

```
/solu
antype,modal      ! 模态分析
modopt,lanb,100   ! 计算100阶模态
mxpand,100,,,      !扩展100阶模态
modcont, ,on      !考虑强制施加的基础运动项
d,fix,all         ! 直接固支
save
solve
finish
/solu             !进入响应谱分析
antype, spectr    ! 设置分析类型为谱分析
spopt,sprs,100        ! 设置谱类型为sprs单点激励响应谱,使用前100阶模态
svtyp,2,,         !定义 sprs 类型,2 为加速度谱, 默认插值类型为对数插值
sed,1,0,0         ! 定义单点激励的方向
freq,1,40         ! 定义谱曲线、频率
sv, ,1,1          !定义谱曲线、谱值
dmprat,0.01,      ! 设置阻尼,CQC 方法需要设置阻尼, SRSS 方法不需要
cqc, 0.0, disp        ! 指定模态组合方法,阈值设为0,响应类型为disp
solve             ! 求解
finish
```

计算结果在一般后处理中查看, 需要先读入.mcom 文件, 然后就可以显示结构整体响应的云纹图, 也可以打印关注点的响应。需要注意的是待求响应的类型分析包括位移 (disp)、速度(velo)和加速度(acel), 在指定模态组合方式时设置。不管求解哪种响应, 在后处理中都用 u 表示。查看响应谱分析结果的 APDL 代码及主要注释如下:

```
/post1            !一般后处理
/input,,mcom      !读入结果文件 *.mcom
allsel,all        ! 选中全部结构
plnsol, u,sum,    ! 显示云纹图, u
```

结构全场的位移响应如图 4.39 所示。

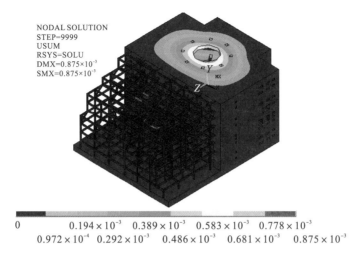

$$0 \quad\quad 0.194 \times 10^{-3} \quad 0.389 \times 10^{-3} \quad 0.583 \times 10^{-3} \quad 0.778 \times 10^{-3}$$
$$0.972 \times 10^{-4} \quad 0.292 \times 10^{-3} \quad 0.486 \times 10^{-3} \quad 0.681 \times 10^{-3} \quad 0.875 \times 10^{-3}$$

图 4.39　结构全场的位移响应

4.5.3　Workbench 平台响应谱分析实例

仍以 4.5.2 节中的建筑结构有限元网格模型为例，其主要分析流程如下所示。

步骤 1：将 Response Spectrum 模块拖拽至 Modal 模块的 Solution 上，完成基于模态叠加法的响应谱分析流程搭建，如图 4.40 所示。

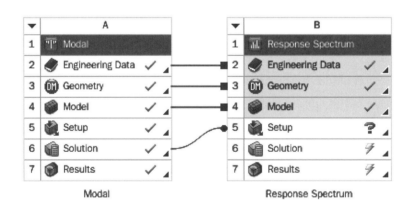

图 4.40　基础激励下基于模态叠加法的响应谱分析流程

步骤 2：设置分析参数，包括叠加的模态阶数、模态组合方式、模态阻尼等。Workbench 可以在计算位移响应的同时计算速度和加速度的响应，本算例只计算位移响应，相关设置如图 4.41 所示。

步骤 3：设置基础上的单点响应谱，响应谱可以是位移、速度或者加速度的谱线，这里选择加速度谱线，如图 4.42 所示。然后设置谱线的细节，主要包括边界情况、激励方向、缩放因子和谱线数据。谱线数据可以导入数据文件，也可以用表来填写，如图 4.43 所示。

图 4.41 主要参数设置

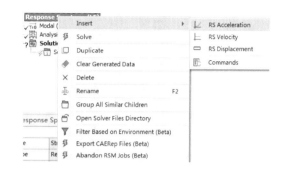

图 4.42 施加基础加速度

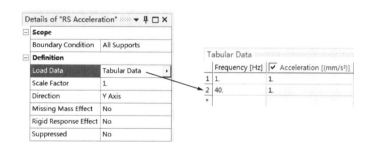

图 4.43 表格形式的响应谱设置

步骤 4：单击 Solve 按钮，完成求解。

在后处理方面，响应谱分析能够获得每个节点的位移、应力和应变等类型的响应。选择位移响应如图 4.44 所示，获得其云纹图如图 4.45 所示。

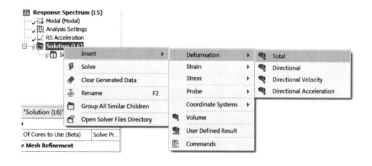

图 4.44 响应谱分析的后处理选择

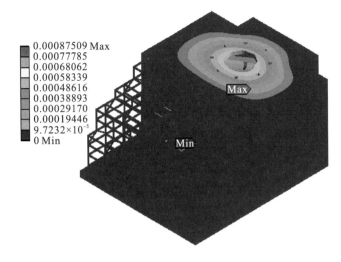

图 4.45   位移响应结果

4.6   多点基础激励动力学响应分析

4.6.1   多点基础激励问题概述

上述谐响应分析、随机响应分析、瞬态分析及响应谱分析方法中，都考虑的是单点激励情况，结构受到的外载荷在作用边界上是一致的，以基础激励随机振动响应分析为例，基础上所设置的强制性的运动模式在整个边界上的幅值大小和相位均是相同的，数值仿真时加载也比较便捷。但实际情况下，在跨度较大(如桥梁的多个桥墩)、有多个支撑(如多个振动台或激振器加载)的情况下，边界上基础激励往往存在明显差异，这就需要采用多点激励的分析方法。

对于装备结构而言，在地面环境适应性考核试验中，多采用振动台作为基础激励加载设备，通过对试验现象和数据的分析发现，即使对于单个振动台，虽然其台面尺寸不大，但其台面上激励的分布也存在较为明显的差异，表现出明显的非均匀加载特征，与预期的一致法向基础加载差异较大，表 4.5 和表 4.6 为 A、B 两个振动台台面检测报告所提供的均匀度偏差检测结果。

在检测过程中，振动台台面为空载，台面上布置了五个加速度传感器，如图 4.46 所示，在表 4.5 和表 4.6 中的十个频率点上进行正弦激励，通过对五个传感器的响应信号进行对比分析确定均匀度，一般以均匀度偏差参数 Δ_ω 来定义，如式(4.43)所示。

$$\Delta_\omega = \max \left| \frac{X_{\omega,i} - X_{\omega,0}}{X_{\omega,0}} \right| \tag{4.43}$$

式中，$X_{\omega,i}$ 为频率点 ω 台面第 i 个测点的加速度谐波响应幅值；$X_{\omega,0}$ 为频率点 ω 台面中心测点的加速度谐波响应幅值。均匀度偏差越小，说明台面一致性越好。

表 4.5　A 振动台台面均匀度偏差

频率/Hz	10	20	40	80	160	320
均匀度偏差/%	12.2	1.4	8.5	0.9	1.1	1.3
频率/Hz	640	1280	1600	2000	—	—
均匀度偏差/%	1.3	7.2	30.5	6.8	—	—
平均值: 7.12%						

表 4.6　B 振动台台面均匀度偏差

频率/Hz	10	20	40	80	160	320
均匀度偏差/%	1.0	0.9	0.8	0.8	0.8	1.0
频率/Hz	640	1280	1600	2000	—	—
均匀度偏差/%	1.9	6.8	20.7	36.0	—	—
平均值: 7.07%						

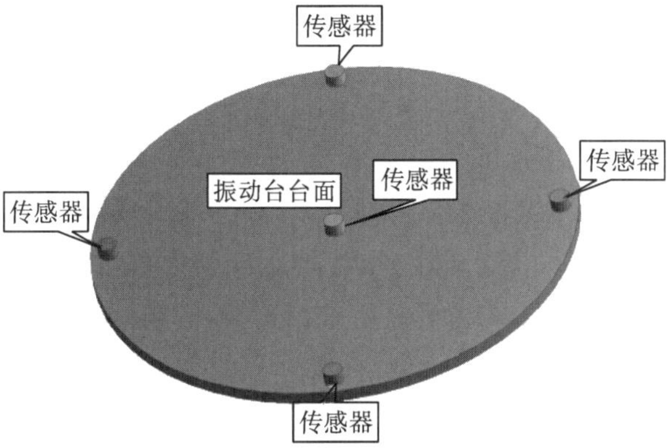

图 4.46　振动台台面标检情况示意图

从表 4.5 和表 4.6 中可以看出,在某些频率下,尤其是高频段,均匀度偏差超过了 30%,说明了台面不均匀效应是客观存在的,尤其是通过大量的试验数据分析发现,在台面上安装了试验件之后,这种不均匀性更加明显。需要说明的是,A、B 两个振动台的均匀度检测结果是满足标准中的使用要求的。

在理想情况下,期望振动台台面产生法向的一致激励载荷,但台面的不均匀加载会带来附加的外载荷效应,如台面法向激励的差异性分布,将产生扭转效应载荷,同时,在试验数据分析时,也发现存在水平方向激励分量(检测过程中用横振比来定义),使得试验件的响应变得复杂,如对于某些简单的对称结构,往往能够测量到不可忽略的非对称响应行为。而且这些非预期的激励或响应行为在试验中难以控制,可能会影响环境适应性试验的考核。

4.6.2 多点基础随机激励数值模拟方法

在本节以工程中常采用的振动台为例,进行多点基础随机激励数值模拟过程的演示。如图 4.47 所示,某筒结构通过四个螺栓连接在振动台台面上,振动台台面载荷通过四个螺栓连接传递到筒结构,理想状态下,期望在底面施加 $10\sim2000\mathrm{Hz}$ 内 $0.01g^2/\mathrm{Hz}$ 的加速度功率谱密度载荷,即四个螺栓连接界面上表现为完全同步一致基础加速度激励,但实际上由于台面为非完全刚性,一致激励难以得到保证。

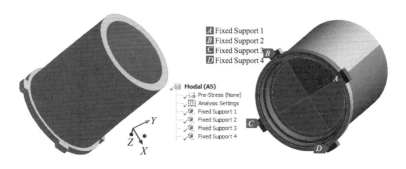

图 4.47 分析模型及边界条件

在数值模拟中,为简单起见,忽略台面的水平向运动,只考虑台面的主振向激励,每个螺栓连接界面上考虑一致激励,加速度功率谱密度幅值大小相同,均为 $0.01g^2/\mathrm{Hz}$,但各个螺栓连接界面之间在每个激励频率下考虑存在 $90°$ 的相位差,谐波形式的基础加速度激励 $\boldsymbol{F}$ 可写为

$$\boldsymbol{F}=\begin{bmatrix} B \\ B\left(\cos\dfrac{\pi}{2}+i\sin\dfrac{\pi}{2}\right) \\ B\left(\cos\pi+i\sin\pi\right) \\ B\left(\cos\dfrac{3\pi}{2}+i\sin\dfrac{3\pi}{2}\right) \end{bmatrix} \tag{4.44}$$

其加速度功率谱密度 $\boldsymbol{S}_F$(单位为 g^2/Hz)可表示为

$$\boldsymbol{S}_F\left(\omega\right)=\frac{\boldsymbol{FF}^{\mathrm{T}}}{df}=0.01\times\begin{bmatrix} 1 & -i & -1 & i \\ i & 1 & -i & -1 \\ -1 & i & 1 & -i \\ -i & -1 & i & 1 \end{bmatrix} \tag{4.45}$$

式中,df 为频率分辨率,与一致基础激励载荷矩阵相比,该矩阵中的非对角线元素不为零;元素 $\boldsymbol{S}_F\left(\omega\right)_{mn}$ 为第 m 个激励和第 n 个激励之间的互谱,反映了二者之间的相关性。

在 Workbench 平台上仿真的主要过程如下所示。

步骤 1:搭建基于模态叠加法的随机振动响应分析流程,与图 4.26 相同。

步骤 2：赋予材料参数，并划分网格。

步骤 3：定义边界条件。为了在后续的仿真中对多点激励进行区分，需要对多个基础加载区域进行分别定义，如图 4.47 所示，标记为 Fixed Support 1～ Fixed Support 4。

步骤 4：定义模态分析参数，提取 3000Hz 内的模态参数，如图 4.48 所示，本算例中无须观察应力、反力等参数，因此在输出项中均选择 No，以提高计算效率。

步骤 5：定义随机振动分析参数，与图 4.27、图 4.28 中的设置相同。

步骤 6：施加基础激励自谱。针对 Fixed Support 1～ Fixed Support 4 分别施加四个基础加速度激励，分别为 PSD G Acceleration 1～ PSD G Acceleration 4，如图 4.49 所示，方向为主振向(轴向)。

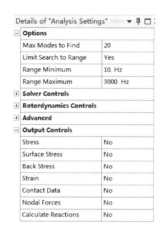

图 4.48　模态分析参数设置(二)　　　　图 4.49　多点基础随机激励载荷设置

步骤 7：施加基础激励互谱。右击 Random Vibration，在弹出的菜单中选择 Insert→Commands，在 APDL 文本框中通过命令流输入式(4.45)中获得的互谱，代码为

! 定义激励 1、2 之间的互谱

```
*do,i,10,2000
      psdfrq,1,2,i        ! 定义激励频率，下同
      coval,1,2,0         ! 定义式(4.45)中矩阵 SF(1,2)项互谱的实部，
      实部为零时，可不定义
      qdval,1,2,-0.01     ! 定义式(4.45)中矩阵 SF(1,2)项互谱的虚部，
      虚部为零时，可不定义
*enddo
```

! 定义激励 1、3 之间的互谱

```
*do,i,10,2000
      psdfrq,1,3,i
      coval,1,3,-0.01
      qdval,1,3,0
```

```
*enddo
```
! 定义激励 1、4 之间的互谱
```
*do,i,10,2000
      psdfrq,1,4,i
      coval,1,4,0
      qdval,1,4,0.01
*enddo
```
! 定义激励 2、3 之间的互谱
```
*do,i,10,2000
      psdfrq,2,3,i
      coval,2,3,0
      qdval,2,3,-0.01
*enddo
```
! 定义激励 2、4 之间的互谱
```
*do,i,10,2000
      psdfrq,2,4,i
      coval,2,4,-0.01
      qdval,2,4,0
*enddo
```
! 定义激励 3、4 之间的互谱
```
*do,i,10,2000
      psdfrq,3,4,i
      coval,3,4,0
      qdval,3,4,-0.01
*enddo
```

由于载荷功率谱密度矩阵具有对称性，因此只需要定义对角区域的矩阵元素即可。

步骤 8：计算并观察仿真结果。图 4.50 给出了结构的轴向加速度响应均方根云图，并与一致基础激励下轴向加速度响应（图 4.51）进行了对比，可见两者存在明显差异。提取圆筒上某点的加速度响应功率谱密度曲线进行对比，如图 4.52 所示，其中在一致基础激励下只有 1317Hz 处有一个响应峰值，而在多点激励下存在多个响应峰值，如 614.7Hz 处，进一步观察模态分析结果，在 615Hz 附近有第 2 阶模态和第 3 阶模态，1318Hz 附近有第 5 阶模态，其中第 2 阶模态、第 3 阶模态为非对称模态，分别如图 4.53、图 4.54 所示，振型为筒体绕底部前后和左右摆动，第 5 阶模态为对称模态（图 4.55），振型为轴向伸缩。

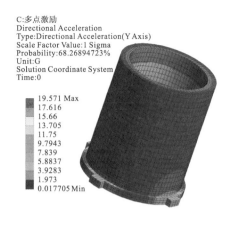

图 4.50　多点激励下轴向加速度响应　　　　　图 4.51　一致基础激励下轴向加速度响应

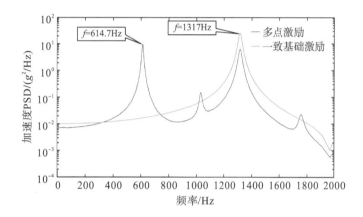

图 4.52　圆筒上某点的加速度响应功率谱密度曲线对比

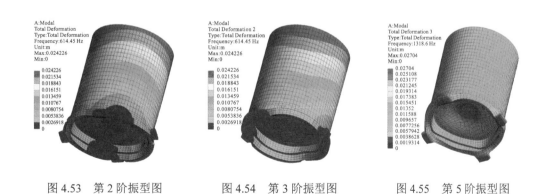

图 4.53　第 2 阶振型图　　　　图 4.54　第 3 阶振型图　　　　图 4.55　第 5 阶振型图

　　上述分析表明，对于对称结构而言，在对称载荷作用下，非对称模态难以被激发；而在非对称载荷激励下，包括非对称模态在内的多个模态将易被激发，而实际试验中，理想中的对称载荷往往难以精确控制施加。

参 考 文 献

[1] Ansys Mechanical APDL Theory Reference（Release 14.0）[M]. Canonsburg: Ansys Inc., 2011.

[2] 叶先磊，史亚杰. Ansys 工程分析软件应用实例[M]. 北京：清华大学出版社，2003.

[3] 胡杰. 基础激励下基于模态叠加法的谐响应分析[J]. 计算机辅助工程，2014，23(6)：94-96.

[4] 林家浩，张亚辉. 随机振动的虚拟激励法[M]. 北京：科学出版社，2004.

[5] 肖燕武. 地震反应谱的局限性及最新发展[J]. 水利与建筑工程学报，2010，8(6)：56-58.

第5章 动力学模型修正与参数识别

在对实际物理结构进行仿真建模时，不可避免地需要引入一些假设和简化，从而与真实结构的试验观测产生差异。差异产生原因可能包括但不限于以下几种情况。

(1) 结构非线性行为建模的简化或等效。

(2) 结构的边界条件、连接界面及阻尼特性难以被准确刻画。

(3) 材料的本构关系和不均匀性并没有被准确表征。

(4) 复杂装备结构的细节难以完全还原。

(5) 环境变化、生产制作的缺陷等未被考虑。

(6) 系统中的不确定性未被准确地量化。

为了缩小数值计算与试验之间的差距，可以根据试验数据调整仿真模型中的某些参数，使得其预测结果与试验观测之间更加匹配，从而提高数值模型的精度，这就是工程上被广泛认可并采用的模型修正(model updating)[1,2]，某些情况下也称为参数辨识(parameter identification)。

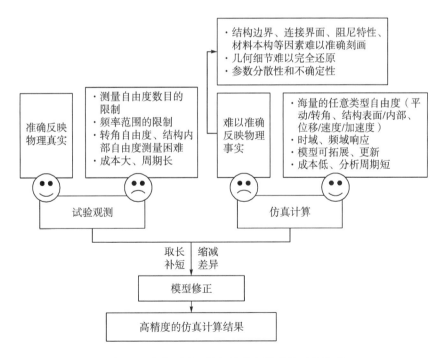

图 5.1　试验观测、仿真计算和模型修正的关系

需要强调的是，虽然模型修正利用了试验数据，但其目的并不止于简单复现已有试验的结果。更重要的是，其意义在于通过低层次(材料级、单元级或部组件级)的模态试验或响应试验，校准有限元模型参数，提高模型置信度，使其在无试验或试验样本极少的较高层次(如系统级)获得高精度的仿真预测。图 5.1 比较了试验观测和仿真计算的优缺点，同时也表明了模型修正的目的，即结合试验与仿真的优点，获得高精度的仿真计算结果。此外，模型修正还需注意，利用的试验数据应当真实可靠，试验数据应经过平均化处理，保证试验误差足够小，对工程需求而言可以忽略不计。

5.1 模型修正方法

传统的模型修正方法通常分为两类，即矩阵型修正(或称直接修正)和参数型修正。前者直接修正有限元模型的质量矩阵、刚度矩阵及阻尼矩阵，是模型修正早期发展的方法。这类方法计算快速，可较为准确地重构测量模态的数据，但通常会改变原矩阵的带状和稀疏性，而且物理意义不明确。虽然有学者发展了基于矩阵非零元素的修正，保持了矩阵的稀疏性，但仍难以与结构设计参数建立联系，不适应实际工程设计和工程需要，因而矩阵型修正方法逐渐被学者和设计师放弃。

参数型修正方法针对结构的物理、几何参数及边界条件等设计参数，首先利用试验数据和模型预测数据构造动力学方程的残量或者模态特征量的误差，然后通过迭代算法或智能优化算法最小化残量或误差量，从而获得最佳的设计参数取值，达到修正目的。虽然一般需要最小化非线性的罚函数，计算量较大，但修正后模型的设计参数易于与工程实际进行对照，是研究和应用的主流方法。

具体地，如果根据关心的结构固有频率进行模型修正，可以采用优化方法最小化式(5.1)所示的误差函数 $J(\boldsymbol{\theta})$，以获得修正后的参数 $\hat{\boldsymbol{\theta}}$ 。

$$\begin{cases} \min J(\boldsymbol{\theta}) = \left\| \boldsymbol{\omega}(\boldsymbol{\theta}) - \hat{\boldsymbol{\omega}} \right\|_r \\ \text{s.t. } \boldsymbol{\theta} \in \Omega \end{cases} \tag{5.1}$$

式中，$\boldsymbol{\theta}$ 为待修正的设计参数；Ω 为待修正参数的可行域；$J(\cdot)$ 为随待修正参数变化的误差函数；$\boldsymbol{\omega}$ 与 $\hat{\boldsymbol{\omega}}$ 分别为结构固有频率的计算值和实验值；$\left\| \cdot \right\|_r$ 为向量的 r 阶范数。注意，式(5.1)中修正参数和固有频率都是向量，其各个分量代表了不同的修正参数和不同阶次的固有频率。

从模型修正的基本步骤可知，待修正参数的选取、残量或误差量的构造、采用何种迭代或优化算法，是影响修正效果和效率最重要的三个方面，下面分别从这三个方面展开论述。

5.1.1 待修正参数的选取

首先注意，待修正参数不是随意选取的，它与结构刚度、质量或边界条件相关，应具有清晰和直观的物理意义，如弹性模量、剪切模量、薄壁厚度、截面尺寸、支撑刚度等。在选取时应该回避那些具有一定取值把握的参数，而选择那些对结构响应敏感却难以确定的参数。如不建议修正密度参数，因为结构的质量和体积通常容易测量，密度的取值较明确。如果选取的参数对目标量变化不敏感，那么修正效率低下且难以获得理想的修正效果。

待修正参数的选择常常与工程师的经验有关，除试错法，采用灵敏度分析选择模型修正参数是一种比较可行有效的方法[3]。但读者应该认识到，灵敏度高的参数不一定是不准确的参数，不能盲目绝对地根据灵敏度的大小进行修正，应该在对模型进行深入理解和认识后，根据参数灵敏度适当地选取待修正参数。否则，有限元模型虽然进行了较好的修正，却不具备预测能力。

5.1.2　残量或误差量的构造

残量或误差量的构造形式非常丰富，通常可分为三类，即基于模态参数的修正、基于频响函数的修正，以及基于时域响应的修正。第一类方法利用模态试验识别出固有频率、模态振型等参数，构造计算与试验之间的误差函数，使其最小化。构造方式主要有：固有频率的误差函数，模态振型的误差函数，以及固有频率误差和振型误差的加权组合误差函数。第二类方法直接利用计算和测试的频响函数进行模型修正，避免了第一类方法中模态参数识别引起的误差，对于密集模态情况下参数识别精度低的现象尤为适用[4]。第三类方法基于时域响应信号，采用最小二乘法、卡曼滤波等技术进行修正，避免了另外两种方法的频率截断问题，以及强非线性下模态参数失效、频响函数畸变显著的问题[5]。

工程上应用最广泛的是基于模态参数的修正，即第一类方法。原因在于此类方法便于试验设计和测试，模态参数通常又可以集中体现结构动力学特性，只要计算模型的模态参数与试验结果吻合良好，模型的准确性就得到了保障。基于频响函数的修正需要完整的频响函数值，大型试验测试的不完备性将严重限制该方法的应用，而且测量结构的频响函数必须要对结构施加可控激励，这对于大型复杂结构也是难以做到的。基于时域信息的修正舍弃了经典的模态叠加法，在时域计算上的困难妨碍了其应用。因此，本书重点介绍基于模态参数的修正方法。

利用模态参数构造误差函数较通用的表达式如式(5.2)所示。特殊地，当 $\alpha=1$，$\beta=0$ 时，仅使用固有频率进行修正，相当于式(5.1)中 r 取 2 的情形。

$$J(\boldsymbol{\theta}) = \sum_{i}^{N_s} \sum_{j}^{N_m} \left\{ \alpha_j \left[\omega_{i,j}^2(\boldsymbol{\theta}) - \hat{\omega}_{i,j}^2 \right]^2 + \beta \left\| \boldsymbol{\phi}_{i,j}(\boldsymbol{\theta}) - \hat{\boldsymbol{\phi}}_{i,j} \right\|_2^2 \right\} \tag{5.2}$$

式中，$\boldsymbol{\phi}$ 与 $\hat{\boldsymbol{\phi}}$ 表示结构振型向量的计算值和试验值；序号 i 与 j 分别表示实验观测序号和关心的模态阶次序号；N_s 与 N_m 分别表示实验观测次数和关心的模态阶数；α、β 表示权重系数，二者之和为 1。

构造振型误差时，有时候采用模态置信度(modal assurance criterion，MAC)缩聚结构振型的误差信息，如式(5.3)所示。为避免模态阶次跳动而造成计算与试验之间的目标频率匹配错乱，在修正过程中也常采用 MAC 值进行模态跟踪。

$$\mathrm{MAC}_{jj} = \frac{\left|\hat{\boldsymbol{\phi}}_j^{\mathrm{T}}\boldsymbol{\phi}_j\right|^2}{\left|\hat{\boldsymbol{\phi}}_j^{\mathrm{T}}\hat{\boldsymbol{\phi}}_j\right|\left|\boldsymbol{\phi}_j^{\mathrm{T}}\boldsymbol{\phi}_j\right|}, \quad 0 \leqslant \mathrm{MAC}_{jj} \leqslant 1 \tag{5.3}$$

利用振型进行修正时需要注意，试验测试和有限元模型的自由度并不是天然匹配的。首先，结构内部的有限元节点信息试验无法测量，结构的转动自由度通常也难以测量；其次，由于试验成本及测试精度的限制，传感器数量和数据通道也相当有限；最后，测试自由度数往往远小于有限元离散的自由度数。为了便于模型修正的顺利进行，一般通过缩聚有限元模型自由度或实验模态扩展方法来实现两者自由度的匹配。

5.1.3 采用何种迭代或优化算法

当待修正参数明确、残量或误差量的构造完毕后，采用迭代或优化算法使残量或误差最小化即达到了模型修正的目的，因此迭代或优化算法的选择更关注模型修正的效率或耗费的计算量。由于模型修正本质上属于逆问题求解，无论采取迭代算法还是优化算法都将耗费庞大的计算量。为了减少计算量，模型修正与高效代理模型相结合，发展较为迅速。

1. 基于有限元模型的迭代修正

从迭代求解算法的角度，基于灵敏度分析来修正模型参数的方法应用最为广泛[6]。这类方法通常先根据理论推导等方式获取结构特征量或误差函数对于待修正参数的偏导数，组成局部灵敏度矩阵；然后，对灵敏度矩阵求广义逆，即可通过误差的改变量获得修正参数的改变量。由于局部灵敏度矩阵随着修正参数的变化而变化，因此通常需要多次迭代，不断更新灵敏度矩阵和修正参数的改变量，直至前后两次迭代的变化可以忽略不计。基于灵敏度的迭代修正思路简单、方法易行，还可以根据灵敏度而挑选待修正变量，是模型修正过程中极其有用并且相当常见的方法。但也应该认识到，这种方法容易找到局部最优解而非全局最优解，并且由于振型灵敏度随物理参数的非线性变化会使得计算非常麻烦。

由于模型修正问题可归结为使残量或误差最小的优化求解问题，采取遗传算法、蚁群算法等通用智能优化算法进行模型修正越来越流行。这些智能优化算法不仅可以获得全局最优解，而且不要求目标函数的连续性及可微性，受到很多学者的青睐。

2. 基于代理模型的修正

为了满足工业技术日益发展的需求，有限元计算模型的规模越来越庞大，直接基于有限元模型的修正方法无疑将耗费巨额计算量，尤其采用智能优化算法时，往往需要对模型进行成千上万次计算，高昂的计算成本难以被接受。代理模型是对有限元模型的一种近似，利用较简单的数学方程对有限元计算结果进行拟合，可代替原模型快速地给出响应计算结果。基于代理模型的修正方法可以有效地解决复杂模型计算效率低下的问题[7]。

代理模型的种类很多，常见的有多项式响应面、高斯过程响应面、Kriging 模型、径向基函数、支持向量机、神经网络等。当代理模型的种类确定后，一般需要经过试验设计、参数估计、精度验证等三大步骤才能使用。建立代理模型的基本流程如图 5.2 所示。

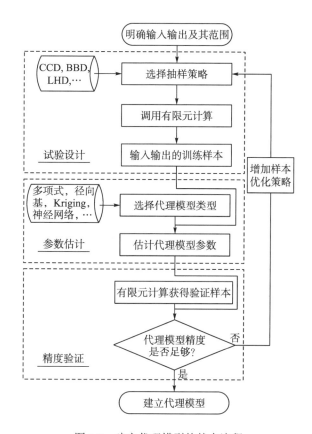

图 5.2 建立代理模型的基本流程

  试验设计时首先采用一定的抽样策略在设计空间(或称为输入变量空间)内获取适量的输入变量样本,并计算对应的输出响应样本,组成训练样本;其次,基于训练样本,采用最小二乘估计、回归分析等方式获得参数型代理模型(如多项式、Kriging等)的待定参数,或直接建立非参数型代理模型(如人工神经网络);最后,采用另一组样本校验已建立的代理模型精度,若精度满足则建立完毕,否则需要返回试验设计,重新建立代理模型。试验设计的抽样策略中可采用正交设计、中心复合设计、Box-Behnken 设计、拉丁超立方设计等方式一次获得所有训练样本,也可进行序贯抽样——先获得一部分训练样本,再根据代理模型的精度要求在适当坐标位置处添加训练样本,以提高代理模型的建立效率。当代理模型建立完毕后,传统基于有限元模型的修正方法可完全移植到基于代理模型的修正。需要注意,基于代理模型进行修正的计算量主要集中在代理模型建立部分,而后者的计算量主要集中在训练样本的容量上,因此采用少量的训练样本建立高精度的代理模型是基于代理模型进行修正的关键所在。

5.2 算 例 演 示

5.2.1 结构简介

　　某土工离心机实物图及其几何模型如图 5.3 所示，主要由基座、转臂支撑、转臂、吊篮等部件组成，有效半径(模型箱质心至主轴的距离)为 4.5m，总重量约为 50t。其中基座为定子，其他各部件为转子。

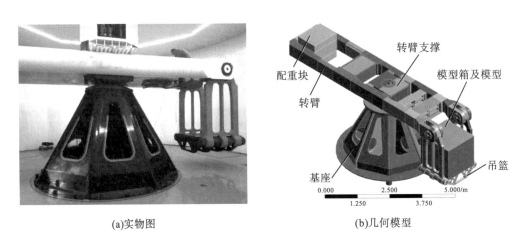

(a)实物图　　　　　　　　　　　(b)几何模型

图 5.3　某土工离心机实物图与其几何模型

　　土工试验用的模型置于模型箱中，配重块可适当增减以调节离心机两端的平衡。静止状态下，吊篮和模型箱自然下垂；工作状态下离心机转子旋转，为试验模型提供需要的离心加速度，吊篮和模型箱被甩平。利用土工离心机开展离心模型试验，可以重现土工原形的物理过程，是土力学基本理论研究和工程应用研究的有力手段。吊篮上还可以安装振动台、温度箱等部件，模拟试验件在离心、振动、温度等复合载荷下的响应。

5.2.2 有限元建模及初步分析

　　当仅关心离心机主机的动力学特性时，可暂时忽略土建结构和基座部分，只针对主轴、转臂、转臂支撑、吊篮、模型箱等主要部件建立实体单元有限元模型，离心机主轴轴承采用轴承单元建模。离心机主材料为钢，模型箱及配重块采用虚拟材料建立以等效其质量。对离心机进行适当的几何简化(删除较小的倒角、圆孔及非主承力部件等)后，其有限元模型如图 5.4 所示，自由度数约为 48 万个，灰色圆环表明了主轴轴承的位置。

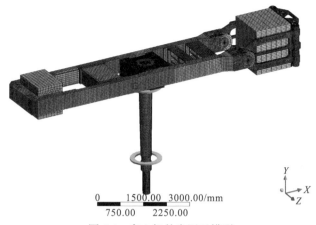

图 5.4　离心机的有限元模型

离心机转动时，转子在离心场的作用下会发生应力刚化现象，即离心机固有频率随转速升高。施加不同的旋转角速度载荷，进行预应力模态分析，获得离心机运行状态的各阶固有频率随转速的变化。离心机运行状态的前四阶振型如图 5.5 所示，第 1 阶为刚体旋转振型，第 2 阶为倾覆振型，第 3 阶为侧翻振型，第 4 阶为弯曲振型。需要说明的是，与应力刚化现象相反的旋转软化效应，是指"弹簧"在离心场下发生大变形，考虑弹簧变形量使回转半径增大，从而引入刚度软化项，离心机旋转发生小变形时，可以忽略旋转软化效应。这个概念在本书其他章节中还将详细阐述，此处不再赘述。

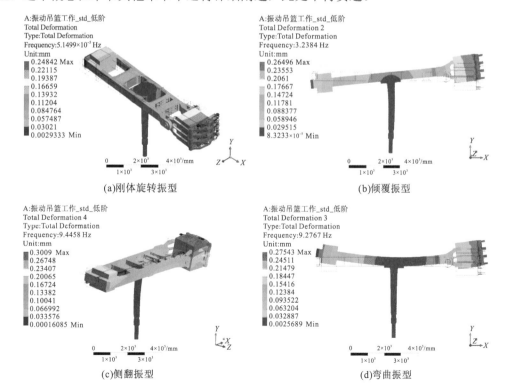

图 5.5　离心机运行状态的前四阶振型

　　离心机的首阶弹性振型(即倾覆振型)固有频率是设计时非常关注的值,它与工作频率的比值决定离心机是否发生共振。为确认计算结果,在离心机转臂上安装加速度传感器测点,在离心机不同转速下进行工作振型试验,获得了倾覆固有频率随转速变化的试验值,它与计算值的比较结果如表5.1所示。由表5.1可知,虽然倾覆固有频率是离心机旋转频率的1.33倍,但计算和试验的相对偏差最大达到了10%,有必要进行有限元模型修正。

表5.1　倾覆固有频率与计算值的比较结果

次序	离心加速度/g	旋转频率/Hz	倾覆固有频率		
			试验值/Hz	计算值/Hz	相对偏差/%
1	0	0.000	—	2.898	—
2	10	0.743	2.710	2.984	10.11
3	30	1.286	2.890	3.150	8.99
4	50	1.661	3.120	3.307	5.99
5	80	2.101	3.290	3.529	7.27
6	100	2.349	3.480	3.670	5.46

5.2.3　有限元模型修正

1. 修正的准备

　　模型修正前,首先选择待修正参数。在已建立的有限元模型中,材料参数相对准确,结构连接部位根据经验进行了适当弱化。但是,主轴轴承的参数难以获取,并且建模中忽略了土建和基座,轴承单元的刚度应该取为土建、基座、轴承的综合刚度,在不清楚各个部件刚度的情况下,难以获得综合刚度。灵敏度分析计算的结果显示,轴承单元的刚度取值也对倾覆固有频率的影响较为显著。因此,选择上导轴承和下导轴承的径向刚度值作为待修正参数。

　　由于设计关注模型的倾覆固有频率,因此误差目标函数构造如式(5.4)所示。

$$J(k_1,k_2)=\frac{\left|f_1(k_1,k_2)-f_1^*\right|}{f_1^*} \tag{5.4}$$

式中,k_1和k_2分别为上导轴承和下导轴承的径向支承刚度;$f_1(k_1, k_2)$和f_1^*分别为倾覆固有频率的计算值和试验值。

　　试验获得了不同转速下的工作模态结果,模型修正时可以根据某个转速下的试验值进行修正,再利用修正后模型预测其他转速点的固有频率。本例中更进一步,首先,将倾覆固有频率的试验值线性拟合,获得零转速运行状态下的虚拟试验值;其次,利用无预应力模态分析和模型修正方法辨识轴承单元的刚度;最后,根据修正后的有限元模型进行有预应力模态分析,预测不同转速下的固有频率值,与试验值进行比较以检验模型修正效果。虚拟试验值的拟合效果如图5.6所示,通过拟合曲线的截距可知,零转速运行状态下倾覆固有频率的虚拟试验值为2.646Hz。

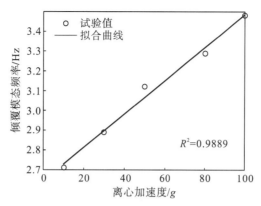

图 5.6 线性拟合获得固有频率的虚拟试验值

2. 模型修正的代码实现

模型修正的迭代求解可以通过 Ansys 经典界面自带的优化模块进行。如果利用 Workbench 建立的有限元模型，可以在 Mechanical 模块中通过 "Tools→Write Input File…" 得到建模的 APDL 命令流，如图 5.7 所示。

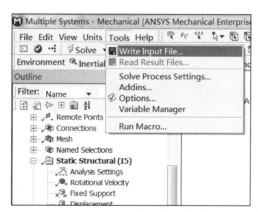

图 5.7 在 Workbench 的 Mechanical 模块中输出有限元模型建立的 APDL 命令流

得到建模代码后，可利用如下的 APDL 代码对离心机进行模型修正，修正后轴承参数的最优结果存储于工作路径下后缀为.opt 的文本文件中。

```
*create, modal_tk500, lgw        !开始创建分析程序
freq2exp=2.646                   ! 倾覆固有频率的试验值
/input, tk500, dat               !由 Workbench 导出的命令流文本，注意单位
制是否为国际单位制
esel,s,ename,,combi214           !选择轴承单元，修改实常数
*get,n1,elem, 0, num, max
*get,myn, elem, n1, attr, type,
r,myn-1,10**ks11,10**ks11,0.,0.,0.,0.
r,myn,10**kx11,10**kx11,0.,0.,0.,0.
```

```
allsel,all
fini
/solu
antype,2            ! 模态分析类型
modopt,lanb,7
mxpand,,,,yes,,no
solve
fini
/post1
set,1,2
*get,freq2,mode,2,freq
myobj=abs(freq2-freq2exp)/freq2exp*100
fini
*end               ! 结束创建分析程序
/clear,
/filname, bearing_updating
k1p=8e8                        ! 上导轴承刚度的区间，注意单位为 n/m
k1q=2e9
k2p=8e8                        ! 下导轴承刚度的区间，注意单位为 n/m
k2q=2e9
ks11=log10(1e9)          ! 刚度初始值为 10^9 n/m
kx11=log10(1e9)
/input, modal_tk500, lgw         !初始试算
/opt
opclr        ! 清空优化结果
opanl,modal_tk500,lgw          ! 指定优化分析程序
opvar,ks11,dv,log10(k1p),log10(k1q)    ! dv 为设计变量(需指定 max)，
sv 为状态变量(需指定 min 和 max)
opvar,kx11,dv,log10(k2p),log10(k2q)
opvar,myobj,obj,,,1e-3          ! obj 为目标函数(不能指定 min 和 max)
opdata,pv_subp,opt,             ! 指定优化数据要保存的文件，默认为
file.opt
oploop,top,proc,all         ! 控制优化循环 oploop,read,dvar,parms:
! oploop 函数的第一个参数可选为 top 或者 prep，前者表示从输入文件顶端开始
读取，后者表示从有/prep7 的位置读取，注意/prep7 和/opt 必须顶行出现，前面不
能有空格
先用零阶法优化
optype,subp          !subp 为子问题逼近法(零阶法)
```

```
opsubp,30,          !指定子问题逼近法的最大迭代次数
opeqn,0,0,0,0,0,
opexe
! 再用一阶法优化
opdata,pv_first,opt,
oploop,top,proc,all
keyw,beta,0
optype,firs
opfrst,30, , ,
opexe
fini
```

除了在 Ansys 中直接进行修正,还可以先对有限元模型建立代理模型,然后基于代理模型进行优化。这种方式避免了高频次地求解有限元模型,可以有效地降低计算量,并且可选的优化算法更多,可以方便地查阅目标随参数的变化情况,但要注意代理模型的精度将直接影响修正效果。

在这个算例中首先通过拉丁超立方抽样和相应的有限元计算样本,建立倾覆固有频率的响应面模型;其次,采用遗传算法最小化误差目标函数,从而修正有限元模型,辨识出轴承刚度参数,其中参数的抽样样本通过 MATLAB 代码生成,存于文本文件;Ansys 读取文本文件进行有限元计算,获得抽样参数对应的固有频率;最后,在 MATLAB 中建立响应面模型,并优化求解,获得修正结果。

参数抽样的 MATLAB 代码如下:

```
n_var=2;    % 变量个数
n_len=30;   % 样板容量
xlhs=lhsdesign(n_len,n_var);  %LHS 抽样, [0,1]
inval_varorg(:,1)=[5e5; 5e6];
inval_varorg(:,2)=[5e4; 5e5];
log10flag=1; % 以 10 为底的对数坐标
if log10flag, inval_var=log10(inval_varorg);
else inval_var=inval_varorg; end
start=inval_var(1,:);
steplen=inval_var(2,:)-inval_var(1,:);
samp_buff=repmat(start,[n_len,1])+repmat(steplen,[n_len,1]).
*xlhs;
if log10flag, samp=10.^samp_buff;
else samp=samp_buff; end
sformat='%15.6e';
for i=2:n_var
    sformat=[sformat,'%15.6e'];
```

```
end
sformat=[sformat,'\n'];
fileID = fopen('CalSmp_LHS11.dat','w');
% fprintf(fileID,'%6s %12s\n','x','exp(x)');
fprintf(fileID,sformat, samp');
fclose(fileID);
```

Ansys 常通过简单的数组读取和 do 循环重复计算，不再赘述。建立响应面和优化求解过程的 MATLAB 代码如下：

```
%% 生成多项式响应面
clear;
n_var=2;     % 变量个数
n_len=30; n_zeros=0;
smps1=load('freq_cal_tjsy_work.dat');
smps=[smps1; repmat(smps1(end,:),[n_zeros-1,1])];
inps2=smps(:, 1:n_var);
log10flag=1; % 以 10 为底的对数坐标
if log10flag, inps1=log10(inps2);
else inps1=inps2; end
inval_varorg(:,1)=[5e8; 5e9];
inval_varorg(:,2)=[5e7; 5e8];
inlb=log10(inval_varorg(1,:));
indlt=log10(inval_varorg(2,:))-log10(inval_varorg(1,:));
inps=(inps1-repmat(inlb, [n_len,1]))./repmat(indlt, [n_len,1]);
outps=smps(:,n_var+1:end);
[nn,n_out]=size(outps);
if nn~=n_len
    warning('check the size of samples!')
end
mdl2 = fitlm(inps,outps(:,2),'quadratic','RobustOpts','on')
%% optimization - GA
freqexp=2.646; LB=zeros(n_var,1); UB=ones(n_var,1);
fitnessfcn=@(x)abs((predict(mdl2,x)-freqexp(2))/freqexp(2))*100;
[xgd,fval,exitflag,output]=ga(fitnessfcn,n_var,[],[],[],[],LB,UB)
fqp=predict(mdl2,xgd);
perc=(fqp-freqexp)./freqexp*100
xgd2_buff=inlb+xgd.*indlt;
if log10flag, xgd2=10.^xgd2_buff;
else xgd2=xgd2_buff; end
```

上述代码中将上导轴承与下导轴承的刚度参数进行了对数变换并缩放至[0,1]，建立倾覆固有频率的二次多项式响应面。由响应面模型可快速绘制响应随参数的变化曲面，如图 5.8 所示。

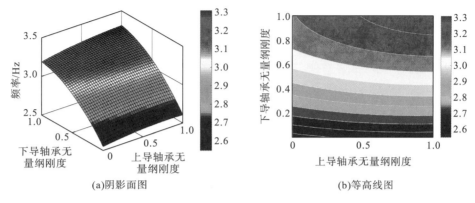

(a)阴影面图　　　　　　　　　　　　　　　(b)等高线图

图 5.8　倾覆固有频率随修正参数变化的响应面

3. 模型修正结果

修正后，上导轴承刚度为 $1.080×10^7$ N/m，下导轴承刚度为 $5.631×10^7$ N/m，模型修正前后倾覆固有频率在不同转速下的预测效果比较如表 5.2 和图 5.9 所示，可知，修正后预应力效应下的计算值与试验值的相对误差不超过 1.2%，模型的预测能力良好。

表 5.2　模型修正前后倾覆固有频率在不同转速下的预测效果比较

序号	加速度/g	试验频率/Hz	初始计算		修正后	
			固有频率/Hz	相对误差/%	固有频率/Hz	相对误差/%
1	0	2.646*	2.898	9.53	2.643	−0.11
2	10	2.710	2.984	10.11	2.737	0.98
3	30	2.890	3.150	8.99	2.916	0.89
4	50	3.120	3.307	5.99	3.084	−1.14
5	80	3.290	3.529	7.27	3.321	0.94
6	100	3.480	3.670	5.46	3.470	−0.30

*为虚拟试验值，由试验值拟合获得

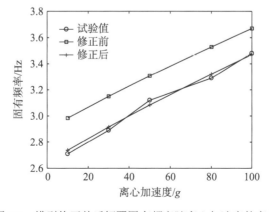

图 5.9　模型修正前后倾覆固有频率随离心加速度的变化

参 考 文 献

[1]Mottershead J E, Friswell M I. Model updating in structural dynamics: A survey[J]. Journal of Sound and Vibration, 1993, 167(2): 347-375.

[2]Natke H G. Updating computational models in the frequency domain based on measured data: A survey[J]. Probabilistic Engineering Mechanics, 1988, 3(1): 28-35.

[3]Wan H P, Ren W X. Parameter selection in finite-element-model updating by global sensitivity analysis using gaussian process metamodel[J]. Journal of Structural Engineering, 2014, 141(6): 04014164.

[4]Friswell M I, Garvey S D, Penny J E T. Model reduction using dynamic and iterated IRS techniques[J]. Journal of Sound and Vibration, 1995, 186(2): 311-323.

[5]Xie Z, Feng J. Real-time nonlinear structural system identification via iterated unscented Kalman filter[J]. Mechanical Systems and Signal Processing, 2012, 28(1): 309-322.

[6]戴航, 袁爱民. 基于灵敏度分析的结构模型修正[M]. 北京: 科学出版社, 2011.

[7]费庆国, 韩晓林, 苏鹤玲. 响应面有限元模型修正的实现与应用[J]. 振动、测试与诊断, 2010, 30(2): 132-134.

第6章 动力学试验方法

前面介绍了机械振动的基本理论，这些理论可以用来解决某些工程实际问题。但是这些理论是建立在经过抽象化的力学模型上的，如质量—弹簧系统、均质弹性体等。这些经过抽象化的系统与实际结构具有不同程度的差异。对于复杂的机器和结构，由抽象化的力学模型分析得到的结果，往往不能完全反映实际情况。在研究分析动力机械系统振动规律时，必须对系统直接进行测试，通过实验结果验证现有理论分析的可靠程度，同时在测试过程中，得到新的动力学参数，以建立更加符合实际的简化模型。模态实验分析是最常用的动力学实验之一，进行模态实验分析的前提是需要知道结构某点振动的位移、速度、加速度等物理量的大小，因此振动信号的测试及分析在工程领域中具有重要的作用。

模态实验分析的主要用途包括振动参数识别、故障诊断。近年来，随着电子传感技术、计算机技术和软件技术的迅速发展，模态实验的测试设备和分析能力得到了极大的提高，使得模态实验用途更为广泛。

6.1 振动测试概述

6.1.1 振动信号的分类

振动信号按研究目的不同一般分为两种：一种是以研究结构的动力学特性为目的；另一种是以研究振动信号本身的特性为目的。对于前者，振动信号可以分为激励信号和响应信号，激励信号为输入信号，响应信号为输出信号；对于后者，振动信号可以分为稳态信号和非稳态信号(图 6.1)。稳态信号是其统计特性不随时间而变化的信号，它可以是确定的，也可以是随机的。

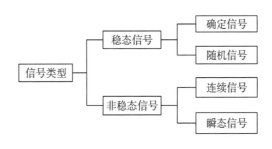

图 6.1　信号类型

　　如果振动信号在任一指定时刻 t，其瞬时值 $x(t)$ 是确定的，这种振动称为确定性振动。如简谐振动、周期振动等，确定性振动响应总是由确定性的激励所引起的。

　　自然界和工程中还存在着另一类不能用确定性函数来描述的振动，其瞬时值具有不可预知性，若要描述这类振动，只能通过一组实际记录的数据来表达。图 6.2 就是这样的一个记录样本。这种样本无论有多少个，都不可能找到任何两个是重复的，这类振动称为随机振动。随机振动响应是由随机激励所引起的，像飞机发动机的噪声，海浪对结构物的冲击，地震及飞机飞行中所遇到的阵风压力等，都属于随机激励。

图 6.2　振动时间历程样本

6.1.2　数据采样

　　随着测试仪器和信号分析能力的大幅提升，数字信号分析已经成为测试技术中的一个重要组成部分。振动信号的数字分析是将振动测试的模拟量信号转换成数字信号，利用计算机对数字信号进行分析处理，近年来的计算机软件和硬件技术的飞速发展对振动测试技术和振动信号分析处理的发展起到了极大的推动作用。

　　在振动测试信号处理的过程中，首先要将振动的机械量信号转换成数字信号，即利用传感器将振动量转换成模拟信号，再通过数据采样将模拟信号转换成数字信号。将一个连续的模拟信号 $x(t)$ 通过模-数转换设备转换为离散的数字时间序列 $x(n\Delta t)$ 的过程称为数据采样，其中，Δt 为采样时间间隔。$f=1/\Delta t$ 为采样频率，即单位时间内的采样数。

　　采样过程可以看作用等间隔的单位脉冲序列去乘以模拟信号，这样各采样点上的信号大小就变成脉冲序列的权值，这些权值将被量化成相应的数值。模拟信号经时域采样之后成为新的离散的数字信号，新的信号的频域函数就相应地变为周期函数，如果采样间隔太大，即采样频率太低，离散的数字信号便不完整，会出现信号泄漏，采样后的频谱就会发生混叠，不可能准确地恢复到原来的时域信号。如果 $x(t)$ 是一个频率有限的带宽信号（最高频率 $f_{\max}$ 为有限值），采样频率 $f=1/\Delta t>2f_{\max}$，采样后的频谱就不会发生混叠，这称为采样定理。因此，采样频率必须大于模拟信号最高频率的 2 倍，采样频率越高，其采样精度越高，信号的还原度就越真实。

　　从理论上来说，经过采样后可以得到一个模拟信号的无穷离散序列，但是实际上数据采样受到采样设备精度、采样时间及采样分辨率等多方面的限制，不可能获得无限个离散的采样点信号，只能截取一定时间范围内的有限采样点信号。这时得到的采样结果是一个有限的离散时间序列 $x(n\Delta t)$，$n=1,2,\cdots,m$。在采样过程中，如果符合采样定理，则采样后得到的实数时间序列可以在满足相应精度的条件下按照一定的方式恢复原来的连续信号。在实际工作中，应预先估计需要处理的时域信号的频率上限，工程中一般设定的采样频率为不低于估计频率上限的 2.56 倍。

6.1.3　随机振动信号分析常用的统计特征参数

稳态信号可认为是一种其平均特性不随时间变化的信号，因而它可以用任意一条样本记录来决定。对于确定性信号，各个样本是完全一致的，但对于随机信号，只意味着它们是等价的，这种等价表现在统计特性如平均值、方差等的相同。

非稳态信号大体可分为瞬态信号和连续性非稳态信号。瞬态信号可以进行整体处理，而连续性非稳态信号如语音，一般可分成若干短时信号段来处理，每一段常常可看成近似稳态的。

如果把随机振动的一个时间记录(一个样本)作为时间的函数来分析，它看起来是混乱而无规律可循的。但是，如果将许多样本放在一起来考察，则可以发现，用某些数学的平均方法来描述这些记录数据时，仍然可以找到一些规律，称为统计规律。或者说，虽然不能用时间的确定函数来描述随机振动，但能用统计特性参数来描述它。

1. 各态历经随机过程的数学描述

假定在 t_1 时刻有一个随机的样本函数 $x_k(t_1)$，当 $n{\to}\infty$ 时，其平均值趋于一个确定值，即

$$\mu_x(t_1) = \lim_{n\to\infty} \frac{1}{n} \sum_{k=1}^{n} x_k(t_1) \tag{6.1}$$

该值称为随机过程的集合平均值。

除规定 t_1，若再规定一个时刻 $t_1+\tau$，求对应这两个时刻瞬时值乘积的平均值，此时会发现，当 $t{\to}\infty$ 时，该平均值也将趋于一个确定值，即

$$R_x(t_1, t_1 + \tau) = \lim_{n\to\infty} \frac{1}{n} \sum_{k=1}^{n} x_k(t_1) x_k(t_1 + \tau) \tag{6.2}$$

称 $R_x(t_1, t_1+\tau)$ 为该随机过程在时刻 t_1 和 $t_1+\tau$ 的自相关函数(autocorrelation function)。它是时差 τ 的函数，在一般情况下，也依赖于采样时刻 t_1。

进行了上述两种统计分析之后，可以发现，有一些随机过程，其集合平均值 μ_x 及自相关函数 $R_x(t_1, t_1+\tau)$ 与时刻 t_1 的选取无关，称这类随机过程为平稳随机过程，这时有

$$\mu_x(t) = \mu_x, \quad R_x(t, t+\tau) = R_x(\tau) \tag{6.3}$$

不符合式(6.3)的随机过程称为非平稳随机过程。

上述统计平均属于集合平均，一般要求具备大量的样本数，才能得到随机过程的统计特性。但是，进一步的研究表明，在某些情况下，可以用任一样本的瞬时值统计平均来代替随机过程的集合平均，即有

$$
\begin{cases}
\lim_{T \to \infty} \dfrac{1}{T} \int_{-T/2}^{T/2} x_k(t)\mathrm{d}t = \mu_x \\[2mm]
\lim_{T \to \infty} \dfrac{1}{T} \int_{-T/2}^{T/2} x_k(t)x_k(t+\tau)\mathrm{d}t = R_x(\tau)
\end{cases}
\tag{6.4}
$$

这种随机过程称为各态历经随机过程,任何各态历经随机过程必然是平稳过程;反之则不然。在自然现象中,严格的各态历经随机过程是很少出现的,但有许多的物理现象,其所表现出的随机过程可近似看成各态历经随机过程。因此各态历经随机过程是重点研究的对象。

2. 统计特性参数

随机过程的特征主要包括数学期望、均方值、方差、标准差、概率分布函数和概率密度函数等。

1) 数学期望

定义如下:各态历经随机过程任意一个样本的瞬时值的长期数学平均,趋向于某一特定值,在统计学上将这种长期的平均称为数学期望,即

$$
\overline{x(t)} = \lim_{T \to \infty} \frac{1}{T} \int_{\frac{T}{2}}^{\frac{T}{2}} x(t)\mathrm{d}t = E[x(t)]
\tag{6.5}
$$

对于离散系统,数学期望为

$$
E[x] = \lim_{n \to \infty} \sum_{i=1}^{n} x_i
\tag{6.6}
$$

2) 均方值

$$
\overline{x^2} = E\left[x^2(t)\right] = \lim_{T \to \infty} \frac{1}{T} \int_0^T x^2(t)\mathrm{d}t
\tag{6.7}
$$

3) 方差

$$
\sigma^2 = \lim_{T \to \infty} \frac{1}{T} \int_0^T \left[x(t) - \bar{x}\right]\mathrm{d}t = x^2 - \left(\bar{x}\right)^2
\tag{6.8}
$$

4) 标准差

$$
\sigma = \sqrt{\sigma^2}
\tag{6.9}
$$

5) 概率分布函数

设随机时间函数的记录曲线如图 6.3 所示。

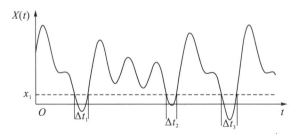

图 6.3 随机时间函数的记录曲线

在 x_1 处画一条水平线，依次记录曲线处于 x_1 水平线下方的时间间隔 Δt_i，则瞬时值小于 x_1 的概率为

$$P(x_1) = \mathrm{Prob}\big[x(t) < x_1\big] = \lim_{n \to \infty} \frac{1}{t} \sum \Delta t_i \tag{6.10}$$

6) 概率密度函数

概率密度函数为

$$p(x) = \lim_{\Delta \to 0} \frac{P(x + \Delta x) - P(x)}{\Delta x} = \frac{\mathrm{d}P(x)}{\mathrm{d}x} \tag{6.11}$$

式中，$P(x+\Delta x) - P(x)$ 是瞬时值处于 x 和 $x+\Delta x$ 之间的概率，有

$$P(x_1) = \int_{-\infty}^{x_1} p(x)\mathrm{d}x, \quad P(\infty) = \int_{-\infty}^{+\infty} p(x)\mathrm{d}x = 1 \tag{6.12}$$

随机过程的均值和均方值为

$$\begin{cases} \bar{x} = E(x) = \int_{-\infty}^{+\infty} x p(x)\mathrm{d}x \\ E(x^2) = \int_{-\infty}^{+\infty} x^2 p(x)\mathrm{d}x \end{cases} \tag{6.13}$$

方差可按式(6.14)进行计算：

$$\sigma^2 = \int_{-\infty}^{+\infty} (x - \bar{x})^2 p(x)\mathrm{d}x = E(x^2) - \big[E(x)\big]^2 \tag{6.14}$$

特别对于零均值情况，

$$\sigma^2 = \int_{-\infty}^{+\infty} x^2 p(x)\mathrm{d}x = E(x^2) \tag{6.15}$$

在随机振动分析过程中，最常采用的概率分布密度函数为正态分布，又称高斯分布，按照概率论的中心极限定理，若一个随机现象是由多个随机因素所引起的，而每个因素在总的变化里不起显著的作用，就可以推断描述这个随机现象的随机变量近似地服从正态分布。

正态分布的数学表达式为

$$p(x) = \frac{1}{\sigma\sqrt{2x}} \mathrm{e}^{-\frac{x^2}{2\sigma^2}} \tag{6.16}$$

6.2　模态试验

6.2.1　模态试验分析的理论基础

1. 频响函数的概念

线性动力学系统在确定的动态激励力作用下，就有确定的动态响应，如图 6.4 所示。这种输入、输出间固有关系的特性即结构的动力特性。例如，对于一个线性机械振动系统，在简谐力作用下，稳态响应也是简谐的，其响应频率与激励频率相同，只是改变了它的幅值和相位，幅值和相位都是输入的函数，且完全由系统本身的固有特性所决定。

图 6.4　线性动力系统框图

系统的动力特性可以通过对系统输入和输出的比例关系来获得，为了描述这种比例关系，定义频响函数为输出信号和输入信号的傅里叶变换之比，频响函数是传递函数的一个子集[1]。

$$H(\omega)=\frac{X(\omega)}{F(\omega)} \tag{6.17}$$

式中，

$$\begin{cases} X(\omega)=\int_{-\infty}^{+\infty}x(t)\mathrm{e}^{-\mathrm{j}\omega t}\mathrm{d}t \\ F(\omega)=\int_{-\infty}^{+\infty}f(t)\mathrm{e}^{-\mathrm{j}\omega t}\mathrm{d}t \\ \mathrm{j}=\sqrt{-1} \end{cases} \tag{6.18}$$

对于平稳随机激励情况，定义系统的频响函数是响应合力的互谱密度与力的自谱密度之比，即

$$H_{fx}(\omega)=\frac{S_{fx}(\omega)}{S_{ff}(\omega)} \tag{6.19}$$

式中，互谱密度是互相关函数的傅里叶变换，自谱密度是自相关函数的傅里叶变换[2]。

$$\begin{cases} R_{fx}(\tau)=\frac{1}{T}\int_{0}^{T}f(t)x(t+\tau)\mathrm{d}t \\ R_{ff}(\tau)=\frac{1}{T}\int_{0}^{T}f(x)f(t+\tau)\mathrm{d}t \end{cases} \tag{6.20}$$

$$\begin{cases} S_{fx}(\omega)=\int_{-\infty}^{+\infty}R_{fx}(\tau)\mathrm{e}^{-\mathrm{i}\omega\tau}\mathrm{d}\tau \\ S_{ff}(\omega)=\int_{-\infty}^{+\infty}R_{ff}(\tau)\mathrm{e}^{-\mathrm{i}\omega\tau}\mathrm{d}\tau \end{cases} \tag{6.21}$$

如果仅求频响函数的幅值，即幅频特性，则频响函数幅值的平方等于响应的自谱密度与输入载荷的自谱密度之比，即

$$|H(\omega)|^{2}=\frac{S_{xx}(\omega)}{S_{ff}(\omega)} \tag{6.22}$$

因此，频响函数的确定就转化为谱分析问题，即只需要对系统的输入及输出响应信号进行功率谱分析，便能确定系统的动力特性。

2. 频响函数的特性

根据第 2 章中的模态叠加理论，频域内多自由度系统运动方程可解耦为 n 个单自由度系统的、彼此独立的振动方程组：

$$m_i\ddot{q}_i + c_i\dot{q}_i + k_iq_i = \boldsymbol{\varphi}_i^{\mathrm{T}}f(\omega) \tag{6.23}$$

式中，i 为模态阶数；m_i、c_i 和 k_i 分别为第 i 阶模态所对应的单自由度系统的质量、阻尼和刚度；$\boldsymbol{\varphi}_i$ 为第 i 阶模态振型；$f(\omega)$ 为外载荷。

假如系统在 p 点受简谐激励，激励力 $f_p = F_p\mathrm{e}^{\mathrm{j}\omega}$，则方程变为

$$m_i\ddot{q}_i + c_i\dot{q}_i + k_iq_i = \boldsymbol{\varphi}_{pi}F_p\mathrm{e}^{\mathrm{j}\omega} \tag{6.24}$$

式中，$\boldsymbol{\varphi}_{pi}$ 为第 i 阶振型在 p 点的值。则模态空间下，每个单自由度系统的响应 Q_i 为

$$Q_i = \frac{\boldsymbol{\varphi}_{pi}F_p}{-\omega^2m_i + \mathrm{j}\omega c_i + k_i} \tag{6.25}$$

将模态坐标响应代回物理坐标，系统任何一点 c 的响应为[3]

$$X_c = \sum_{i=1}^{n}\boldsymbol{\varphi}_iQ_i = \sum_{i=1}^{n}\frac{\boldsymbol{\varphi}_i\boldsymbol{\varphi}_{pi}F_p}{-\omega^2m_i + \mathrm{j}\omega c_i + k_i} \tag{6.26}$$

进一步可得到 p 点激励下 c 点响应的位移频响函数表达式为

$$H_{cp} = \frac{X_c}{F_p} = \sum_{i=1}^{n}\frac{\boldsymbol{\varphi}_i\boldsymbol{\varphi}_{pi}}{-\omega^2m_i + \mathrm{j}\omega c_i + k_i} \tag{6.27}$$

重复变换激励点和响应点，就可以得到整个位移频响函数矩阵 $\boldsymbol{H}_{\mathrm{dis}}$：

$$\boldsymbol{H}_{\mathrm{dis}} = \sum_{i=1}^{n}\frac{\boldsymbol{\varphi}_i\boldsymbol{\varphi}_i^{\mathrm{T}}}{-\omega^2m_i + \mathrm{j}\omega c_i + k_i} \tag{6.28}$$

需要注意的是上述表达式均不包含系统的刚体运动。对于自由系统来说，还应包括"零频率"的刚体模态，就模态实验参数辨识而言，刚体模态并不是重点关注的对象。

对于速度频响函数和加速度频响函数[4]，应在位移频响函数的基础上，分别乘以 $\mathrm{j}\omega$ 和 $-\omega^2$，则速度频响函数 $\boldsymbol{H}_{\mathrm{vel}}$ 和 $\boldsymbol{H}_{\mathrm{acc}}$ 分别为

$$\begin{cases} \boldsymbol{H}_{\mathrm{vel}} = \sum_{i=1}^{n}\dfrac{\mathrm{j}\omega\boldsymbol{\varphi}_i\boldsymbol{\varphi}_i^{\mathrm{T}}}{-\omega^2m_i + \mathrm{j}w c_i + k_i} \\[3mm] \boldsymbol{H}_{\mathrm{acc}} = \sum_{i=1}^{n}\dfrac{-\omega^2\boldsymbol{\varphi}_i\boldsymbol{\varphi}_i^{\mathrm{T}}}{-\omega^2m_i + \mathrm{j}\omega c_i + k_i} \end{cases} \tag{6.29}$$

由于整个频响函数矩阵 $\boldsymbol{H}_{\mathrm{dis}}$ 是一个方阵，要通过模态实验来确定整个矩阵的所有元素是很困难的，也是不必要的。根据频响函数的定义，只要能确定频响函数矩阵的任意一行或一列元素，则各阶模态参数——固有频率 ω_i、模态阻尼比 ζ_i、模态刚度 k_i、模态质量 m_i、主振型 $\boldsymbol{\varphi}$ 便能完全确定，振动系统的动力特性也就完全可以确定下来。这就是实验模态参数识别原理，它可以极大地简化模态实验过程。

此外，频响函数还有一个很重要的特性，就是互易定理，即任意两点间的激励和响应互相调换时，它们的频响函数是相同的，这表明频响函数矩阵是对称的。

互易定理给模态试验工作带来了很大的便利。例如，在进行稳态正弦激励试验时，激励点不方便变动，可设置一系列响应测点，获得频响函数矩阵中某一列元素的数据。反之，在进行瞬态激励(如力锤)试验时，激励点可以方便地移动，便可只设一个响应点，而在众多的点上进行锤击激励，获得矩阵中某一行元素的数据。理论上这两组数据是完全等价的，但实际测量时，存在不可避免的干扰和非线性等因素使两组数据会有微小的差别。

6.2.2　模态试验分析的测试技术

　　模态试验分析的关键问题之一是要获得准确的频响函数数据,以准确地识别出模态参数。为了获得准确的频响函数数据,在试验中必须仔细注意激励点和响应点坐标的选择。最好能模拟实际情况,在实际的外力作用点处激振,在各重要的响应点处拾振。如果测试的目的在于求得整个结构的动力特性,则首先应将结构离散化,标出各个节点(测量点)并建立测试模型。凡是外力作用点、重要的响应点、部件或构件的交联点、质量集中点等处,一般都应作为节点。

　　模态试验中,频响函数测试技术大体包括两种方式:一种是基于互易定理,采用单点激励多点测量(或一点测量,逐点激振)技术;另一种则是多点激励多点测量技术。

　　多点激振技术适用于大型复杂结构。它采用多个激振器,以相同的频率和不同的力幅和相位差,在结构的多个选定点上,实施激励,使结构发生接近于实际振动情况的振动,从而提高了试验数据的精度,但是这种技术要求配备复杂昂贵的仪器设备,测试周期也比较长。鉴于此,本节重点介绍单点激励测试技术。

　　单点激励测试技术是目前应用最广泛的,几乎适用于一切振动领域。按激振力性质的不同,频响函数测试技术主要可以分为稳态正弦激励、随机激励及瞬态激励三类。在目前的模态试验中,通常采用随机激励或瞬态激励,稳态正弦激励因试验时间长而较少采用。

　　1. 稳态正弦激励测试技术

　　利用激振设备输出稳态正弦激振力,用于激起结构的振动。最常用的激振设备是电磁激振系统。它由高稳定度的扫频正弦信号发生器、功率放大器和电磁激振器等组成。信号发生器发出频率及电流可调的简谐控制信号,功率放大器将此信号放大,输出同频率的信号至电磁激振器的动圈,置于恒定磁场中的动圈便带动激振台面,产生正弦激振力。

　　利用测量设备通过数据采集系统获得振动物理量信号。测量设备由力传感器、加速度传感器、电荷放大器等组成。数据采集系统由模数转换器构成。

　　如果测量所得的力和响应信号很纯无干扰,信号分析只需要求出力与响应信号的幅值和相位及求得频响函数。但是激振系统和测量系统不可避免地存在信号失真与电噪声等干扰,力与响应信号的幅值和相位不易准确得到,特别是相位差的测量,更成为测试中的关键。为此需通过滤波器,设法将激振频率以外的所有杂波连同噪声干扰等一并滤去,仅留下与激励频率同频率的力和响应信号。

　　为了实现稳态正弦激振,应恰当地控制信号频率的扫描速率,使试件实现稳态振动。同时还应保证有足够的频率分辨率,否则会使参数识别精度降低。

　　测试频响函数数据时,如果测量系统标定精度不高,则测试数据失去了依据。测试频响函数时,包括传感器、力测量通道和加速度测量通道等测试系统需要定期由专门的计量部门进行检定和校准,保证测试系统在有效期内合格可用。当进行重要测量时,还需要对测量系统单独进行检定和校准。

2. 随机激励测试技术

稳态正弦测试是一个频率接着另一个频率缓慢地对结构进行激励,得到各个频率下的频响函数值,最终获得完整的频响函数曲线,而随机激振是宽带频率激励,激励力随机作用在结构上。结构的响应是激励力的各频率分量同时作用的结果。对于线性系统来说,是这些力的各频率分量分别作用之和(叠加原理)。如果能将各个激励频率下的激励力和相应的响应分离出来,通过求响应和力的互谱密度与力的自谱密度之比,获得各频率下的频响函数值,便可在一次宽频带激励中获得完整的频响函数曲线。基于这种思想,20 世纪 70 年代以来,随着快速傅里叶变换(fast Fourier transform,FFT)技术的发展,出现了随机激励测试技术,并迅速得到普及。

随机信号无周期性,每个样本彼此不同。故用随机信号激励试件进行振动测试时,可通过总体平均消除实验中的信号畸变和噪声等随机误差的影响,提高测试精度。缺点是由于信号的非周期性,在进行快速傅里叶变换处理时会产生泄漏误差。为了减少这种泄漏误差,可对测试信号进行加窗处理,常用的窗函数有矩形窗、三角窗、汉宁窗、海明窗、高斯窗等,在进行信号处理时,应根据时域信号的性质来选择窗函数[5]。

3. 瞬态激励测试技术

瞬态激励方式一般指锤击法,即采用敲击锤瞬态激励进行结构动态试验的方法,以敲击锤(又称力锤)作为激励设备。敲击锤由顶帽、力传感器及附加质量组成,不同硬度的顶帽对应于不同的频率范围。敲击力的大小是由锤头的质量和敲击结构时的运动速度决定的,一般说来,操作者易于控制力锤的运动速度大小,难以控制敲击力的大小。因此,调节敲击力幅值大小的合适方法是改变锤头质量,即通过改变附加质量来调节敲击力的大小。

锤击法的有效频率范围是由敲击部位的接触刚度和敲击锤头部的质量来确定的,可以通过瞬态激励力的傅里叶变换获得。当锤击时,试验件将承受一个相当于半正弦波的脉冲,脉冲的宽度可以根据情况选用不同刚度材料的顶帽在一定范围内进行调节。

20 世纪 80 年代以来,用锤击法进行试验模态分析就已经成为了解和改进结构的动态特性的非常重要的途径,在工程上得到了广泛应用[6]。这种方法特别适用于有线性特性的中小型结构的模态试验。

同激振器激励相比,锤击法具有如下优点:

(1)试验简单、速度快、试验周期短。

(2)不需要信号发生器、功率放大器及激振器等精密贵重仪器。

(3)不必考虑激励设备与试验结构的连接问题及连接不当对试验结果的影响等。

当模态试验采用锤击法时,激励能量相对来说比较小,在大且重的结构模态试验时受到了限制。此外,脉冲激励力作用时间很短,对信号进行离散采样时,获得的采样点数较少,可能造成测量得到的频率响应函数不确定性较大,影响模态试验的测试精度。为了克服上述缺点,可采取如下措施。

(1)慎重选择顶帽。对于分析频率要求较低的结构,选择相对刚度较低的顶帽,若感兴趣的频率较高,则选择相对刚度较高的顶帽。

(2)选择合适的敲击点。

(3)增加敲击的平均次数,剔除明显较小或较大的力信号,尽可能地保证敲击点力信号的可重复性,同时应避免发生连击现象,因为它直接影响系统的频响特性。

(4)提高采样频率,增加采样点数。

(5)对采样信号进行加窗处理。

6.2.3　模态试验分析应用实例

1. 试验件状态

下面以某钢梁为例,说明模态试验基本过程,钢梁为长方体,质量为0.92kg,长535mm,宽 30.08mm,厚 7.35mm,钢梁几何模型如图 6.5 所示。

图 6.5　钢梁几何模型

试验为自由状态,采用橡皮绳将钢梁悬吊的方式进行模拟,沿 X 向布置了 13 个测点,测量 Z 向加速度,见图 6.6。测试参数设置:模态试验的最高有效测试频率设定为 2048Hz,频率响应函数曲线的谱线数设定为 2048。

图 6.6　测点布局

2. 随机激励测试

将激励点定为钢梁中央的 7 号点,采用激振器施加随机振动激励,对信号施加汉宁窗,采样 50 帧信号进行滑动平均后经过信号处理分析获得测点的频率响应函数,见图 6.7。从图 6.7 中可看出,频率响应函数不太理想,并伴有双峰出现,给自然模态频率的准确辨识带来了难度。于是调整了激励点,见图 6.8。调整激励点后获得的频率响应函数和其总平均值见图 6.9 和图 6.10(图中纵轴为对数刻度,横轴为线性刻度,下同)。图 6.9 和图 6.10 中频率响应函数的峰值代表着在该频率处存在一阶自然模态,在 2048 频率内,获得了钢梁的 5 阶自然模态,其模态频率和阻尼见表 6.1。

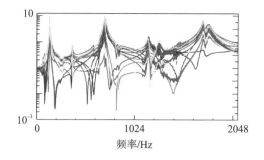

图 6.7　7 号点随机激励频响函数

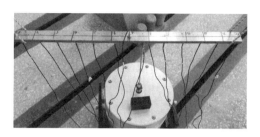

图 6.8　调整激励点

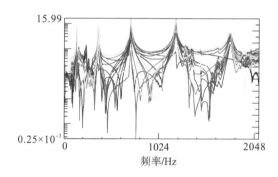

图 6.9　调整激励点后随机激励频响函数

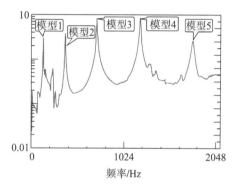

图 6.10　随机激励频响函数集总平均

表 6.1　钢梁的 5 阶模态测试结果

模态阶数	试验值/Hz	阻尼/%	计算值/Hz	考虑传感器质量后计算值/Hz	计算和试验偏差/%
1	130.19	1.05	133.59	130.78	0.45
2	360.58	0.72	367.97	360.22	0.10
3	706.97	1.04	720.57	705.40	0.22
4	1138.80	0.86	1189.40	1164.40	2.25
5	1723.00	1.34	1773.70	1736.40	0.78

　　将模态频率处的频率响应函数峰值按最大值进行归一化处理,处理后的频率响应函数峰值及其相位见表 6.2,相位值为正,代表该节点处的振型指向正方向,反之则指向负方向,由此得到归一化处理后钢梁的各阶模态振型数据见表 6.3,钢梁结构的试验振型与仿真振型对比见图 6.11。

表 6.2　归一化处理后的频率响应函数峰值及其相位

节点	X坐标 /mm	130.19Hz		360.58Hz		699.97Hz		1135.80Hz		1723.02Hz	
		峰值	相位/°	峰值	相位/°	峰值	相位/°	峰值	相位/°	峰值	相位/°
1	0.00	1.00	89.55	0.93	76.98	1.00	-92.08	0.94	-115.50	1.00	90.26
2	44.58	0.60	92.64	0.31	64.25	0.03	-80.67	0.22	51.99	0.50	-93.25
3	89.17	0.24	96.12	0.27	-61.79	0.59	87.15	0.68	60.54	0.70	-91.62
4	133.75	0.10	-84.41	0.62	-77.03	0.68	87.16	0.27	64.84	0.33	89.39
5	178.33	0.38	-85.23	0.64	-87.48	0.23	87.54	0.48	-122.53	0.85	88.64
6	222.92	0.59	-89.59	0.38	-131.30	0.56	-93.04	0.58	-123.06	0.26	-83.04
7	267.50	0.64	-90.88	0.38	173.25	0.78	-92.56	0.10	101.33	0.79	-85.12
8	312.08	0.55	-89.74	0.53	123.43	0.42	-91.83	0.85	65.50	0.02	59.32
9	356.67	0.41	-87.28	0.59	105.70	0.14	85.62	0.58	64.16	0.74	97.95
10	401.25	0.11	-81.28	0.50	91.98	0.67	87.85	0.36	-114.83	0.32	102.85
11	445.83	0.23	91.66	0.24	75.26	0.61	87.95	0.77	-115.50	0.61	-83.59
12	490.42	0.65	92.07	0.39	-50.19	0.08	-86.39	0.17	-109.72	0.41	-83.56
13	535.00	0.99	91.12	1.00	-61.56	0.99	-90.67	1.00	62.84	0.92	98.09

表 6.3　归一化处理后钢梁的各阶模态振型数据

节点号	X坐标/mm	1阶振型	2阶振型	3阶振型	4阶振型	5阶振型
1	0.00	1.00	0.93	-1.00	-0.94	1.00
2	44.58	0.60	0.31	-0.03	0.22	-0.50
3	89.17	0.24	-0.27	0.59	0.68	-0.70
4	133.75	-0.10	-0.62	0.68	0.27	0.33
5	178.33	-0.38	-0.64	0.23	-0.48	0.85
6	222.92	-0.59	-0.38	-0.56	-0.58	-0.26
7	267.50	-0.64	0.38	-0.78	0.10	-0.79
8	312.08	-0.55	0.53	-0.42	0.85	0.02
9	356.67	-0.41	0.59	0.14	0.58	0.74
10	401.25	-0.11	0.50	0.67	-0.36	0.32
11	445.83	0.23	0.24	0.61	-0.77	-0.61
12	490.42	0.65	-0.39	-0.08	-0.17	-0.41
13	535.00	0.99	-1.00	-0.99	1.00	0.92

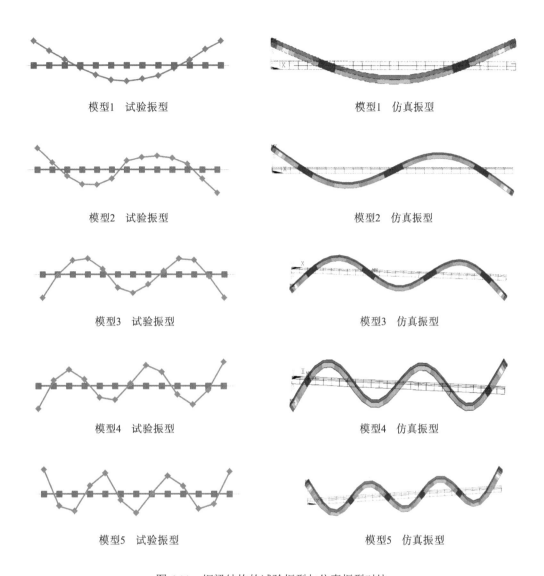

图 6.11 钢梁结构的试验振型与仿真振型对比

3. 瞬态激励测试

预试验中发现,采用力锤敲击 7 号点时,可以将各阶振型有效激发出来,于是在正式试验中将激励点定为 7 号点。采用锤击的方式来模拟瞬态激励,采样 5 帧信号进行平均,经信号处理分析获得测点的频率响应函数和其总平均值,见图 6.12 和图 6.13,图中频率响应函数的峰值代表着在该频率处存在着 1 阶自然模态,在 2048 频率内,获得了钢梁的 5 阶自然模态,其模态频率和模态阻尼见表 6.4。瞬态激励获得的固有频率、振型与随机激励相似,这里不再单独给出。

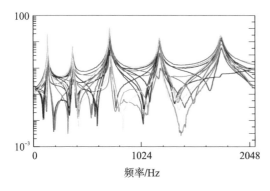

图 6.12　锤击激励频率响应函数

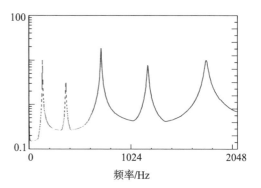

图 6.13　锤击激励频率响应函数集总平均

表 6.4　锤击激励测得的模态频率和模态阻尼

模态阶数	试验值/Hz	阻尼/%	计算值/Hz	考虑传感器质量后计算值/Hz	计算和试验偏差/%
1	130.91	0.87	133.59	130.78	0.10
2	360.65	0.74	367.97	360.22	0.12
3	706.03	0.50	720.57	705.40	0.09
4	1165.20	0.58	1189.40	1164.40	0.07
5	1739.00	0.88	1773.70	1736.40	0.15

参 考 文 献

[1] 沃德·海伦, 斯蒂芬·拉门兹, 波尔·萨斯. 模态分析理论与试验[M]. 白化同, 郭继忠, 译. 北京: 北京理工大学出版社, 2001.

[2] 朱迎善. 谱分析及其在振动中的应用[M]. 武汉: 华中理工大学出版社, 1991.

[3] 傅志方, 华宏星. 模态分析理论与应用[J]. 上海: 上海交通大学出版社, 2000.

[4] 曹树谦, 张文德, 萧龙翔. 振动结构模态分析: 理论、实验与应用[M]. 天津: 天津大学出版社, 2001.

[5] 毛青春, 徐分亮. 窗函数及其应用[J]. 中国水运, 2007, 7(2): 230-232.

[6] 刘军, 高建立, 穆桂脂, 等. 改进锤击法试验模态分析技术的研究[J]. 振动与冲击, 2009, 28(3): 4.

第7章　多轴应力评估

工程结构在外载荷的作用下，所表现出的应力响应通常是多轴的，一般一个应力张量包含 σ_x、σ_y、σ_z 三个正应力分量和 τ_{xy}、τ_{xz}、τ_{yz} 三个剪应力分量。对于多轴应力状态下的结构，工程中通常采用第三强度准则进行结构强度评估，即当结构的 von Mises 应力大于材料屈服应力时，认为结构发生破坏，否则认为结构满足强度条件，第三强度准则为

$$\sigma_{vM} < \sigma_b \tag{7.1}$$

式中，σ_b 为材料屈服应力极限；σ_{vM} 为结构的 von Mises 应力（或等效应力），定义为

$$\sigma_{vM} = \left[\sigma_x^2 + \sigma_y^2 + \sigma_z^2 - \sigma_x\sigma_y - \sigma_x\sigma_z - \sigma_y\sigma_z + 3\left(\tau_{xy}^2 + \tau_{xz}^2 + \tau_{yz}^2 \right) \right]^{\frac{1}{2}} \tag{7.2}$$

在静力条件下，结构每一点的应力是一个确定张量；谐响应及瞬态响应条件下的应力张量是一个时变函数，在每一个时刻下的值也是确定的，可以直接按照式(7.2)计算结构的 von Mises 应力，进而进行强度校核。

随机振动条件下的结构响应是非确定的，其应力服从一定的概率分布关系，在强度校核时，往往只需要强度准则［式(7.1)］在一定概率意义下得到满足，即

$$P\left(\sigma_{vM} < \sigma_b \right) \geqslant P_0 \tag{7.3}$$

或者采用其等价形式

$$\sigma_{vM} \mid_{P_0} < \sigma_b \tag{7.4}$$

式中，$\sigma_{vM} \mid_{P_0}$ 表示在累积概率函数为 P_0 时 von Mises 应力的值。

随机振动的强度校核问题，关键在于求出 $\sigma_{vM} \mid_{P_0}$ 的值。

在工程设计中，通常用 3σ 方法进行结构强度校核[1,2]，即以结构等效应力的 3 倍均方根值作为强度校核的标准。在单轴应力情况下，结构的 von Mises 应力就是该单轴应力分量的绝对值。在高斯分布随机载荷作用下，线性结构的应力分量服从正态分布，应力的 3 倍均方根值对应着累积概率水平 $P_0 = 99.73\%$，此时的强度校核准则为

$$3\mathrm{std}\left(\sigma_{vM} \right) = \sigma_{vM} \mid_{99.73\%} < \sigma_b \tag{7.5}$$

式中，std 表示均方根值。

但是在多轴应力状态下，von Mises 应力不再服从正态分布[3]，其概率分布函数不再是均方根值的一个简单关系式，而是与每一个应力分量之间的相关性有关。尽管经验上仍然采用 3σ 方法进行应力强度校核，但是此时的 3σ 应力已不再具有确切的概率意义。

本章讨论线性结构在高斯随机载荷的作用下，结构 von Mises 应力的概率分布规律，并介绍几种一定概率意义下的强度校核方法。

7.1　随机振动条件下的多轴应力评估

7.1.1　随机振动下 von Mises 应力的概率分布

在高斯分布随机振动条件下，结构上每一个点的应力可由应力协方差矩阵 V 描述。

$$V = \begin{bmatrix} E(\sigma_x^2) & E(\sigma_x\sigma_y) & E(\sigma_x\sigma_z) & E(\sigma_x\sigma_{xy}) & E(\sigma_x\sigma_{xz}) & E(\sigma_x\sigma_{yz}) \\ E(\sigma_x\sigma_y) & E(\sigma_y^2) & E(\sigma_y\sigma_z) & E(\sigma_y\sigma_{xy}) & E(\sigma_y\sigma_{xz}) & E(\sigma_y\sigma_{yz}) \\ E(\sigma_x\sigma_z) & E(\sigma_y\sigma_z) & E(\sigma_z^2) & E(\sigma_z\sigma_{xy}) & E(\sigma_z\sigma_{xz}) & E(\sigma_z\sigma_{yz}) \\ E(\sigma_x\sigma_{xy}) & E(\sigma_y\sigma_{xy}) & E(\sigma_z\sigma_{xy}) & E(\sigma_{xy}^z) & E(\sigma_{xy}\sigma_{xz}) & E(\sigma_{xy}\sigma_{yz}) \\ E(\sigma_x\sigma_{xz}) & E(\sigma_y\sigma_{xz}) & E(\sigma_z\sigma_{xz}) & E(\sigma_{xy}\sigma_{xz}) & E(\sigma_{xz}^2) & E(\sigma_{xz}\sigma_{yz}) \\ E(\sigma_x\sigma_{yz}) & E(\sigma_y\sigma_{yz}) & E(\sigma_z\sigma_{yz}) & E(\sigma_{xy}\sigma_{yz}) & E(\sigma_{xy}\sigma_{yz}) & E(\sigma_{yz}^2) \end{bmatrix} = E\left[\boldsymbol{\sigma}\boldsymbol{\sigma}^{\mathrm{T}} \right] \tag{7.6}$$

式中，

$$\boldsymbol{\sigma} = \left(\sigma_x, \sigma_y, \sigma_z, \sigma_{xy}, \sigma_{xz}, \sigma_{yz} \right)^{\mathrm{T}}$$

von Mises 应力可以写为矩阵形式：

$$\sigma_{vM}^2 = \boldsymbol{\sigma}^{\mathrm{T}} \boldsymbol{A} \boldsymbol{\sigma} \tag{7.7}$$

式中，A 是一个对称的常系数矩阵，即

$$A = \begin{bmatrix} 1 & -\dfrac{1}{2} & -\dfrac{1}{2} & & & \\ -\dfrac{1}{2} & 1 & -\dfrac{1}{2} & & & \\ -\dfrac{1}{2} & -\dfrac{1}{2} & 1 & & & \\ & & & 3 & & \\ & & & & 3 & \\ & & & & & 3 \end{bmatrix}$$

结构 von Mises 应力的平方是若干互相相关的零均值高斯随机变量的二次型形式。为简化分析过程，首先应当对各应力分量之间进行解耦。Quaranta 和 Mantegazza[4]与 Tibbits[5]提出了将应力分量进行解耦的方法，首先进行向量变换：

$$\boldsymbol{\beta} = \boldsymbol{L}^{\mathrm{T}} \boldsymbol{\sigma} \tag{7.8}$$

式中，L 为矩阵 A 的 Cholesky 分解，为下三角矩阵且满足 $LL^{\mathrm{T}}=A$。

经过此变换后，得到新坐标空间中的应力 $\boldsymbol{\beta}$，此时 von Mises 应力可以用 $\boldsymbol{\beta}$ 表示为

$$\sigma_{vM} = \boldsymbol{\beta}^{\mathrm{T}} \boldsymbol{\beta} \tag{7.9}$$

$\boldsymbol{\beta}$ 的协方差矩阵为

$$V_\beta = \boldsymbol{L}^{\mathrm{T}} \boldsymbol{V} \boldsymbol{L} \tag{7.10}$$

再进一步对向量 $\boldsymbol{\beta}$ 的协方差矩阵进行解耦，定义：

$$\boldsymbol{\gamma} = \boldsymbol{\Lambda}^{-1} \boldsymbol{U}^{\mathrm{T}} \boldsymbol{\beta} \tag{7.11}$$

式中，$\boldsymbol{\Lambda}$ 与 $\boldsymbol{U}$ 分别为矩阵 $\boldsymbol{V}_\beta$ 的特征值矩阵(半正定对角阵)和特征向量矩阵(单位正交矩阵)。容易证明，$\boldsymbol{\gamma}$ 的协方差矩阵是单位阵，即 $\boldsymbol{\gamma}$ 是独立同分布的标准正态分布变量。von Mises 应力的表达式为

$$\sigma_{vM}^2 = \boldsymbol{\gamma}^{\mathrm{T}} \boldsymbol{\Lambda} \boldsymbol{\gamma} = \sum_{i=1}^{5} \Lambda_i^2 \gamma_i^2 \tag{7.12}$$

式中，Λ_i 为矩阵 $\boldsymbol{\Lambda}$ 的第 i 个对角元素，γ_i 为向量 $\boldsymbol{\gamma}$ 的第 i 个分量。由于矩阵 $\boldsymbol{L}$ 的秩为 5，进而 $\boldsymbol{V}_\beta$ 的秩最多为 5，因此式(7.12)中的求和指标上限最多为 5。

von Mises 应力的平方是若干独立正态分布的平方的线性组合形式，在数学上，其概率分布规律称为"广义 χ^2 分布"，当各系数 Λ_i 均相同时，von Mises 应力的平方就退化为 χ^2 分布。

von Mises 应力是一个偏尾分布，其典型概率密度函数如图 7.1 所示。

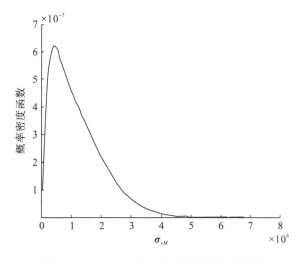

图 7.1 von Mises 应力的典型概率密度函数

7.1.2 随机振动下的应力校核方法

应力强度校核关键在于求解一定概率(如 99.73%)下的 von Mises 应力值(为便于叙述，以下简称极限应力，指在一定置信度下，von Mises 应力所能达到的上限)[6]。

$$\sigma_{ex} = \sigma_{vM}\big|_{99.73\%} = \left(\sum_{i=1}^{5} \Lambda_i^2 \gamma_i^2 \right)^{\frac{1}{2}} \Bigg|_{99.73\%} \tag{7.13}$$

但是广义 χ^2 分布不是一种典型概率分布，其概率分布函数不便通过解析形式表达，为获得其概率分布函数，可采用 Monte Carlo 方法，生成一系列服从独立标准正态分布的

随机变量样本 γ_i，在 MATLAB 中，也可以直接生成满足协方差矩阵[式(7.6)]的相关随机应力分量样本。对每一个样本分别计算其 von Mises 应力，进而统计得到 von Mises 应力的概率分布信息。

这种方法由于需要对大量的随机样本进行计算，耗时过长，难以在大型工程结构中应用。考虑到式(7.13)中函数各项的对称性，可先考虑两项和的形式，观察其分布规律。

定义：

$$f\left(\Lambda_1,\Lambda_2\right)=\left(\Lambda_1^2\gamma_1^2+\Lambda_2^2\gamma_2^2\right)\Big|_{99.73\%} \tag{7.14}$$

考虑到式(7.14)的形式，可以仅考虑 Λ_1，Λ_2 在区间[0,1]上的情况，如果出现特征值大于 1 的情况，可归一化到[0,1]×[0,1]上的情况。画出函数 $f(\Lambda_1,\Lambda_2)$ 随 Λ_1，Λ_2 的变化等值线，如图 7.2 所示。图 7.2 中二维空间中的每一个点代表一个应力节点，每一条等值线上的所有点具有相同的极限应力。容易发现，对二维空间中的任何一个点，都和一个 Λ_1 轴上的点具有相等的极限应力，因此只要求解出 Λ_1 轴上所有点的极限应力，就可以得到整个二维平面上的极限应力。

显然，极限应力关于 Λ_1，Λ_2 是对称的，等值线方程形式上近似具有如下形式：

$$\Lambda_1^\alpha + \Lambda_2^\alpha = \text{const} \tag{7.15}$$

每一条等值线与对角线 $\Lambda_1=\Lambda_2$ 的交点 $(\Lambda_{\text{diag}},\Lambda_{\text{diag}})$ 和该等值线与 Λ_1 轴 $\Lambda_2=0$ 的交点 $(\Lambda_{\text{eq}},0)$ 之间满足等值线方程[式(7.15)]，即

$$\Lambda_{\text{eq}}^\alpha = 2\Lambda_{\text{diag}}^\alpha \Leftrightarrow \left(\ln\frac{\Lambda_{\text{eq}}}{\Lambda_{\text{diag}}}\right)\alpha = \ln 2 \tag{7.16}$$

可应用线性拟合求解式(7.16)中的 α，得到 $\alpha=4.5$。拟合结果如图 7.3 所示，图中实线为原始等值线，虚线为拟合曲线，拟合与原始等值线基本重合。

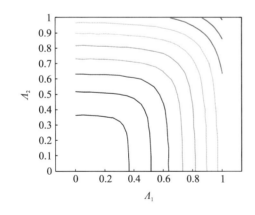

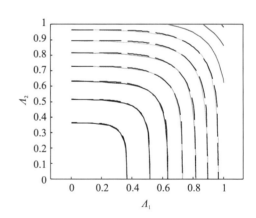

图 7.2　函数 f 的等值线图(二维情况)　　　　图 7.3　等值线参数拟合效果图

由此，可将二维空间上的一个点 (Λ_1,Λ_2) 等效为一个一维空间中的点 $(\Lambda_{\text{eq}},0)$，使得

$$f(\Lambda_1,\Lambda_2)=f(\Lambda_{\text{eq}},0) \tag{7.17}$$

式中，

$$\Lambda_{eq} = \left(\Lambda_1^{\frac{9}{2}} + \Lambda_2^{\frac{9}{2}} \right)^{\frac{2}{9}}$$

对一般的五维情况，类似地可将五维空间上的点等效为一维空间上的点

$$f\left(\Lambda_1, \Lambda_2, \Lambda_3, \Lambda_4, \Lambda_5\right) = f\left(\Lambda_{eq}, 0, 0, 0, 0\right) = \left(\Lambda_{eq}^2 \gamma_1^2\right)\Big|_{99.73\%} \tag{7.18}$$

根据函数 f 的对称性，Λ_{eq} 可参照二维空间中的近似表达式给出：

$$\Lambda_{eq} = \left(\sum_{i=1}^{5} \Lambda_i^{\frac{9}{2}} \right)^{\frac{2}{9}}$$

进一步注意到 $\Lambda_{eq}^2 \gamma_1^2$ 是一个服从标准 χ^2 分布的变量，有

$$\left(\Lambda_{eq}^2 \gamma_1^2\right)\Big|_{99.73\%} = 9\Lambda_{eq}^2 \tag{7.19}$$

综合式(7.13)、式(7.18)、式(7.19)，得极限应力的表达式为

$$\sigma_{eq} = \sqrt{f\left(\Lambda_1, \Lambda_2, \Lambda_3, \Lambda_4, \Lambda_5\right)} = 3\left(\sum_{i=1}^{5} \Lambda_i^{\frac{9}{2}} \right)^{\frac{2}{9}} \tag{7.20}$$

例 7.1 设随机振动下某点应力分量的协方差矩阵为

$$V = \begin{bmatrix} 2600.99 & 3030.35 & 1221.86 & 1120.06 & 6.29 & -1000.61 \\ 3030.35 & 7921.02 & 1428.32 & 1356.80 & 8.37 & -1176.10 \\ 1221.86 & 1428.32 & 641.64 & 527.71 & 3.04 & -471.25 \\ 1120.06 & 1356.80 & 527.71 & 554.14 & 3.39 & -441.50 \\ 6.29 & 8.37 & 3.04 & 3.39 & 50.42 & -2.54 \\ -1000.61 & -1176.10 & -471.25 & -441.50 & -2.54 & 600.47 \end{bmatrix} MPa^2$$

应用 Monte Carlo 方法，可以得到该点 von Mises 应力的累积概率分布(图 7.1)。

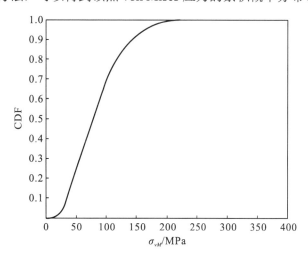

图 7.4 例 7.1 对应的 von Mises 应力概率分布

图 7.4 中几个关键应力值对应的累积概率分布如表 7.1 所示。

表 7.1　例 7.1 中关键应力值对应的累积概率分布

应力值/MPa	累积概率/%	备注
95.38	64.14	1 倍均方根值
286.15	99.98	3 倍均方根值
235.92	99.73	极限应力

由表 7.1 可知，von Mises 应力的 3 倍均方根值对应的累积概率可以达到 99.98%，传统 3σ 校核方法会过于保守，99.73%置信度的应力值约为 235.92 MPa，相当于均方根值的 2.47 倍。按本节方法，得到极限应力近似值为 235.40 MPa，与 Monte Carlo 方法得到的 235.92MPa 十分接近。

例 7.2　对某结构，应用 Ansys 进行随机振动分析，提取出结构上任意选取的 892 个节点的应力分量的协方差矩阵。分别应用 Monte Carlo 模拟和本节简化算法计算 99.73%概率下的 von Mises 应力。以 Monte Carlo 模拟的结果作为计算的参考值，Monte Carlo 分析的样本数选为 10^6，此时 Monte Carlo 分析本身的误差约为 0.1%。

简化算法得到的结果相对误差如图 7.5 所示，其中最大相对误差约为 2.5%，得到的实际概率（理论值为 0.9973）如图 7.6 所示。可见对于大部分节点，简化方法对应的实际置信度为 99.69%～99.74%，误差很小，可用于强度校核。

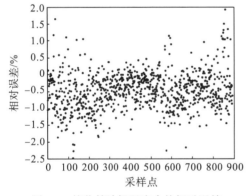 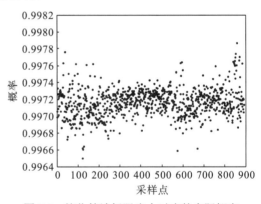

图 7.5　简化算法极限应力的相对误差　　　　　图 7.6　简化算法极限应力对应的实际概率

7.1.3　3σ 方法的考察

由式 (7.12) 可知，von Mises 应力的均方根值为

$$\text{std}(\sigma_{vM}) = \sqrt{\sum_{i=1}^{5} \lambda_i^2} \tag{7.21}$$

对比式 (7.21) 和式 (7.13)，根据基本不等式定理，容易证明

$$\sigma_{ex} \leqslant 3\text{std}(\sigma_{vM}) \tag{7.22}$$

即 3σ 方法总是偏于保守，当 $\lambda_2 = \lambda_3 = \lambda_4 = \lambda_5 = 0$，即应力在某一空间内为单轴时，二者结果相

等；当 $\lambda_1=\lambda_2=\lambda_3=\lambda_4=\lambda_5\neq0$ 时，二者偏差最大，约为 56%。

针对例 7.2，对 3σ 准则的准确度进行考察，其相对误差及对应的实际概率分别如图 7.7 和图 7.8 所示。可见 3σ 准则对应的相对误差总是大于 0，在本例中最大相对误差约为 43%。

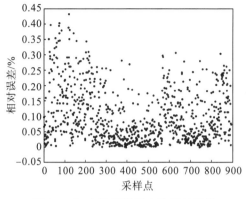 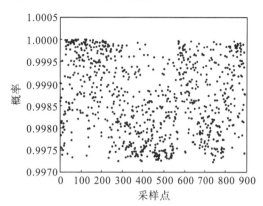

图 7.7　3σ 方法极限应力的相对误差　　　　图 7.8　3σ 方法极限应力对应的实际概率

7.2　静力—随机振动复合条件下的多轴应力评估

7.2.1　静力—随机振动复合条件下的 von Mises 应力

在静力与随机振动复合条件下，结构上一点的每一个应力分量为静力载荷下的应力响应分量与随机振动(若有必要，需在分析时考虑静力载荷的预应力效应)载荷下的应力响应分量之和，即[7]

$$s_i = \mu_i + \sigma_i \,(i = x, y, z, xy, xz, yz)\,\text{或}\,s = \mu + \sigma \tag{7.23}$$

式中，μ_i 为静应力响应分量，是一个确定值；σ_i 为随机振动分量，是相互相关的正态分布变量。

结构 von Mises 应力的表达式为

$$s_{vM}^2 = s^{\mathrm{T}} A s \tag{7.24}$$

矩阵 A 的表达式请参考 7.1 节。

应用上面的解耦方法，动静复合条件下的 von Mises 应力可表达为

$$\begin{aligned} s_{vM}^2 &= \mu^{\mathrm{T}} A \mu + 2\mu^{\mathrm{T}} A \sigma + \sigma^{\mathrm{T}} A \sigma \\ &= \mu^{\mathrm{T}} A \mu + 2k^{\mathrm{T}} \gamma + \gamma^{\mathrm{T}} \Lambda^2 \gamma \end{aligned} \tag{7.25}$$

式中，等号右边第一项为静态 von Mises 应力；第二项为交叉项，交叉项系数 $k^{\mathrm{T}}=2\mu^{\mathrm{T}}LU\Lambda$；第三项为随机振动的 von Mises 应力。

由于 Λ 是对角矩阵，把式(7.25)展开并进行平方，有

$$s_{vM}^2 = \sum_{i=1}^5 \Lambda_i^2 \left(\gamma_i + \frac{k_i}{2\Lambda_i^2} \right)^2 \tag{7.26}$$

式中，Λ_i、k_i 和 γ_i 分别表示 Λ、k 和 γ 的第 i 个元素。公式中除了 γ_i，所有变量都是非随机的，仅与静应力向量 μ 和动应力协方差矩阵 V 有关。

此时，von Mises 应力的平方仍然是一系列正态分布变量的平方的线性组合形式，但是这些正态分布变量不再是零均值的，von Mises 应力的平方服从的概率分布称为"非中心广义 χ^2 分布"。

非中心广义 χ^2 分布的概率分布函数无法通过简单的解析函数式表达，但是人们提出了许多近似方法。以下对形如：

$$Q(z) = \sum_{i=1}^{m} \sum_{j=1}^{h_i} \lambda_i \left(Z_{ij} + \sqrt{\frac{\delta_i}{h_i}} \right)^2 \tag{7.27}$$

的非中心广义 χ^2 分布的几种主要近似方法进行简要介绍。

引理 7.1(Kotz，级数表达[8])　对形如式(7.27)所示的非中心广义 χ^2 分布，其截尾概率可以用标准 χ^2 分布的级数来表示，即

$$P[Q(z) > t] = \sum_{k=0}^{+\infty} c_k P\left(\chi_{2k+\tilde{h}}^2 > \frac{t}{\beta} \right) \tag{7.28}$$

式中，$\chi_{2k+\tilde{h}}^2$ 为 $(2k+\tilde{h})$ 阶的标准 χ^2 分布，其概率密度函数为

$$P(\chi_{2k+h}^2 < y) = \int_0^y \frac{t^{(2k+\tilde{h}-2)/2} e^{-t/2}}{2^{(2k+\tilde{h})/2} \Gamma(k+\tilde{h}/2)} dt \tag{7.29}$$

β 为任意满足 $0 \leq \beta \leq \min(\lambda_1, \lambda_2, \cdots, \lambda_m)$ 的实数。

系数 c_k 可通过式(7.30)进行计算：

$$\begin{cases} c_0 = d \exp\dfrac{-q}{2} \\ c_k = k^{-1} \sum_{r=0}^{k-1} g_{k-r} c_r, \quad k \geq 1 \end{cases} \tag{7.30}$$

式中，

$$d = \prod_{i=1}^{m} (\beta / \lambda_i)^{h_i/2}$$

$$q = \sum_{i=1}^{m} \delta_i$$

$$g_k = \frac{1}{2} \left[\sum_{i=1}^{m} \left(1 - \frac{\beta}{\lambda_i} \right)^k + k \sum_{i=1}^{m} \delta_i \left(1 - \frac{\beta}{\lambda_i} \right)^{k-1} \left(\frac{\beta}{\lambda_i} \right) \right]$$

式(7.28)的截断误差满足：

$$\sum_{k=N+1}^{\infty} c_k P\left(\chi_{2k+\tilde{h}}^2 > \frac{t}{\beta} \right) \leq 1 - \sum_{k=1}^{N} c_k \tag{7.31}$$

引理 7.1 给出了非中心广义 χ^2 分布的一种精确级数表达，但是这种方法的反问题(即已知截尾概率求解对应的值)难以求解，不适于在强度校核中使用。

引理 7.2(Liu-Tang-Zhang，非中心 Chi-2 近似[9])　非中心广义 χ^2 分布［式(7.27)］的截尾概率近似满足：

$$P\left[Q(\boldsymbol{X})>t\right]\approx P\left[\chi_l^2(\delta)>t^*\sigma_\chi+\mu_\chi\right]$$

式中，

$$t^*=(t-c_1)/\sqrt{2c_2}$$
$$\sigma_\chi=\sqrt{2(l+2\delta)}$$
$$\mu_\chi=l+\delta$$

其中，l 和 δ 的计算式为

$$\begin{cases} a=\dfrac{1}{s_1-\sqrt{s_1^2-s_2}}, & \delta=s_1a^3-a^2, \ l=a^2-2\delta, \ s_1^2>s_2 \\ a=\dfrac{1}{s_1}\delta=0, & l=1/s_1^2, \ s_1^2\leqslant s_2 \end{cases}$$

$$s_1=c_3/c_2^{3/2}, s_2=c_4/c_2^2, \ c_k=\sum_{i=1}^m\lambda_i^k h_i+k\sum_{i=1}^m\lambda_i^k\delta_i, \ k=1,2,3,4$$

引理 7.2 将非中心广义 χ^2 分布用一个非中心 χ^2 分布来近似，近似的原则是原分布与新的近似分布的 1 阶矩（均值）、2 阶矩（标准差）、3 阶矩（偏度）、4 阶矩（峰度）相等。

引理 7.3（Pearson，Chi-2 近似[10]）　非中心广义 χ^2 分布［式(7.27)］的截尾概率近似满足：

$$P\left[Q(\boldsymbol{X})>t\right]\approx P\left(\chi_{l^*}^2>l^*+t^*\sqrt{2l^*}\right) \tag{7.32}$$

式中，$l^*=c_2^3/c_3^2, t^*=(t-c_1)/\sqrt{2c_2}$ 的含义与引理 7.2 相同。

引理 7.3 与引理 7.2 类似，区别在于引理 7.3 用一个 χ^2 分布来对非中心广义 χ^2 分布进行近似，因此保证了近似前后的两个分布的前三阶矩相等，引理 7.3 牺牲了部分精度，但是由于 χ^2 分布相比于非中心 χ^2 分布而言，其逆运算不需要迭代求解，因而大大提升了计算效率。当原分布的非中心参数 $\delta=\sum\delta_i$ 为 0，即仅有随机振动部分，而静力载荷为 0 时，引理 7.3 与引理 7.2 等价。

尽管引理 7.3 与引理 7.2 的误差限难以从数学上得到证明，但是很多文献对其分析精度进行了研究[9,11,12]。

7.2.2　复合条件下的极限应力计算方法

类似于 7.1 节，静力—随机振动复合条件下的极限应力定义为

$$s_{ex}=s_{vM}\big|_{99.73\%} \tag{7.33}$$

求解极限应力即等价于求解概率方程

$$P\left(s_{vM}^2>s_{ex}^2\right)=P_0\Leftrightarrow P\left[\sum_{i=1}^m\Lambda_i^2\chi^2(\delta_i)>s_{ex}^2\right]=P_0 \tag{7.34}$$

式中，$P_0=0.27\%$ 为截尾概率。

式(7.34)可以通过引理 7.2 和引理 7.3 来求解。

采用引理 7.2，则式(7.35)近似等价于

$$P\left[\chi_i^2(\delta)>t^*\sigma_\chi+\mu_\chi\right]=P_0$$

$$\Leftrightarrow t^*\sigma_\chi+\mu_\chi=\left[\chi_i^2(\delta)\right]^{-1}\left(1-P_0\right) \tag{7.35}$$

$$\Leftrightarrow t^*=\frac{\left[\chi_i^2(\delta)\right]^{-1}\left(1-P_0\right)-\mu_\chi}{\sigma_\chi}$$

式(7.35)的计算过程如下[7]：①通过有限元方法，分别求解静力载荷作用下的结构应力向量 $\boldsymbol{\mu}$ 和随机振动应力协方差矩阵 $\boldsymbol{V}$；②遵循 7.1.1 节中的过程进行矩阵变换，求解 Λ_i 和 $\boldsymbol{k}_i$；③转化成标准形 ［式(7.27)］，计算标准形式中的系数 $\lambda_i=\Lambda_i^2$ 和非中心参数 $\delta_i=\left(k_i/2\Lambda_i^2\right)^2$，由于以上计算结果关于 Λ_i 是连续的，且当存在重特征根时，计算中没有出现奇异，因此不必特殊关注重特征值的情况，总可以假设 $m=5$，$h_i=1$，$\delta_i=\left(k_i/2\Lambda_i^2\right)^2$；④按照式(7.32)求解 $c_1\sim c_3,l,\mu_\chi,\sigma_\chi$；⑤根据式(7.35)求解 t^*；⑥计算 $s_{ex}=\left(\sqrt{2c_2}t^*+c_1\right)^{1/2}$。

极限应力计算流程如图 7.9 所示。

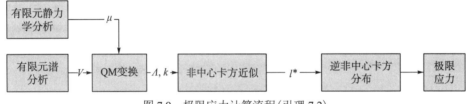

图 7.9   极限应力计算流程(引理 7.2)

采用引理 7.3 的计算过程与此类似：①进行有限元分析，将 von Mises 应力转化为式(7.27)中的标准形式，计算标准形式中的系数 λ_i 和非中心参数 δ_i；②计算 $c_1\sim c_3,l^*$；③求解 $\tilde{t}=\left[\chi_{l^*}^2\right]^{-1}(p)$，$t^*=(\tilde{t}-l^*)/\sqrt{2l^*}$，其中 $\left[\chi_{l^*}^2\right]^{-1}$ 表示自由度为 l^* 的逆卡方分布，逆卡方分布可以在 MATLAB 等软件中直接计算，并且由于该函数是一个单变量 l^* 的函数(图 7.10)，也可以事先将其固化于一个表格中，通过分段插值或函数拟合的方式计算，以避免超越函数的迭代求解；④计算极限应力 $s_{ex}=\left(\sqrt{2c_2}t^*+c_1\right)^{1/2}$。

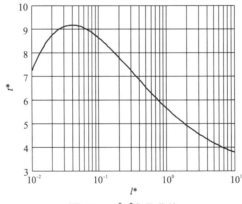

图 7.10 l^*-t^* 变化曲线

极限应力计算流程如图 7.11 所示。

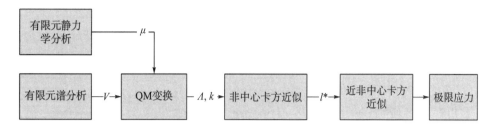

图 7.11　极限应力计算流程(引理 7.3)

例 7.3　某结构受到静力与随机载荷共同作用的结构。在静力学载荷作用下，其上某一节点的应力响应为

$$\boldsymbol{\mu} = \{470.37 \quad 175.40 \quad 121.52 \quad 9.73 \quad -13.08 \quad 39.79\}^{\mathrm{T}} \text{ (MPa)}$$

在随机振动载荷下，该点应力分量响应的协方差矩阵与例 7.1 相同，即

$$V = \begin{bmatrix} 2600.99 & 3030.35 & 1221.86 & 1120.06 & 6.29 & -1000.61 \\ 3030.35 & 7921.02 & 1428.32 & 1356.80 & 8.37 & -1176.10 \\ 1221.86 & 1428.32 & 641.64 & 527.71 & 3.04 & -471.25 \\ 1120.06 & 1356.80 & 527.71 & 554.14 & 3.39 & -441.50 \\ 6.29 & 8.37 & 3.04 & 3.39 & 50.42 & -2.54 \\ -1000.61 & -1176.10 & -471.25 & -41.50 & -2.54 & 600.47 \end{bmatrix} \text{MPa}^2$$

该节点的 von Mises 应力的累积概率函数和概率密度函数如图 7.12 所示。

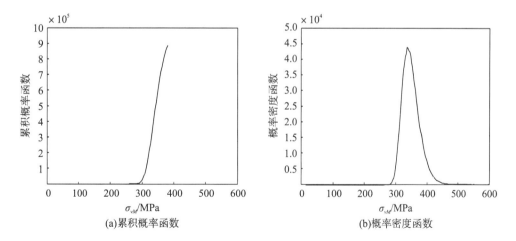

(a)累积概率函数　　　　　　　　　　　(b)概率密度函数

图 7.12　静动复合条件下 von Mises 应力的概率分布

von Mises 应力的概率分布并不是高斯分布，而是左偏，但是当随机振动响应趋向于单轴应力时，其概率分布趋近于正态分布。

例 7.3 中关键应力值对应的累积概率如表 7.2 所示。

表 7.2　例 7.3 中关键应力值对应的累积概率

应力值/MPa	累积概率/%	备注
345.63	54.41	von Mises 应力的均值
333.34	36.04	静应力的 von Mises 应力
619.49	~100	静应力的 von Mises 应力+3×动应力的 von Mises 应力均方根值
444.39	99.73	极限应力

例 7.4　对某结构(参照例 7.2),应用 Ansys 进行随机振动分析,提取出结构上任意选取的 892 个节点的应力分量的协方差矩阵。分别应用 Monte Carlo 模拟、非中心 χ^2 近似和 χ^2 近似,计算 99.73%累积概率下的 von Mises 应力。以 Monte Carlo 模拟的结果作为计算的参考值,Monte Carlo 分析的样本数选为 10^6,在 10^6 样本数下,Monte Carlo 方法本身的计算误差约为 1%,如图 7.13 所示,非中心 χ^2 近似的相对误差如图 7.14 所示。

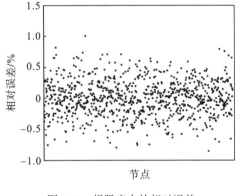

图 7.13　极限应力的相对误差

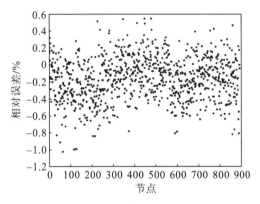

图 7.14　非中心 χ^2 近似的相对误差

从图 7.14 中可见,非中心 χ^2 近似方法最大的相对误差约为 0.6%,与 Monte Carlo 方法自身的误差大约处于同一量级。

χ^2 近似的相对误差如图 7.15 所示,也在 1%以内。由于本章中关注的结构应力评估问题对应的累积概率较高(或截尾概率较小),两种方法均具有较高精度,对于实际工程需求而言已经足够。

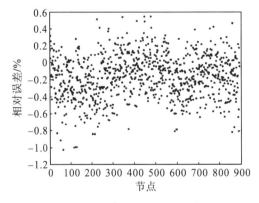

图 7.15　χ^2 近似的相对误差

Monte Carlo 模拟、非中心 χ^2 近似和 χ^2 近似三种方法的计算时间(从有限元软件中提取数据的过程对三种方法是相同的，表中数据未包括在内)如表 7.3 所示。

表 7.3　极限应力计算时间对比

方法	计算时间/ms
Monte Carlo 模拟	252.3
非中心 χ^2 近似	1.6
χ^2 近似	0.1

从表 7.3 中可见非中心 χ^2 近似方法的计算时间较短，对于 100 万个自由度的结构，极限应力的计算仅需 5min(不包括从有限元软件中读取数据的时间)，已可以满足一般的工程需要。进一步观察发现，非中心 χ^2 近似计算 85%的时间消耗在非中心 χ^2 分布求解上，χ^2 近似由于减少了逆非中心 χ^2 计算值中的迭代时间，计算时间基本可以忽略。相比之下，从有限元分析软件中计算、提取各节点应力的协方差矩阵消耗的时间是最多的。

7.2.3　工程近似方法及其考察

由 7.2.2 节可知，在没有静应力即应力分量为 0 的情况下，常用 3σ 法作为强度校核的近似准则，这种方法由于忽略了 von Mises 应力分布的偏尾性，所得结果总是偏于保守，且 3σ 方法计算得到的应力总是 99.73%累积概率下应力值的 1.00~1.65 倍。

为了方便起见，首先在式(7.26)的基础上，将静力—高斯随机下 von Mises 应力的表达形式进行改写，有

$$s_{vM} = \sqrt{\sum \left(m_i + d_i\, \gamma_i \right)^2} \tag{7.36}$$

这种做法将应力转化到了参数空间，该参数空间的各个坐标之间是相互独立的正态分布变量，其均值为 m_i，均方根为 d_i，γ_i 仍然表示相互独立的标准正态分布变量。

在存在静应力的情况下，一种工程简化方法是将静应力的 von Mises 应力与动应力的 von Mises 应力三倍均方根值相加，作为强度校核的依据，即

$$s_{a1} = \mu_{vM} + 3\,\mathrm{var}\left[\sigma_{vM} \right] = \sqrt{\sum m_i^2} + 3\sqrt{\sum d_i^2} \tag{7.37}$$

这种方法仅需要静力和随机振动两种工况下的应力均方根值数据，在通常的有限元分析软件中，均可以直接提取，且计算简单，是目前工程中最常用的方法。

根据基本不等式：

$$\begin{aligned} s_{a1}^2 &= \sum m_i^2 + 9\sum d_i^2 + 6\sqrt{\sum m_i^2 \sum d_i^2} \\ &\geqslant \sum m_i^2 + 9\sum d_i^2 = 6\left| \sum m_i d_i \right| = \sum \left(m_i \pm 3d_i \right)^2 \end{aligned} \tag{7.38}$$

式中，$\sum (m_i \pm 3d_i)^2$ 相当于将参数空间中的每个分量都取其 99.73%累积概率下的临界值，然后再将各个分量复合起来，这假设了每个方向上最危险的应力样本同时出现，显然这种假设是偏于保守的，再考虑到式(7.38)中的不小于号，证明这种工程近似方法偏于保守。

表 7.4 列出了某个节点上各个方向的静应力和动应力均方根值，以及由本章方法和工程近似方法给出的 99.73% 累积概率下的应力，其中工程方法 1 表示式 (7.37) 的计算方法，工程方法 2 表示将每个自由度 99.73% 累积概率下的应力进行复合的方法，即 $\sum (m_i \pm 3d_i)^2$。

表 7.4　某节点应力情况

对比项	x	y	z	xy	xz	yz	vM
静应力	−60.68	−25.28	−23.57	−12.34	−0.71	−1.65	42.22
动应力 (1σ)	56.95	23.73	22.15	12.12	0.64	1.48	40.08
本章方法			—				155.20
工程方法 1			—				162.48
工程方法 2			—				162.47

对比结果表明，工程方法 1 的极限应力最大，工程方法 2 的极限应力次之，两种方法均大于本章方法求出的极限应力，验证了以上结论。

为评估方法的适用性，针对一个简单拉—剪复合工况，研究工程方法 2 和本章方法的计算误差，计算同样以 Monte Carlo 方法为基准。

为保证算例的覆盖面，首先生成一组 $\{\sigma_s, \tau_s, \sigma_d, \tau_d, C\}$ 的随机样本，其中 σ_s、τ_s、σ_d、τ_d、C 分别表示静拉应力、静剪应力、动拉应力的均方根值、动剪应力的均方根值、动应力分量间的相关系数，对每一个样本分别应用工程方法 2、本章方法和 Monte Carlo 方法计算其极限应力，计算结果如图 7.16 和图 7.17 所示。

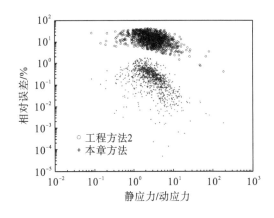

图 7.16　不同静应力/动应力时的相对误差

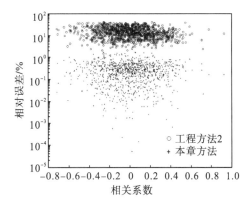

图 7.17　不同相关系数时的相对误差

从图 7.16 中可见，当静等效应力与等效动应力幅值接近时，工程方法 2 和本章方法的误差均较大，随着静应力、动应力幅值差距变大，两种方法的误差限都逐渐变小。本章方法的最大误差约为 1%，具有较高的精度。图 7.17 表明，两种方法的误差限与动应力分量间相关系数的关系不大。

尽管工程方法 2 偏于保守是客观事实，但是由于它相对简单，可以适用于精度要求不十分精确的强度校核。在 Ansys 中，提供了一种工况复合的运算功能，可以求解出静力—随机振动复合条件下的结构等效应力，不必人工编写外部命令逐节点进行循环，节约运算时间。

其典型命令流如下。

```
! 静力学分析
! （静力学分析命令流，此处省略）
/post1
lcdef,1,1,1
lcase,1,                          ! 定义载荷步
lcwrite,1,'static_load_case'      ! 将静力学结果写入文件
finish
! （随机振动分析命令流，此处省略）
/post1
lcfile,1,'static_load_case','l01'
lcase,1,
rappnd,6,,                        ! 读入静力学分析结果，并将其存储为
set.6
finish
save
/post1
lcsum,all
set,6,1
lcdef,7,6                         ! set 7：静力学结果(即 set,6)
set,3,1
lcdef,8,3                         ! set 8：随机振动结果(即 set,3,1)
lcfact,7,1
lcfact,8,3
lcase,7
lcoper,add,8
lcwrite,9                         ! set 9 = [set 7]+3*[set 8]
lcfile,9
lcase,7
lcoper,sub,8                      ! set 7 = [set 7]-3*[set 8]
lcoper,abmx,9
rappnd,10,10                      ! set 10 = max(abs[set 7],
abs[set9])
```

本命令流采用工况复合命令 LCOPER，将静应力和随机振动结果的每个分量进行复合：

$$A_C = \max\left(\left|A_S + 3A_D\right|, \left|A_S - 3A_D\right|\right) \tag{7.39}$$

式中，下标 S、D、C 分别表示静应力、随机振动和静—工复合工况；A 表示位移或应力、应变分量。Ansys 程序自动根据复合后的分量数据，计算得到合位移/等效应力等导出量。

例 7.5　仍以图 4.24 的结构模型为例，模型左端面固支，受到 Z 方向 $100g$ 的过载与 Z 方向基础随机振动的共同作用，基础加速度功率谱密度与图 4.25 相同。

在本算例中，静力学和动力学的最大应力出现在不同的位置，上述命令流可以逐节点叠加，输出结构的复合应力云图，计算结果如图 7.18～图 7.21 所示。

图 7.18　有限元模型

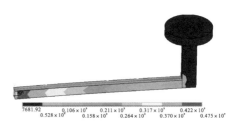

图 7.19　结构静等效应力云图

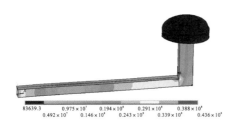

图 7.20　结构动等效应力云图（1 倍均方根值）

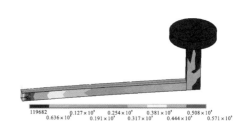

图 7.21　结构复合等效应力云图（工程方法 2）

参 考 文 献

[1] Fackler W C. Equivalence techniques for vibration testing[J]. shock & Vibration Digest, 1972, 12(8): 168.

[2] Luhrs H. Random Vibration Effects on Piece Part Applications[C]. Proceedings of the Institute of Environmental Sciences, Los Angeles, 1982.

[3] Segalman D J, Fulcher C W G, Reese G M, et al. Efficient Method for Calculating RMS von Mises Stress in a Random Vibration Environment[C]. Proceedings of the International Modal Analysis Conference, Bethel, 1998: 117-123.

[4] Quaranta G, Mantegazza P. Randomly Excited Structures Reliability by Means of the von Mises Stress Response[C]. XVI Congresso Nazionale AIDAA, Palermo, 2001.

[5] Tibbits P A. Application of algorithms for percentiles of von Mises stress from combined random vibration and static loadings[J]. Journal of Sound and Vibration, 2011, 133(4): 044502.

[6] 郝雨,冯加权,胡杰. 多轴应力状态下随机振动强度校核的一种近似方法[C]. 第 1 届中国核学会核工程力学分会学术年会, 成都，2018.

[7] 郝雨，冯加权，胡杰. 静力—随机振动复合工况下 von Mises 应力的概率分布及强度评估[J]. 振动与冲击，2020，39(5)：188-192.

[8] Kotz S, Johnson N L, Boyd D W. Series representations of distributions of quadratic forms in normal variables ii. Non-central case [J]. The Annals of Mathematical Statistics, 1967, 38(3): 838-848.

[9] Liu H, Tang Y Q, Zhang H H. A new chi-square approximation to the distribution of non-negative definite quadratic forms in non-central normal variables[J]. Computational Statistics and Data Analysis, 2009(53): 853-856.

[10] Pearson E S. Note on an approximation to the distribution of non-central χ^2[J]. Biometrica, 1959, 46(3/4): 364.

[11] Imhof J P. Computing the distribution of quadratic forms in normal variables[J]. Biometrica, 1961(3/4): 419-426.

[12] Solomon H, Stephens M A. Distribution of a sum of weighted chi-square variables[J]. Journal of American Statistical Association, 1977(72): 881-885.

第8章　结构疲劳分析

8.1　疲劳的基本理论

8.1.1　疲劳的基本概念

疲劳与强度、刚度一起，是结构工程或机械工程使用的三个基本要求。据统计，机械零部件80%以上的破坏为疲劳破坏[1]。由于疲劳是发生在最大峰值应力小于结构按照静强度分析得出的许用应力时发生的一种现象，且在结构到达疲劳寿命时无明显先兆(显著变形)就会突然断裂解体，因此为了保证结构安全，开展结构疲劳研究有着重要的意义[2,3]。

国际标准化组织在1964年发表的报告《金属疲劳试验的一般原理》中对疲劳所做的定义是："金属材料在应力或应变的反复作用下发生的性能变化称为疲劳"，这一描述也普遍适用于非金属材料。

美国试验与材料协会(American Society for Testing and Materials，ASTM)在《疲劳试验及数据统计分析有关术语的标准定义》(ASTM E206—72)中所做的定义："在某点或某些点承受扰动应力，且在足够多的循环扰动作用之后形成型纹或完全断裂的材料中所发生的局部的、永久结构变化的发展过程，称为疲劳"[1]。

疲劳具有以下几个关键特征。

(1)疲劳是材料或结构在交变载荷下发生的现象。交变是指结构的应力或应变必须是时变的，这一时变既可以是规则的，也可以是不规则的，甚至是随机的，但是在恒定载荷作用下不会发生疲劳问题。

(2)疲劳起源于高应力或应变的局部。静载破坏取决于结构整体，但是疲劳破坏则是由应力或应变较高的局部部位开始，形成损伤并逐渐累积的。在结构制造、加工等过程中，不可避免地会存在缺陷，在循环载荷下，结构应力或应变较大的点发生局部的、永久性的损伤递增，经过足够的应力或应变循环后，损伤累积达到一定的程度，引起材料或结构产生宏观裂纹，导致结构或材料性能的改变，或者裂纹在循环载荷的作用下进一步扩展直至断裂。

(3)疲劳是一个损伤累积发展的过程。这一累积包括微裂纹的形成与扩展、宏观裂纹的形成与扩展、材料断裂破坏三个阶段，从结构进入服役过程，开始承受交变载荷这一刻起，这一损伤发展的过程就开始了，直至材料性能发生明显的变化(通常以结构断裂为标志点)，这一发展过程所经历的时间或者交变载荷循环次数，称为疲劳寿命，它是疲劳评价的最重要指标与疲劳研究的目的，最终都是为了得到疲劳寿命。

(4) 疲劳寿命具有很大的分散性。疲劳具有典型的局部性特征,除了会影响结构静强度的因素(如材料、宏观尺寸、应力/应变等),也会影响疲劳寿命,许多对静强度没有影响或影响不大的因素,也会对疲劳寿命产生较大的影响。概括起来可分为三类:①影响局部应力应变的因素,如载荷特征、零件缺口、残余应力等;②影响材料微观结构的特征,如材料种类、热处理状态、机械加工、金相组织等;③影响疲劳损伤源的因素,如表面粗糙度、腐蚀和应力腐蚀等[4]。

8.1.2 S-N 和 ε-N 曲线

疲劳的物理本质是微观裂纹在循环载荷作用下的形成与扩展,涉及材料弹塑性与断裂理论,微观物理机制复杂。尽管近些年来断裂力学、扩展有限元法有了飞速的发展,但是距离结构动力学的工程应用仍然有较大的差距。

疲劳寿命是与循环载荷(通常为应力或应变)有关的一个参数,最简单的循环载荷是恒幅循环载荷,如图 8.1 所示[5]。图中,$\sigma_{\max}$ 表示应力循环中最大代数值的应力;$\sigma_{\min}$ 表示应力循环中最小代数值的应力;σ_m 表示平均应力;σ_a 表示应力幅。

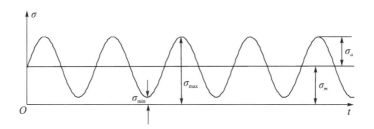

图 8.1 恒幅循环载荷应力示意图

各参数之间满足:

$$\sigma_m = \frac{\sigma_{\max} + \sigma_{\min}}{2}$$

$$\sigma_a = \frac{\sigma_{\max} - \sigma_{\min}}{2} \tag{8.1}$$

注意:在疲劳分析中,并不要求应力的时域曲线是正弦的或是其他的时域曲线,平均应力 σ_m 也不必等于应力代数值在整个时域内的平均值,即 $\frac{1}{T}\int_0^T \sigma \mathrm{d}t$。

在恒幅应力循环中,应力的每一个周期性变化称为一个应力循环,定义循环比

$$r = \frac{\sigma_{\min}}{\sigma_{\max}} \tag{8.2}$$

在 $\sigma_{\max}$、$\sigma_{\min}$、σ_m、σ_a、r 五个参数中,只需要知道任意两个参数,就可以确定剩下的三个参数。如果固定了应力比 r 或平均应力 σ_m,此时循环可以只用 σ_a 一个参数进行描述。可以建立疲劳寿命的循环周次 N 与 σ_a 之间的唯象关系式,称为 S-N 曲线。对于结构

钢等材料，通常的 $S\text{-}N$ 曲线可以分为下降段和水平段两段，其中下降段最常用的函数形式是对数曲线，即

$$\lg N = C - k\lg S \tag{8.3}$$

循环周次达到一定值时，$S\text{-}N$ 曲线呈现出一段水平段，此时对应的应力值称为该材料的疲劳极限。在腐蚀疲劳条件下，对于有色金属 $S\text{-}N$ 曲线不存在水平段，此时通常以 10^7 或 10^8 次循环失效时的应力作为条件疲劳极限，这个 10^7 或 10^8 的失效循环数称为循环基数[5,6]。

$S\text{-}N$ 曲线疲劳极限可在疲劳试验机上进行试验得到，本书中不进行详细介绍。在试验数据缺乏的情况下，郑州机械研究所针对碳素结构钢、合金结构钢和不锈钢，在室温、空气介质条件下，建议取

$$\sigma_{-1} = 0.47\sigma_b \tag{8.4}$$

式中，σ_{-1} 为对称弯曲循环的疲劳极限；σ_b 为材料抗拉强度。

对于应变循环，也可类似地建立循环周次 N 与应变幅 ε_a 之间的关系式，即 $\varepsilon\text{-}N$ 曲线。对于非对称循环，可以采取一定的等效和计数原则，将其转化为恒幅循环下的载荷，这是疲劳分析的基本思路。

8.1.3 疲劳的分类

由于材料性质、载荷形式等的不同，疲劳可以按照不同的原则进行分类，本书介绍几种实践中常采用的分类方法。

(1)按照外部载荷的种类不同[4]，疲劳可以分为：①机械疲劳——只有外加应力或应变波动造成的结构疲劳；②蠕变疲劳——外界循环载荷与高温联合作用引起的疲劳；③热机械疲劳——循环载荷与循环温度共同作用引起的疲劳；④腐蚀疲劳——在化学腐蚀或致脆物质(如氢)环境下循环载荷引起的疲劳；⑤接触疲劳——循环载荷与材料间的滑动、滚动接触共同作用产生的疲劳；⑥微动疲劳——脉动应力与接触表面间来回相对运动或摩擦滑动共同作用产生的疲劳。

本书关注的重点是工程结构动力学，若如无特殊说明，后所指的疲劳均是指结构在单纯循环应力或应变载荷作用下产生的疲劳，即机械疲劳。由于金属在工程结构中应用最为广泛，目前针对金属的疲劳特性研究也相对更多、更成熟。高分子材料中往往存在黏性，在循环载荷作用下往往会存在蠕变疲劳、热疲劳甚至氧化等效应，疲劳机理更加复杂[7,8]。本书中也以金属疲劳作为重点进行叙述。

(2)按照循环周次不同[4]，疲劳可以分为：①高周疲劳——结构和材料的疲劳破坏取决于外载的大小，循环应力水平较低时，材料弹性应变起主导作用，此时疲劳寿命较长；②低周疲劳——当循环应力水平较高时，塑性应变起到主导作用，此时的疲劳寿命较短。

由于高周疲劳时裂纹是在弹性区内扩展的，通常采用应力作为评估指标；低周疲劳时裂纹是在塑性区内扩展的，通常采用应变作为评估指标，因此高周疲劳往往也称为应力疲劳，低周疲劳也称为应变疲劳。高周疲劳与低周疲劳之间一般也可以用循环周次进行区分，循环周次大于 $10^4\sim10^5$ 的为高周疲劳，反之为低周疲劳[5]。

在高周疲劳中，存在一种特殊现象，称为超高周循环[9]。材料高周疲劳裂纹通常是从表面缺陷开始的，在 S-N 曲线的下降段和水平段之外，在许多合金中，随着循环次数进一步增大（$10^7 \sim 10^{10}$），裂纹开始从材料内部开始萌生扩展，形成一个新的下降段（图 8.2），称为超高周疲劳，此时传统的疲劳极限概念不再适用。超高周疲劳对于需要承受的循环次数超过 10^8 的结构，如铁路车轴和轮轨、轴承、发动机零部件等具有重要意义，目前，已经开发出了 20 kHz 的高频疲劳试验机，可用于材料的超高周疲劳性能试验。

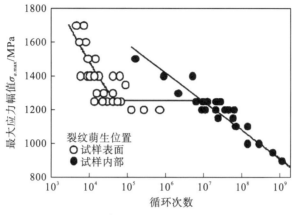

图 8.2　高碳铬轴承钢的 S-N 曲线

（3）按照循环载荷类型的不同，疲劳可以分为循环载荷下的疲劳、随机疲劳和冲击疲劳，这种划分不影响疲劳机理，但会对疲劳的数值计算方法产生一定的影响，在 8.2 节中进行详细说明。

（4）按照材料间或结构件所承受的应力状态不同，结构疲劳可以划分为单轴疲劳和多轴疲劳，其中单轴疲劳又可以分为拉伸疲劳、扭转疲劳、弯曲疲劳等。材料在不同应力状态下的疲劳性能可能有较大差异，CSN41-1523 碳钢试件形状及 S-N 曲线如图 8.3 所示，不同方向下的疲劳曲线和疲劳极限有较大差异，这也意味着在说明材料疲劳性能时，必须明确载荷状态，严格来讲，单纯的"某材料的疲劳性能"是没有意义的。

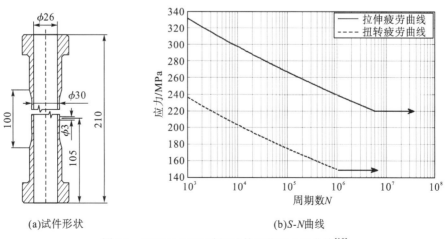

(a)试件形状　　　　　　　　　　(b)S-N曲线

图 8.3　CSN41-1523 碳钢试件形状及 S-N 曲线[10]

注：图 8.3(a)的单位为 mm。

8.2　疲劳的数值分析方法

材料的疲劳寿命是应力循环的函数，即 *S-N* 曲线。对于恒幅应力疲劳，*S-N* 曲线可以通过试验得到，而且就目前的发展而言，只能通过试验得到。疲劳分析的实质就是将复杂的应力循环特征处理为一系列全循环或半循环，与 *S-N* 曲线联系起来。

本节首先以单轴疲劳分析为例，介绍谐响应、瞬态、随机等不同载荷类型下的疲劳寿命分析方法，然后在末尾简要介绍多轴疲劳的原理。

8.2.1　恒幅循环应力下的疲劳

如果结构应力为恒幅循环应力，如简谐响应，容易看出，此时的疲劳寿命分析就是 *S-N* 曲线定义的直接应用，只需直接在 *S-N* 曲线上找到对应应力幅值下的点即可。

对于恒幅循环应力，其应力循环应该用应力幅值和均值(或循环比)参数来描述，但是由于疲劳试验耗时很长，通常材料手册中只会给出少数几种应力比之下的 *S-N* 曲线，对于非对称循环，需将其等效为对称循环下的 *S-N* 曲线，最常用的等效经验公式有以下两种。

古德曼(Goodman)公式：

$$\sigma_{-1} = \frac{\sigma_a}{1 - \sigma_m / \sigma_b} \tag{8.5}$$

Gerber 公式：

$$\sigma_{-1} = \frac{\sigma_a}{1 - \left(\sigma_m / \sigma_b\right)^2} \tag{8.6}$$

式中，σ_b 为材料拉伸强度；σ_{-1} 为等效的对称循环幅值。

值得注意的是，通常所说的静疲劳事实上也是一种恒幅循环疲劳，只是其循环频率相对较低，在分析时可以忽略其动态效应，此时静态分析得到的应力实际上是应力循环的峰值。

8.2.2　非恒幅循环应力下的疲劳

对于已知应力的时域历程，但是非恒幅应力的情况，如结构在多次冲击条件下的疲劳问题，可以采用时域方法，将应力时域历程处理为一系列全循环或半循环，再按照一定的规则将各次循环产生的影响累加起来。

最简单、最常用的累加方法是 Palmgren-Miner 提出的线性损伤累积假设[5]，该假设认为材料在各个应力下的疲劳损伤是相互独立进行的，并且总损伤可以线性地累加。设材料在应力水平 σ_1 下循环 n_1 次，在应力水平 σ_2 下循环 n_2 次，$\cdots$，结构的总损伤可写为

$$D = \frac{n_1}{N_1} + \frac{n_2}{N_2} + \cdots \tag{8.7}$$

式中，N_1 与 N_2 分别为应力 σ_1、σ_2 下的疲劳寿命。Palmgren-Miner 假设进一步指出：当总损伤 $D = 1$ 时，材料发生疲劳破坏。

雨流计数法是最常用的时域历程处理方法。雨流计数法通过将应力—时间历程旋转 90°，把应力循环视作雨流下阶梯形屋顶的过程（图 8.4），进而得到一系列全循环和半循环。

雨流计数法的基本流程如下[11,12]。

（1）提取出应力历程的峰值和谷值，作为序列 A[图 8.5（a）]。

（2）对于连续 4 个峰值和谷值 S_i、S_{i+1}、S_{i+2}、S_{i+3}，如果满足 $|S_{i+2} - S_{i+1}| \leqslant |S_{i+1} - S_i|$，$|S_{i+2} - S_{i+1}| \leqslant |S_{i+3} - S_{i+2}|$，就记录一个循环 (S_{i+1}, S_{i+2})，并将这两个点从序列 A 中去掉，将 S_i 和 S_{i+3} 连起来[图 8.5（b）与（c）]。

（3）如果序列 A 中还有剩余点，将它复制一份与自己连接起来，再按照图 8.5（a）、（b）的过程处理，直到处理后的序列与处理前相同[图 8.5（d）与（e）]。

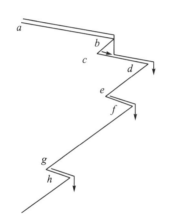

应力循环：$a\text{-}d, b\text{-}c, e\text{-}f, g\text{-}h$

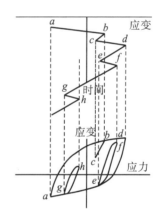

图 8.4　雨流计数法的原理

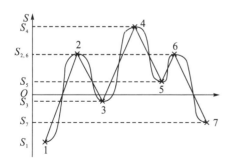

（a）序列 A：1-2-3-4-5-6-7

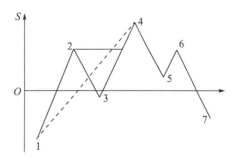

（b）序列 A：1-4-5-6-7，提取循环：2-3

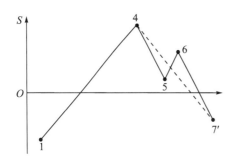

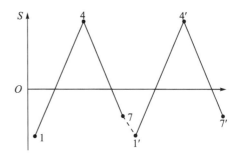

(c)序列A：1-4-7，提取循环：5-6   (d)序列A：1-4-7-1′-4′-7′

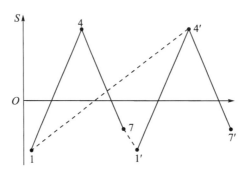

(e)序列A: 1-4′-7′（同1-4-7），提取循环:4-1′

图 8.5　雨流计数法流程图

对于雨流计数法处理得到的每一个循环(2-3、5-6、4-1′)，可按照等幅应力循环计算其损伤，如对于循环 2-3，等效的对称循环应力为

$$\sigma_{-1} = \frac{\sigma_a}{1 - \sigma_m / \sigma_b}, \quad \sigma_a = \frac{|\sigma_2 - \sigma_3|}{2}, \quad \sigma_m = \frac{|\sigma_2 + \sigma_3|}{2} \tag{8.8}$$

该循环下造成的损伤为

$$D = \frac{\sigma_{-1}^k}{10^C} \tag{8.9}$$

式中，C、k 是式(8.3)中的材料参数。

根据 Palmgren-Miner 准则，系统的疲劳寿命为

$$N = \frac{1}{\sum D_i} \tag{8.10}$$

式中，N 为疲劳寿命，用所考察的载荷历程出现次数(如冲击次数、开关机次数等)描述；D_i 为每一个循环所产生的损伤。

8.2.3　随机疲劳

随机振动的时域历程是一个随机过程，通常用功率谱密度等频域统计量进行描述。随机振动条件下的疲劳寿命分析方法大体可以分为频域分析法和时域分析法。

1. 频域分析法

频域分析法的原理是假设应力循环幅值服从一定的经验概率分布,根据所采取的经验概率分布形式不同,形成了许多频域分析方法,目前工程上应用较多且易于分析的是三区间法[12],此外还包括窄带方法、Dirlik 方法等。

三区间法基于高斯分布,它假设: 68.3%时间的应力值位于 $-1\sigma \sim 1\sigma$ (σ 为均方根值),95.4%时间的应力值位于 $-2\sigma \sim 2\sigma$,99.73%时间的应力值位于 $-3\sigma \sim 3\sigma$,在进行疲劳计算时,它进行了进一步的简化,将绝对值小于 1σ 的应力均按照 1σ 处理,将绝对值大于 1σ 且小于 2σ 的应力均按照 2σ 处理,将绝对值大于 2σ 且小于 3σ 的应力均按照 3σ 处理,绝对值大于 3σ 的应力出现概率仅为 0.27%,故不予考虑。

由此,单位时间的结构损伤为

$$\overline{D} = \overline{f}\left(\frac{0.683}{N_{1\sigma}} + \frac{0.271}{N_{2\sigma}} + \frac{0.0433}{N_{3\sigma}} \right) \tag{8.11}$$

式中,$N_{1\sigma}$、$N_{2\sigma}$、$N_{3\sigma}$ 分别为 S-N 曲线上 1σ、2σ、3σ 应力对应的疲劳寿命;$\overline{f}$ 为统计平均频率,按式(8.12)计算。

$$\overline{f} = \frac{1}{2\pi}\left(\frac{a_r}{d_r} \right)^{0.5} \tag{8.12}$$

式中,a_r 为一倍加速度均方根值;d_r 为一倍位移均方根值。

由此,疲劳寿命 T(以时间描述)为

$$T = \frac{1}{\overline{D}} \tag{8.13}$$

式中,D 为单位时间的结构损伤。

2. 时域分析法

在随机振动中,应力的时域历程是一个随机过程,为了使用雨流计数法,需要首先生成随机振动的一个时域样本[13]。

功率谱密度 $G_x(f)$ 与幅值谱 $X(f)$ 的变换之间满足:

$$G_x(f) = \frac{2}{\Delta f}\left| X(f) \right|^2 \tag{8.14}$$

式中,Δf 为频率分辨率。

在功率谱密度中,没有包含时域信号傅里叶变换的相位信息,事实上,式(8.14)中 $X(f)$ 的相位是随机的,即

$$X(f) = \left| X(f) \right| \mathrm{e}^{\mathrm{i}\varphi} \tag{8.15}$$

式中,φ 是 $[0, 2\pi)$ 均匀分布的随机相位。

进而,由傅里叶逆变换得

$$x(n\Delta t) = \int_{-\infty}^{+\infty} X(f)\mathrm{e}^{\mathrm{i}(2\pi f n\Delta t + \varphi)}\mathrm{d}f = 2\sum_{k=1}^{r-1} X(f_k)\Delta f_k \sin\left(2\pi f_k n\Delta t + \varphi_k \right) \tag{8.16}$$

式中,f_k 为傅里叶逆变换后的第 k 个谐波信号的频率;φ_k 为其对应的相位。

由此，就得到了随机振动的一个时域样本。通过改变随机相位 φ_k 的值，可得到随机相位的不同样本。按照雨流计数法，可以求出每一个样本的疲劳寿命，对不同时域样本下的寿命取平均值，即可得到随机振动的疲劳寿命，随机振动疲劳寿命分析的时域法流程图如图 8.6 所示。

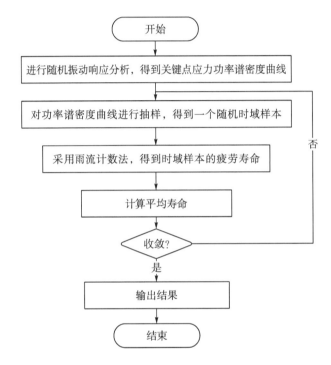

图 8.6　随机振动疲劳寿命分析的时域法流程图

例 8.1　对如图 8.7 所示的缺陷梁有限元模型，左侧固支并施加如图 8.8 所示的基础加速度激励，加速度激励方向与缺口方向平行（X 方向）。

进行有限元计算，得到结构的应力响应云图如图 8.9 所示，选取最大应力处的特征点，在 Ansys 中，可以直接提取该点的最大应力处的应力响应功率谱密度（power spectral density，PSD）曲线，如图 8.10 所示。

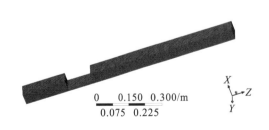

图 8.7　缺陷梁有限元模型

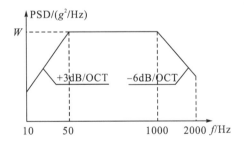

图 8.8　随机振动加速度功率谱曲线

对其进行时域抽样，其一个时域样本如图 8.11 所示，反求时域样本的功率谱密度，与图 8.10 的曲线进行比较，如图 8.12 所示。

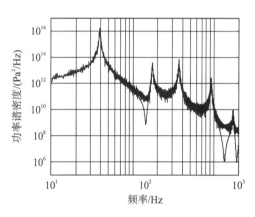

图 8.9　缺陷梁结构的应力响应云图(一倍均方根值)　　图 8.10　最大应力处的应力响应 PSD 曲线

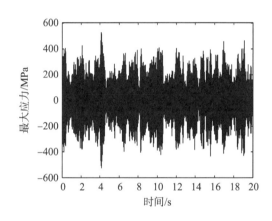

图 8.11　最大应力处应力响应的一个时域样本　　图 8.12　应力响应时域样本的功率谱密度

从图 8.12 中可以看出，抽样的 PSD 曲线与原始 PSD 曲线基本吻合，拟合得到材料的 S-N 曲线为

$$\lg N = 40.87530 - 12.70861 \lg S \tag{8.17}$$

计算得到疲劳寿命为 6590h。

8.2.4　多轴疲劳分析

多轴疲劳是指结构应力状态是多轴的，特指各个应力分量的响应不成比例时的情况。对于工程中的实际问题，多轴疲劳才是最普遍的情况，然而目前尚没有一种公认的通用的多轴疲劳问题分析方法。常用的分析方法主要分为以下三种[14]。

(1)等效应力法：等效应力法采用某一种当量应力，将其当作单轴应力来处理，常用的当量应力包括 von Mises 应力、最大主应力和最大剪应力等。这种方法操作简单，可以充分地利用单轴疲劳试验数据,且具有一定的精度,是目前工程实践中最通常使用的方法,nCode 等商业分析软件均采用这种方法。但是,这种方法不能反映多轴疲劳断裂的方向和机理,对于静水压力等非比例载荷不能给出较好的结果。

(2)临界平面法:临界平面法假设振动疲劳损伤在特定方向上发生,这种方法要求事先确定临界平面的方向,并利用这一平面上的正应力或剪应力分量作为决定疲劳的指标。这种方法能够明确疲劳发生的方向,较好地揭示了疲劳发生的机理,但是迄今为止,这种方法都是针对特定的材料或加载工况提出的经验公式,缺乏一种通用公式。

(3)塑性应变能法:塑性应变能法认为导致结构发生疲劳失效的主要原因是塑性功 $\boldsymbol{\sigma}\cdot\boldsymbol{\varepsilon}^{p}$ 的累积,从而导致结构产生不可逆的损伤,当塑性功积累达到其临界值时结构就会发生疲劳失效。与等效应力法类似,这种方法同样无法反映疲劳裂纹的方向和静水应力的影响,同时,材料本构方程和疲劳参数的缺乏也限制了这种方法的实际应用。

与单轴疲劳类似,多轴疲劳分析方法同样分为频域法和时域法,对于频域法,只需求解出 von Mises 应力或其他当量应力的功率谱密度,即可参照与单轴疲劳分析同样的过程,计算多轴疲劳寿命,这是 nCode 等商业软件中实际采用的方法。

对于时域计算方法,需要首先将多轴应力的时域历程(一般情况下,是应力 6 个分量的时变函数)进行某种方式的组合,得到一个一维的时变函数,再采用雨流计数法进行分析,nCode 软件提供的几种主要分量组合方法如下[11]。

(1)最大绝对值主应力():Abs Max Principle 即绝对值最大的主应力。

$$S_{\mathrm{AMP}} = \begin{cases} \sigma_1, & |\sigma_1| > |\sigma_3| \\ \sigma_3, & |\sigma_1| \leqslant |\sigma_3| \end{cases} \tag{8.18}$$

(2)有符号 von Mises 应力(Signed Von Mises):von Mises 应力按照定义是无符号的,不能反映多轴条件下的方向。为使 von Mises 应力能够正确地反映应力循环,就要给它人为地增加一个符号,nCode 软件提供的方式是通过最大绝对值主应力的方向来确定 von Mises 应力的方向的,即

$$S_{\mathrm{SVM}} = \frac{\sigma_{\mathrm{AMP}}}{|\sigma_{\mathrm{AMP}}|}\sqrt{\frac{(\sigma_1-\sigma_2)^2+(\sigma_2-\sigma_3)^2+(\sigma_3-\sigma_1)^2}{2}} \tag{8.19}$$

这种加符号方法并不是唯一的,中国工程物理研究院自主研发的大规模并行有限元程序 PANDA 中,参照文献[15]的结论,采用了一种通过频谱域加符号的方法,即先通过傅里叶变换将时域信号先转换为频域信号,求解等效应力的功率谱密度之后再通过傅里叶逆变换回时域。对于根据随机谱分析的结果进行疲劳寿命计算的情况,则无须第一步,而是直接根据频域分析得到的等效应力功率谱密度进行时域抽样。

(3)临界平面(Critical Plane)法:临界平面法仅针对结构二维表面有效,它通过对多个平面(如每 10° 选择一个平面)上的正应力分量进行雨流计数法计算,从中挑选出损伤最大的平面,作为临界平面,进而进行疲劳寿命计算。

8.3　疲劳设计的新进展

8.3.1　疲劳设计方法的选择

疲劳设计是指在设计中考虑疲劳破坏，使装备满足耐久性的一种设计方法。疲劳设计的基本流程如图 8.13 所示。

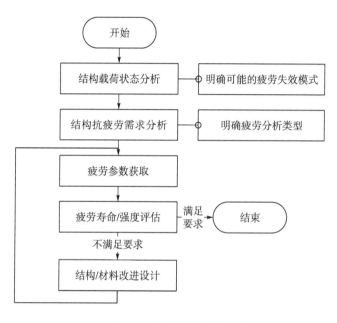

图 8.13　疲劳设计的基本流程

由于疲劳是一个概念相对宽泛的学科，在进行疲劳设计时，最首要的步骤是确定疲劳设计及相关的疲劳寿命分析、疲劳试验的类型和方法，主要内容包括以下几方面。

(1)明确引起疲劳的主要工况。产品在整个生命周期中，可能经历各种不同类型的环境剖面，如飞行、运输、地震、储存、撞击、火烧、开关机等，首要的工作是确定其中哪一种或哪几种环境剖面是可能引起疲劳的关键剖面，以免浪费无谓的时间和资金。通常来讲，需要进行疲劳寿命分析的环境剖面应该同时具备以下两个特征：①存在多次反复的循环载荷。如果载荷是非循环的恒定载荷，或者载荷虽然有循环，但循环次数很少(如单次冲击)，则不必进行疲劳设计；②循环载荷的幅值不应过小。尤其是在既有恒定载荷又有循环载荷的情况下，若循环载荷的幅值很小甚至可以忽略，即使恒定载荷较大，也不必进行疲劳设计。

(2)明确主要工况下的危险部位和载荷状态。包括以下几种：①载荷物理类型是热载荷、机械载荷、化学腐蚀，还是以上各种载荷类型共同存在？②载荷时域特征是等幅循环、反复冲击，还是随机振动？③载荷方向特征：危险部位是棒还是板、是圆筒还是焊点，载荷是拉伸、扭转、弯曲，还是多轴的？

(3) 明确疲劳分析的需求。根据疲劳设计的关键载荷工况，确定疲劳分析需求的类型。①如果结构没有循环载荷或者循环载荷很小，或者在预期的寿命期内循环次数很少，以至于疲劳不是主要的结构失效模式，就不必进行疲劳设计，按照常规静动力设计考虑；②如果在服役期内，需求的循环次数高于 $10^7 \sim 10^8$，就需要按照无限疲劳寿命进行设计，设计中仅需考虑结构应力/应变循环的最大值和最小值，按照疲劳强度进行分析；③如果服役期内需求的循环次数低于 $10^7 \sim 10^8$，同时又不至于没有疲劳问题，就需要按照有限疲劳寿命进行设计，设计中除了必须关注应力/应变循环的最大值和最小值，还需要考虑应力/应变的时间历程(或频谱信息)，这是最常规的疲劳设计方法；④如果结构允许在有裂纹状态下继续运行，就需要采用损伤容限设计，通过裂纹扩展进行疲劳寿命分析。

8.3.2 损伤容限设计

前面已经提到，在疲劳过程中，裂纹包括微裂纹的形成与扩展、宏观裂纹的形成与扩展、材料断裂破坏三个阶段，传统的疲劳分析中仅考虑第一阶段，即认为宏观裂纹一旦形成，就不可再使用。但是实际结构中，如石油设备、锅炉等压力容器，宏观裂纹往往普遍存在，且仍然允许继续使用。此时，传统的有限疲劳设计和无限疲劳设计就不再适用。自20世纪疲劳与断裂力学融合之后，产生了新的疲劳设计方法，即损伤容限设计[16]。

损伤容限设计的主要流程是首先确定结构当前的裂纹状态和破坏的临界裂纹状态，然后计算循环载荷下结构裂纹的扩展速率，进而预测结构剩余寿命。

裂纹的扩展速率可以根据帕里斯(Paris)公式进行计算，即

$$\frac{\mathrm{d}a}{\mathrm{d}N} = C\left(\Delta K\right)^m \tag{8.20}$$

式中，ΔK 为应力强度因子 K 的范围；$\mathrm{d}a/\mathrm{d}N$ 为单次循环下裂纹长度的增加量。

在考虑平均应力的影响时，Forman 提出了如下修正公式[17]：

$$\frac{\mathrm{d}a}{\mathrm{d}N} = \frac{C\left(\Delta K\right)^m}{\left(1-R\right)K_e - \Delta K} \tag{8.21}$$

式中，K_e 为断裂韧度；R 为应力比。

应力强度因子 K 可分为 Ⅰ 型(张开型)、Ⅱ 型(滑开型)、Ⅲ 型(撕开型)，其中使用最多的是 Ⅰ 型。

$$K_{\mathrm{I}} = \sigma\sqrt{\pi a} \tag{8.22}$$

式中，σ 为外加的均匀拉伸应力；a 为裂纹长度的一半。

在裂纹扩展过程中，如果有间距较近的多条裂纹，裂纹之间可能发生融合，形成一条较长的裂纹，在分析时应注意考虑裂纹融合的情况。

8.3.3 疲劳可靠性设计

通常来讲，由于材料本身的分散性，在相同应力水平的条件下，不同材料试样的疲劳寿命并不相同，而是服从一定的概率分布(图 8.14[17])。目前常用的概率分布类型有对数正态分布、双参数威布尔(Weibull)分布、三参数 Weibull 分布等[18]。

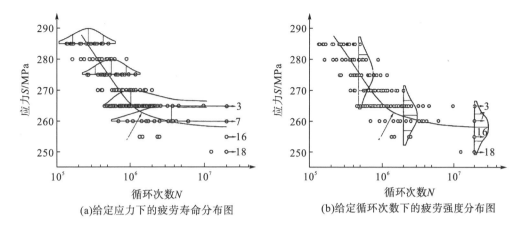

(a)给定应力下的疲劳寿命分布图　　　　(b)给定循环次数下的疲劳强度分布图

图 8.14　疲劳寿命概率分布示意图

(1)对数正态分布:

$$f(N) = \frac{1}{2\pi\sigma} \exp\left[-\frac{(\lg N - \mu)^2}{2\sigma^2}\right] \tag{8.23}$$

(2)双参数 Weibull 分布:

$$F(N) = 1 - \exp\left[-\left(\frac{N}{\eta}\right)^\beta\right] \tag{8.24}$$

(3)三参数 Weibull 分布:

$$F(N) = 1 - \exp\left[-\left(\frac{N-\gamma}{\eta}\right)^\beta\right] \tag{8.25}$$

式(8.23)~式(8.25)中,$F(N)$ 为累计概率分布函数;μ 为均值;σ 为标准差;β 为曲线形状参数,取值决定曲线的基本形状;η 为尺度参数,取值决定曲线尺寸比例的大小;γ 为位置参数。

若考虑疲劳寿命的分散特性,通过平均统计得到的 S-N 曲线就不能保证设计安全性,应当以 p-S-N 曲线代替 S-N 曲线来进行设计。

参 考 文 献

[1] 肖守讷. 高速列车关键部件频域疲劳可靠性理论研究[J]. 前沿动态,2009(1):20-24.

[2] 伍颖. 断裂与疲劳[M]. 武汉:中国地质大学出版社,2008.

[3] 熊俊江. 疲劳断裂可靠性工程学[M]. 北京:国防工业出版社,2008.

[4] 姚卫星. 结构疲劳寿命分析[M]. 北京:国防工业出版社,2003.

[5] 闻邦春. 机械设计手册[M]. 6 版. 北京:机械工业出版社,2017.

[6] 赵少汴,王忠保. 抗疲劳设计:方法与数据[M]. 北京:机械工业出版社,1997.

[7] 赵薇娜，陈利民，苏燕，等. 一种塑料拉伸疲劳寿命的测试方法[J]. 塑料工业，2007，35(7)：47-50.

[8] 欧阳素芳，王丽静. 橡胶疲劳失效行为的研究进展[J]. 橡胶科技，2015(3)：5-10.

[9] 鲁连涛，张卫华. 金属材料超高周疲劳研究综述[J]. 机械强度，2005(3)：388-394.

[10] Nieslony A, Ruzicka M, Papuga J, et al. Fatigue life prediction for broad-band multiaxial loading with various PSD curve shapes[J]. International Journal of Fatigue, 2012(44): 74-78.

[11] Amzallag C, Gerey J P, Robert J L, et al. Standardization of the rainflow counting method for fatigue analysis[J]. Fatigue, 1994, 16(6): 287-293.

[12] 修瑞仙，肖守讷，阳光武，等. 基于 PSD 方法的点焊轨道客车车体随机振动疲劳寿命分析[J]. 机械，2013，40(8)：27-31.

[13] 王明珠，姚卫星，孙伟. 结构随机振动疲劳寿命估算的样本法[J]. 中国机械工程，2008，19(8)：972-975.

[14] 贺光宗. 多轴向与单轴向振动环境下结构振动疲劳失效对比研究[D]. 南京：南京航空航天大学，2016.

[15] 白春玉，齐丕骞，牟让科. 基于经典 von Mises 应力的多轴等效应力修正方法研究[J]. 振动与冲击，2015，34(23)：166-170.

[16] GB/T 19624—2004. 在用含缺陷压力容器安全评定[S].

[17] GB/T 24176—2009. 金属材料 疲劳试验 数据统计方案与分析方法[S].

[18] 杨维平，李纶，徐人平，等. 钢板弹簧疲劳寿命概率分布分析[J]. 广西机械，2002(1)：16-18.

第9章 部组件动力学环境试验设计及数值模拟

环境试验的目的主要是用来检验设计方案,它对暴露产品中隐藏的缺陷,保证和提高产品的质量与可靠性起着重要的作用,世界上各发达国家都高度重视设备研制过程中的环境试验,并投入了大量的人力和物力,使得其成为产品从设计到最终定型的一个重要环节。

目前的动力学环境试验方式大体上分为两类:整体级试验和部组件级试验。

整体级试验:将整体结构作为试验对象,这种做法对考察部组件来说比较直观。但整体级试验需要完整的整体结构,试验产品齐套周期长,操作复杂,人力、物力、财力耗费大,同时在加载方面,对振动台等激振设备的能力要求较高,有时受整体结构构型(如细长杆件)和重量的影响,甚至单个振动台无法完成。

部组件级试验:仅针对所需要考察的局部结构单独进行环境试验,因此能克服整体级试验的许多不足,在环境试验中也得到了大量应用。但部组件级试验中的关键在于其与整体级试验或实际运行工况下的等效性,即如何使得部组件在单独进行试验时的响应特性与其在整体级或实际运行工况下的等效性。

可见,等效性是环境试验的关键。严格来讲,结构的响应最原始的形式是时域信号,但即使是在相同的振动工况下,所测量得到的时域信号差异性也会很大,难以确定等效的具有代表性的参考样本,而从频域角度来看,尤其是平稳随机振动,其概率分布特性,如功率谱密度函数、均方根值等则较为稳定,可以作为等效的参数。因此本章所讨论的等效性是从频域上进行分析的,是具有统计意义的响应等效。

9.1 部组件级试验方法

部组件动力学等效整体级试验的关键在于使得部组件单独试验时,其动力学响应与整体级试验中等效,而结构的动力学响应主要由结构的边界条件及所受到的激励共同决定,因此一种方法是如果能够在部组件级动力学环境试验中,为部组件构造与其在整体结构中一致的边界条件和加载条件,以达到部组件级试验与整体级试验等效的目的,可称为载荷等效,这是一种直观的处理方式。

另一种方法是只针对部组件局部位置的响应,即只要部组件级试验关注位置的响应与其在整体级试验中一致即可,非关注区域的响应不在考察范围内,此时,部组件级试验的边界和加载条件均可与整体级试验不一致,只需要其组合效应达到部组件关注位置的响应与整体级中等效即可,该方法可称为响应等效。

由上述分析来看,载荷等效与响应等效方式的差异对比如表 9.1 所示。

表 9.1　载荷等效与响应等效方式的差异对比

对比项	载荷等效	响应等效
等效范围	部组件整体	部组件关注部位
边界及载荷	边界与载荷都与整体级结构中接近	边界与载荷与整体级结构中均不同
控制点位置	位于部组件连接界面	位于部组件上关注部位

9.2　部组件载荷等效分析

9.2.1　载荷等效方法理论分析

以最常用的振动台加载为例,以部组件与夹具连接界面为响应控制,其原理为将整体级结构中该连接界面上的响应作为部组件级试验的基础载荷输入,以下对该思路进行理论分析。

整体级试验与部组件级试验系统示意图如图 9.1 所示,为便于分析,采用集中质量矩阵,忽略阻尼的影响,按照部组件、部组件与其他部位连接界面、其他结构及整体结构边界分类的方式将结构动力学方程矩阵进行分块,质量矩阵和刚度矩阵分块后的子矩阵下标分别标记为 1~4,在基础激励作用下,整体级试验结构的动力学方程如式(9.1)所示。

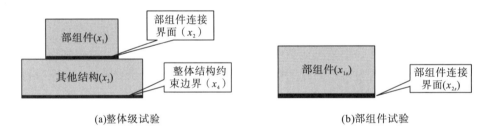

(a)整体级试验　　　　　　　　　　　　　　(b)部组件试验

图 9.1　整体级试验与部组件级试验系统示意图

$$\begin{bmatrix} M_{11} & & & \\ & M_{22} & & \\ & & M_{33} & \\ & & & M_{44} \end{bmatrix}\begin{bmatrix} \ddot{X}_1 \\ \ddot{X}_2 \\ \ddot{X}_3 \\ \ddot{X}_4 \end{bmatrix} + \begin{bmatrix} K_{11} & K_{12} & & \\ K_{21} & K_{22} & K_{23} & \\ & K_{32} & K_{33} & K_{34} \\ & & K_{43} & K_{44} \end{bmatrix}\begin{bmatrix} X_1 \\ X_2 \\ X_3 \\ X_4 \end{bmatrix} = \begin{bmatrix} 0 \\ 0 \\ 0 \\ F_4 \end{bmatrix} \tag{9.1}$$

式中,F_4 为基础节点上受到的力载荷。

在部组件级试验中,记非约束节点响应为 X_{1s},基础激励为 X_{2s},结构的动力学方程如式(9.2)所示。

$$\begin{bmatrix} M_{11} & \\ & M_{22} \end{bmatrix}\begin{bmatrix} \ddot{X}_{1s} \\ \ddot{X}_{2s} \end{bmatrix} + \begin{bmatrix} K_{11} & K_{21} \\ K_{12} & K_{22} \end{bmatrix}\begin{bmatrix} X_{1s} \\ X_{2s} \end{bmatrix} = \begin{bmatrix} 0 \\ F_{2s} \end{bmatrix} \tag{9.2}$$

式中,F_{2s} 为基础节点受到的力载荷。

将式(9.1)和式(9.2)中的第一式展开，得

$$\begin{cases} M_{11}\ddot{X}_1 + K_{11}X_1 = -K_{12}X_2 \\ M_{11}\ddot{X}_{1s} + K_{11}X_{1s} = -K_{12}X_{2s} \end{cases} \tag{9.3}$$

从式(9.3)可以看出，当 $X_2=X_{2s}$ 时，有 $X_1=X_{1s}$，说明在部组件级试验中，若能够在部组件基础约束上准确输入部组件在整体结构连接界面上的响应，就能够使得考察的对象在部组件级试验和整体级试验中一致，达到部组件级试验替代整体级试验的目的。

需要说明的是，由于整体结构中部组件连接界面上的响应非常复杂，体现为三维的时间和空间差异性分布，且彼此之间存在相关性(主要体现为幅值差异和相位差异)，而目前受试验设备加载控制能力的限制，这种载荷几乎难以准确施加。以应用最多的单台振动台激励系统为例，试验中只能对某一个方向的响应进行控制，其他两个方向的自由度不受控制，而且只能是对单个位置进行控制。目前环境试验中常采用的多点平均控制方式是对多个控制点的平均响应进行控制，各个控制点与整体级中响应的差异往往非常大，因此实质上也属于单点控制，只不过是对某个虚拟的单点进行控制，与实际情况差异明显。

9.2.2　载荷等效方法数值模拟验证

图 9.2(a)为两个部组件通过隔振器与安装板进行连接，每个部组件下有四个隔振器，均为实体单元建模，边界条件为安装板边缘的八个支撑耳片固支约束，如图 9.2(b)所示，部组件 1 为关注的部组件级试验对象。

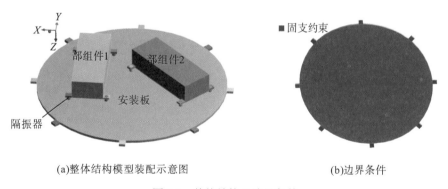

(a)整体结构模型装配示意图　　　　　　　　(b)边界条件

图 9.2　整体结构及边界条件

如图 9.3(a)所示，部组件 1 在整体结构中与隔振器通过四个圆形连接界面区域，标记为 A、B、C、D，这四个圆形连接界面区域在整体结构中的响应具有强相关性，因此在算例仿真中，考虑谐响应能够方便地体现这种相关性，因此采用谐响应分析进行仿真演示。

另外，在有限元分析中，载荷最终都是施加在节点上的，即使在同一个区域面内，在网格划分时也具有多个节点，如图 9.3(b)所示，各个节点响应之间在各个方向上均存在相关性，严格意义上说，需要在各个节点的三个方向上均施加激励，这使得加载过程十分烦琐。因此，为简化验证过程，本算例在数值分析中，在各个连接界面上进行多个方向上的自由度耦合，即将每个界面区域上所有节点的 X、Y、Z 方向的运动设置为一致。

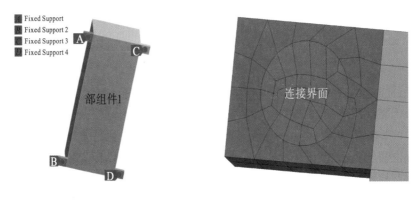

(a)部组件1在整体结构中的连接界面   (b)连接界面上的网格

图 9.3　部组件 1 的连接界面

本算例分析流程如下所示。

步骤 1：针对整体结构模型，搭建基于模态叠加法的谐响应分析流程，划分网格并设置图 9.2(b)中的固支约束边界条件。

步骤 2：在模态分析中，设置部组件在整体结构连接界面上的自由度耦合，如图 9.4所示，在每个圆形连接界面区域上设置三个方向的耦合，最终生成 24 个耦合设置，如图 9.5 所示。

(a)插入耦合设置   (b)设置界面上的耦合自由度

图 9.4　耦合设置

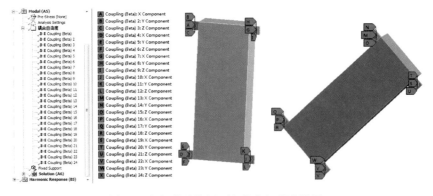

图 9.5　部组件连接界面上的全部耦合设置

步骤 3：模态分析选项设置，如图 9.6 所示，模态阶数所包含的固有频率应不低于所分析频率范围的 1.5 倍，以减少模态截断造成的误差，在输出选项中，将应力、应变、节点力等选项均关闭，提高计算效率。

步骤 4：谐响应分析选项设置，如图 9.7 所示，载荷范围为 1～1000Hz，模态阻尼比为 0.02，频率间隔为 1Hz。

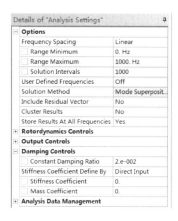

图 9.6　模态分析选项设置　　　　　　　图 9.7　谐响应分析选项设置

步骤 5：施加谐波载荷，本算例中施加的频率范围为 1～1000Hz 的平直谱，为基础加速度激励，幅值为 1m/s^2，设置如图 9.8 所示。

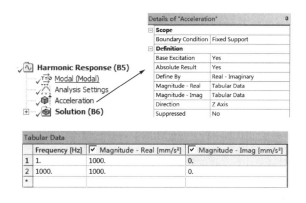

图 9.8　谐波激励设置

步骤 6：提取部组件 1 连接界面上的响应，如图 9.9 所示，由于每个圆形连接界面区域内进行了自由度耦合，所以每个界面上所有节点的 X、Y、Z 方向上的响应均一致，因此可以获得 12 条频响数据，既可以是实部和虚部组合的复数形式，也可以是幅值和相位的组合形式，如图 9.10 所示。部组件 1 界面上 X、Y、Z 方向的加速度频响曲线如图 9.11～图 9.13 所示。

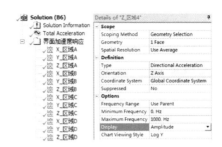

图 9.9　插入加速度频响结果　　　　　图 9.10　部组件 1 界面上的加速度响应

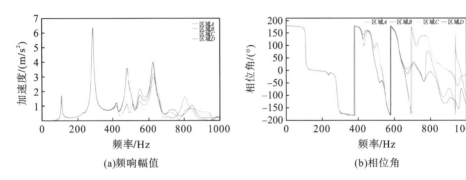

(a)频响幅值　　　　　　　　　　(b)相位角

图 9.11　部组件 1 界面上 X 方向的频响幅值和相位角

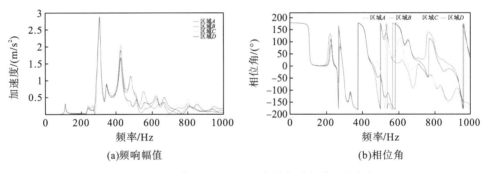

(a)频响幅值　　　　　　　　　　(b)相位角

图 9.12　部组件 1 界面上 Y 方向的频响幅值和相位角

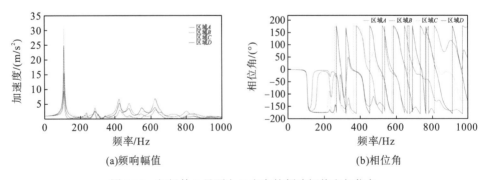

(a)频响幅值　　　　　　　　　　(b)相位角

图 9.13　部组件 1 界面上 Z 方向的频响幅值和相位角

步骤 7：建立部组件 1 的分析模型。为便于将后续部组件级的分析结果与整体级结果进行对比，将整体级模型复制，如图 9.14 所示，并搭建谐响应分析流程，如图 9.15 所示，在模型中将部组件 1 之外的所有部件抑制，得到部组件 1 的分析模型，如图 9.16 所示，这样保证了部组件级的网格模型与其在整体级模型中的一致性。

图 9.14　复制整体级模型　　　　　　图 9.15　搭建部组件 1 的谐响应分析流程

图 9.16　抑制部组件 1 之外的结构　　　图 9.17　分别设置部组件 1 的固支边界

步骤 8：设置部组件 1 模型的边界条件。将原整体级模型中的耦合自由度设置及边界约束删除，将部组件 1 与整体连接界面上的四个圆形区域（A、B、C、D）分别独立设置固支约束条件，如图 9.17 所示，标识为 Fixed Support、Fixed Support 2、Fixed Support 3、Fixed Support 4，这样是为了后续载荷设置中在不同位置施加不同的谐波激励。同时，部组件 1 模型模态分析和谐响应分析的参数设置均与整体级中一致，包括模态阶数、分析频率范围及频率分辨率、模态阻尼比等，此处不一一赘述。

步骤 9：将图 9.11～图 9.13 中得到的 A、B、C、D 四个区域上的加速度频响曲线分别作为图 9.17 中对应的基础加速度载荷一一输入，如图 9.18 所示，即实现了将部组件 1 在整体结构连接界面上的响应作为部组件 1 单独分析时的基础载荷，并求解响应。

(a)各区域基础载荷设置　　　　　　　　　(a)各区域基础载荷

图 9.18　施加部组件 1 各区域不同的基础谐波载荷

步骤 10：比较分析结果。将部组件 1 在整体级分析和部件级分析中的响应云图进行对比，对比方式为 Maximum Over Frequency，如图 9.19 所示。

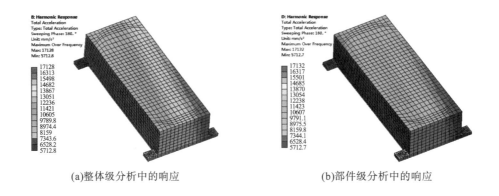

(a)整体级分析中的响应   (b)部件级分析中的响应

图 9.19 部组件 1 在整体级与部件级分析中的谐响应云图

进一步地，选择部件 1 上关注的某一点作为考察对象，将该点在整体级和部件级分析中的频响曲线进行对比，如图 9.20～图 9.22 所示。

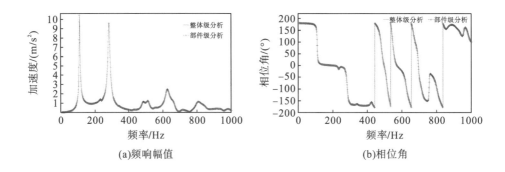

(a)频响幅值   (b)相位角

图 9.20 关注点在整体级和部件级分析中 X 方向频响曲线对比

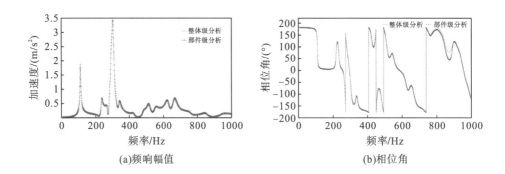

(a)频响幅值   (b)相位角

图 9.21 关注点在整体级和部件级分析中 Y 方向频响曲线对比

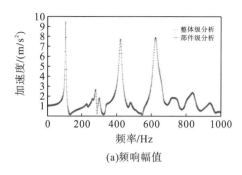
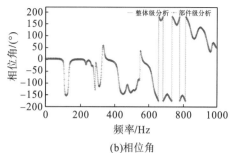

图 9.22　关注点在整体级和部件级分析中 Z 方向频响曲线对比

从对比结果来看，部组件 1 在整体级和部件级分析中的响应非常吻合，这表明了载荷等效试验方式的合理性，但由于连接界面响应的复杂性，受试验能力的限制难以准确模拟图 9.11～图 9.13 中时空分布差异性的复杂载荷。

9.3　部组件响应等效分析

实际情况中，往往只关注部组件中某些关键位置的响应，并不要求整个部组件所有位置都与整体级试验中等效，也发展了基于结构局部响应等效的试验设计方法，即通过边界和加载的合理设计，不要求部组件全局响应分布都与其在整体级试验中一致，只要求在某种边界和加载方式的综合作用下，所关注的局部响应与整体级中一致即可，试验中响应的控制点可以布置于部组件上所关注的局部区域。

基于响应等效的试验方法大体可以分为单点响应等效和多点响应等效两种方式。单点响应等效只要求部组件上一个位置点的响应与整体级等效，而多点响应等效则要求多个位置点的响应与整体级等效。显然，多点响应等效的方式更接近于整体级试验，但在控制上复杂程度要高得多，一般需要多个加载设备协调配合才能完成。

9.3.1　单点响应等效理论分析

由于谐响应分析是随机响应分析的基础，不妨从谐响应分析入手，在谐波形式的基础加速度激励 $\ddot{X}_0$（一致基础载荷）下，结构上某关注点的加速度响应 $\ddot{X}_c$ 可以表示为

$$\ddot{X}_c = \ddot{X}_c^r + \mathrm{j}\ddot{X}_c^i = \left(H^r + \mathrm{j}H^i\right)\left(\ddot{X}_0^r + \mathrm{j}\ddot{X}_0^i\right) = H\ddot{X}_0 \tag{9.4}$$

式中，上标 r 与 i 分别为实部和虚部，虚部反映了响应的相位信息；H 为基础加速度激励与关注点加速度响应之间的传递函数，为复数形式，关注点的加速度响应功率谱为

$$P_c = \ddot{X}_c^{\mathrm{T}}\ddot{X}_c = \left[\left(H^r\right)^2 + \left(H^i\right)^2\right]\left[\left(\ddot{H}_0^r\right)^2 + \left(\ddot{H}_0^i\right)^2\right] = \left[\left(H^r\right)^2 + \left(H^i\right)^2\right]P_0 \tag{9.5}$$

式中，P_0 为基础加速度的功率谱，说明单点响应等效时，关注点与基础载荷的加速度响应功率谱之间为线性比例关系，很容易根据该比例关系得到基础控制载荷。由于单点响应

等效的试验方法原理清晰，因此在动力学环境试验中得到广泛应用。

试验中测试的响应数据多为功率谱密度，记信号的频率分辨率为 Δf，以关注点加速度响应为例，其功率谱密度 P_{c_psd} 与功率谱之间的关系如式(9.6)所示，为便于分析，后续主要针对功率谱密度进行讨论。

$$P_{c\_psd} = \frac{P_c}{\Delta f} \tag{9.6}$$

需要特别说明的是，试验中常采用多点平均响应控制，图 9.23 为四点平均控制示意图，即将试验件 K_1、K_2、K_3、K_4 四个测点的速度响应功率谱密度的平均值作为等效目标，实质上是一种单点响应等效。

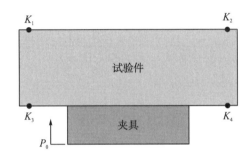

图 9.23　四点平均控制示意图

9.3.2　多点响应等效理论分析

多点响应等效要求结构上多个关注位置的响应与整体级中等效，显然，等效位置的数量越多，部组件试验与整体级试验的等效性越高，但在控制上及试验实施上，情况要比单点响应等效复杂得多，单个加载设备已经无法满足要求，需要通过多维激励来实现，这也是目前振动试验领域研究的热点之一。近年来，国内许多高等学校和科研院所也开展了该领域的研究工作，但总体而言，由于多点激励/响应之间的相关性，如何布置激励点、控制点数量和位置的选择，如何设置控制点的参考谱矩阵等，仍然是多点响应等效试验方法的关键和难点[1]。

考虑分析的普适性，假设有 m 个加速度响应等效点，n 个加载设备(振动台或激振杆)，仍从谐波载荷入手，响应等效点与基础控制载荷之间的完备形式的传递函数关系为

$$\begin{bmatrix} \ddot{X}_{c1}^r + j\ddot{X}_{c1}^i \\ \vdots \\ \ddot{X}_{cm}^r + j\ddot{X}_{cm}^i \end{bmatrix} = \begin{bmatrix} H_{11}^r + jH_{11}^i & \cdots & H_{1n}^r + jH_{1n}^i \\ \vdots & & \vdots \\ H_{m1}^r + jH_{m1}^i & \cdots & H_{mn}^r + jH_{mn}^i \end{bmatrix} \begin{bmatrix} \ddot{X}_{01}^r + j\ddot{X}_{01}^i \\ \vdots \\ \ddot{X}_{0n}^r + j\ddot{X}_{0n}^i \end{bmatrix} \tag{9.7}$$

记传递函数矩阵 $\boldsymbol{H}$ 的增广矩阵 $\boldsymbol{H}_z$ 为

$$\boldsymbol{H}_z = \begin{bmatrix} \boldsymbol{H} & \boldsymbol{X}_c \end{bmatrix} \tag{9.8}$$

另记 $\boldsymbol{H}$ 与 $\boldsymbol{H}_z$ 的秩分别为 R 和 R_z。

以下基于矩阵论中增广矩阵对解的判定研究，本节从同时控制多点响应的幅值和相位、仅控制响应幅值两类情况讨论多点响应等效时控制载荷的存在性问题。

1. 同时控制多点响应的幅值和相位

(1)当 $R=R_z=n$ 时，即传递函数矩阵的秩与其增广矩阵的秩相等，且为满秩，对实际工程结构而言，一般意味着响应控制点数量与激励数量相等，此时式(9.7)存在唯一解[2]，控制载荷可由式(9.9)计算获得。

$$\ddot{X}_0 = \boldsymbol{H}^{-1} \ddot{X}_c \tag{9.9}$$

将式(9.7)的虚部进一步改写为相位角的形式，则有

$$\begin{bmatrix} \ddot{X}_{01}(\cos\alpha_1 + \mathrm{j}\sin\alpha_1) \\ \vdots \\ \ddot{X}_{0n}(\cos\alpha_n + \mathrm{j}\sin\alpha_n) \end{bmatrix} = \boldsymbol{H}^{-1} \begin{bmatrix} \ddot{X}_{c1}(\cos\beta_1 + \mathrm{j}\sin\beta_1) \\ \vdots \\ \ddot{X}_{cm}(\cos\beta_m + \mathrm{j}\sin\beta_m) \end{bmatrix} \tag{9.10}$$

式中，α 与 β 分别为激励与响应的相位角。

(2)当 $R=R_z<n$ 时，对于工程结构的传递函数矩阵而言，一般意味着响应控制点数量小于控制载荷数量，此时式(9.7)存在无穷解[2]。

将式(9.7)改写为

$$\ddot{X}_c = \begin{bmatrix} \boldsymbol{H}_a & \boldsymbol{H}_b \end{bmatrix} \begin{bmatrix} \ddot{X}_{0a} \\ \ddot{X}_{0b} \end{bmatrix} \tag{9.11}$$

式中，$\boldsymbol{H}_a$ 的维数为 $m \times m$；$\boldsymbol{H}_b$ 的维数为 $m \times (n-m)$。将式(9.11)展开为

$$\ddot{X}_c = \boldsymbol{H}_a \ddot{X}_{0a} + \boldsymbol{H}_b \ddot{X}_{0b} \tag{9.12}$$

当 $\ddot{X}_{0b}=0$ 时，式(9.12)就退化到 $m=n$ 时的情况。需要指出的是，$\boldsymbol{H}_a$ 可由 $\boldsymbol{H}$ 矩阵中任意 m 列元素构成，这种组合方式很多，相比 $m=n$ 时的情况，$R=R_2<n$ 时提供了更丰富的加载组合方式，因此，控制载荷也不唯一，同样也便于多点激励时响应控制的实现。

(3)当 $R<R_z$ 时，对于工程结构而言，一般意味着响应控制点数量大于控制载荷数量，即期望通过少量的加载设备实现对多个点响应的控制，此时式(9.7)的解往往不存在[2]。

2. 仅控制响应幅值

以上讨论都是从数学角度出发，分析的是严格意义上的响应等效，即响应点的幅值和相位都等效，而实际试验中，往往只关注响应的幅值等效，以随机振动为例，控制的只是目标响应的功率谱密度，即 $P_c = \ddot{X}_c^2$，并不关注响应的相位(或互谱)，等效的程度有所放宽，此时控制载荷的存在性结论将发生变化。

(1)当 $R=R_z=n$ 时，即在只控制响应自谱的情况下，加载设备数量与响应控制点数量相同时，由于式(9.10)中的 β 具有任意性，因此控制载荷 $\ddot{X}_0$ 并不唯一，这种特性便于多点激励时响应控制的实现。

(2)当 $R=R_z<n$ 时，即在只控制响应自谱的情况下，加载设备数量大于响应控制点数量时，与上述分析类似，控制载荷仍然不唯一。

(3)当 $R<R_z$ 时，即在只控制响应自谱时，加载设备数量小于响应控制点数量的情形。

实际试验中,往往也只能基于有限数量的加载设备搭建多维振动试验系统,符合这一情况。这是本章研究的重点,即在不控制多点响应之间相关性这种相对弱化的条件下,若能够通过少量的加载设备实现对多个点响应的控制,将具有重要的工程应用意义。

以 $m=3$,$n=2$,即两点激励三点响应控制为例,对控制载荷从数值求解的角度进行分析。

参考式(9.10),有

$$\begin{bmatrix} \ddot{X}_{c1}(\cos\alpha_1 + j\sin\alpha_1) \\ \ddot{X}_{c2}(\cos\alpha_2 + j\sin\alpha_2) \\ \ddot{X}_{c3}(\cos\alpha_3 + j\sin\alpha_3) \end{bmatrix} = \begin{bmatrix} H_{11}^r + jH_{11}^i & H_{12}^r + jH_{12}^i \\ H_{21}^r + jH_{21}^i & H_{22}^r + jH_{22}^i \\ H_{31}^r + jH_{32}^i & H_{32}^r + jH_{32}^i \end{bmatrix} \begin{bmatrix} \ddot{X}_{01}(\cos\beta_1 + j\sin\beta_1) \\ \ddot{X}_{02}(\cos\beta_2 + j\sin\beta_2) \end{bmatrix} \quad (9.13)$$

将式(9.13)展开,得到三个目标响应点的响应功率谱密度 $P_{cm}(m=1,2,3)$ 的表达式为

$$P_{cm} = \ddot{X}_{01}^2 \left[\left(H_{m1}^r\right)^2 + \left(H_{m1}^i\right)^2 \right] + \ddot{X}_{02}^2 \left[\left(H_{m2}^r\right)^2 + \left(H_{m2}^i\right)^2 \right]$$
$$+ 2\ddot{X}_{01}\ddot{X}_{02}\left(H_{m1}^r H_{m2}^r + H_{m1}^i H_{m2}^i\right)\cos\theta + 2\ddot{X}_{01}\ddot{X}_{02}\left(H_{m1}^i H_{m2}^r - H_{m1}^r H_{m2}^i\right)\sin\theta \quad (9.14)$$

式中,$\theta = \beta_1 - \beta_2$,为两点激励之间的相位差。式(9.14)表明,当两点激励时,影响三个控制点响应的载荷参数有三个,即两个振动台的台面响应功率谱 $\ddot{X}_{01}^2$ 和 $\ddot{X}_{02}^2$,以及它们之间的相位差 θ,式(9.14)也表明了响应功率谱与控制载荷之间的非线性关系,难以参考非齐次线性方程组解的存在性理论,判断控制载荷是否存在。

9.3.3 部组件响应等效数值模拟

1. 基于四点平均响应等效的数值模拟

1)Workbench 平台下基于四点平均响应等效的数值模拟

以图 9.24 所示的部组件横向试验结构为例,夹具底板通过一圈 10 个螺栓安装于振动台台面上,在部组件与夹具连接界面布置了 K_1、K_2、K_3、K_4 四个测点,如图 9.25(a)所示,台面底板螺栓连接的固支区域根据有效接触面积方式获得,要求在横向随机振动试验时,四个测点横向加速度响应功率谱密度平均值 P_c 满足图 9.25 所示的谱型。

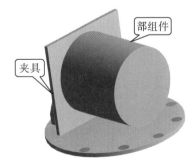

(a)部组件与夹具连接示意图   (b)固支约束

图 9.24 部组件横向试验结构

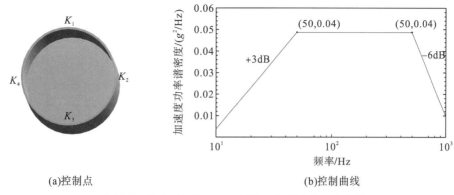

(a)控制点　　　　　　　　　　　　　　(b)控制曲线

图 9.25　四点加速度功率谱密度响应平均值目标曲线

在数值模拟时，关键是获得该基础激励与四点平均响应之间的线性比例关系，然后根据该比例关系反馈得到所需要施加的基础载荷。直观的做法是在固支约束基础上施加单位加速度功率谱密度，如式(9.15)所示，获得四点平均响应，从而得到该比例关系[3]。

$$\frac{P_u}{1} = \frac{P_c}{P_x} \tag{9.15}$$

式中，P_u 为单位基础加速度功率谱载荷下结构上的四点平均响应；P_c 为四点平均响应满足目标响应时所需要施加的基础载荷，可知：

$$P_x = \frac{P_c}{P_u} \tag{9.16}$$

在实际有限元数值模拟过程中，随机响应的 PSD 曲线在固有频率处加密了，使得 P_u 和 P_c 在频率点的离散上不匹配，需要通过插值处理，不便于反馈分析，因此，可以采用式(9.17)进行处理。

$$\frac{\tilde{P}_c}{P_c} = \frac{P_c}{P_x} \tag{9.17}$$

式中，$\tilde{P}_c$ 为将 P_c 作为基础激励时四个控制点的平均响应，即将目标响应谱作为基础载荷，计算得到比例关系，如式(9.18)所示。

$$P_x = \frac{P_c^2}{\tilde{P}_c} \tag{9.18}$$

此时，P_c 和 $\tilde{P}_c$ 在频率点上就是匹配的，无须插值，在 Workbench 中的主要操作步骤如下所示。

步骤 1：如图 9.26 所示，插入基础加速度，并将目标响应作为基础载荷输入。

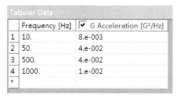

(a)插入基础载荷　　　　　　　　　　　(b)输入载荷谱

图 9.26　将目标响应作为基础载荷输入

步骤 2：在分析选项设置中定义参数，参考第 4 章随机振动分析部分。

步骤 3：计算并提取四个控制点的响应和夹具底部约束区的响应，同时选择五个响应功率谱结果，并在界面上方单击 New Chart and Table，会生成 Chart 图表数据，如图 9.27 所示。

(a)定义响应　　　　　　　　　　　　　　　　　　(b)生成Chart图表数据

图 9.27　结果响应处理

步骤 4：选择 Chart，并单击 Tabular Data，可以看到所有响应结果的数据，如图 9.28 所示，可以将这些数据复制至 MATLAB、Excel 或者 Origin 等软件中，通过式 (9.18) 进行比例反馈，得到所需要施加的基础载荷。

	Frequency [Hz]	[A] K1点加速度响应功率谱	[B] K2点加速度响应功率谱	[C] K3点加速度响应功率谱	[D] K4点加速度响应功率谱	[E] 约束区加速度响应功率谱
1	10.	8.0033e-003	8.0035e-003	8.0033e-003	8.0031e-003	8.e-003
2	10.408	8.33e-003	8.3302e-003	8.33e-003	8.3298e-003	8.3263e-003
3	34.346	2.7614e-002	2.7621e-002	2.7614e-002	2.7605e-002	2.7477e-002
4	58.284	4.0593e-002	4.0626e-002	4.0594e-002	4.0556e-002	4.e-002
5	82.222	4.1246e-002	4.1315e-002	4.1247e-002	4.1165e-002	4.e-002
6	106.16	4.2246e-002	4.2372e-002	4.2247e-002	4.2094e-002	4.e-002
7	130.1	4.3761e-002	4.3978e-002	4.3764e-002	4.3494e-002	4.e-002
8	154.04	4.6137e-002	4.65e-002	4.6142e-002	4.5674e-002	4.e-002
9	177.97	5.0181e-002	5.0807e-002	5.0189e-002	4.9356e-002	4.e-002
10	198.4	5.6623e-002	5.7693e-002	5.6636e-002	5.5167e-002	4.e-002
11	214.73	6.6973e-002	6.8808e-002	6.6995e-002	6.4415e-002	4.e-002
12	227.1	8.38e-002	8.6977e-002	8.3839e-002	7.9298e-002	4.e-002
13	236.12	0.11127	0.11682	0.11134	0.10832	4.e-002
14	242.5	0.1551	0.1648	0.15522	0.14117	4.e-002
15	246.92	0.21965	0.23604	0.21986	0.19613	4.e-002
16	249.94	0.2995	0.32501	0.29982	0.26294	4.e-002

图 9.28　Chart 中表格形式的数据

步骤 5：如图 9.29 所示，将原目标响应形式的基础载荷栏抑制或删除，重新插入新的基础加速度激励，本算例中命名为"反馈识别载荷"，并将反馈识别的载荷复制到其 Tabular Data 中。

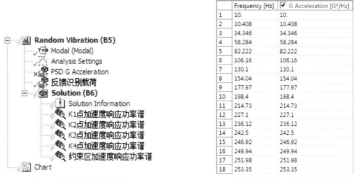

(a)插入反馈识别的载荷　　　　　　　　　　(b)复制反馈识别的载荷数据

图 9.29　输入反馈识别载荷

步骤 6：重新计算，得到控制后的结构响应。

2) Ansys 经典界面下基于四点平均响应等效的数值模拟

针对 Ansys 经典界面，可以通过 APDL 编程二次开发实现反馈控制，命令流如下所示。

```
! 前处理模块-预定义约束
/prep7
cmsel,s,base
d, all,,,,,,all,,,,,,
allsel,all,all
! 模态分析
/solu
antype,2,new
eqslv,spar
mxpand,5000,0,1000.0,yes          !模态分析频率范围及扩展阶数，阶数可设
置大一些，以避免漏掉分析频率范围中的模态
modopt,lanb,5000,0,1000.0
outres,node,all               !输出项设置
solve
finish
! 随机振动分析，第一次
/solu
antype,spectr,new
spopt,psd,5000,yes
! 设置模态阻尼
dmprat, 0.02             !各阶模态阻尼比均为 0.02
! 加载设置
psdunit,1,accg,9.81,     !定义加速度类型的载荷，单位为 g²/Hz
cmsel, s, base        !选择基础节点
d,all,uy,1               !在基础节点上施加基础激励
allsel,all,all
! 载荷功率谱密度曲线定义
psdfrq
psdfrq,1,,10.0
psdval,1,8e-3
psdfrq,1,,50
psdval,1,4e-2
psdfrq,1,,500
psdval,1,4e-2
psdfrq,1,,1000
```

```
psdval,1,1e-2
! 求解响应
pfact,1,base                    !基础激励
psdres,disp,off          !不输出位移
psdres,velo,off          !不输出速度
psdres,acel,abs          !输出绝对加速度值
psdcom,0.0005            !模态合并阈值定义，默认值为 0.0001，模态参与因子
```
超过该值的模态才参与计算，该值越大，参与的模态阶数越少，计算耗时更少，但精度
会有所下降
```
solve
finish
! 计算反馈激励
/post26
numvar,200
store,psd,5             !定义存储数据频率离散点的疏密，默认为 5，越小越密，
计算量越大
nsol,2,498128,u,y              !提取基础节点的响应，498128 为基础上某节点的
编号
rpsd,3,2,,3,1                  !计算基础节点的响应功率谱曲线
nsol,4,324435,u,y              !提取控制节点 k1 的响应，324435 为控制点 k1 的
节点编号，下同
rpsd,5,4,,3,1                  !计算控制节点 k1 的响应功率谱曲线
nsol,6,327138,u,y             !提取控制节点 k2 的响应
rpsd,7,6,,3,1                !计算控制节点 k2 的响应功率谱曲线
nsol,8,337082,u,y            !提取控制节点 k3 的响应
rpsd,9,8,,3,1               !计算控制节点 k3 的响应功率谱曲线
nsol,10,338615,u,y          !提取控制节点 k4 的响应
rpsd,11,10,,3,1             !计算控制节点 k4 的响应功率谱曲线
! 计算反馈载荷功率谱密度
*get,len,vari,1,nsets
vget,freq,1,,0                 !存储频率点数据
vget,biaozhunpu,3,1,0         !存储基础节点的响应功率谱数据
vget,xiangying0,5,1,0          !存储控制点 k1 的响应功率谱数据
vget,xiangying1,7,1,0          !存储控制点 k2 的响应功率谱数据
vget,xiangying2,9,1,0          !存储控制点 k3 的响应功率谱数据
vget,xiangying3,11,1,0         !存储控制点 k4 的响应功率谱数据
*dim,fankuijili,array,len,1,1, , ,
*dim,fankuifreq,array,len,1,1, , ,
```

```
!四点平均反馈识别基础载荷
*do,j,1,len
    *if,freq(j),gt,5,and,freq(j),le,1000,then
        pingjun   =   (xiangying0(j)+xiangying1   (j)+xiangying2
(j)+xiangying3 (j))/4
        fankuijili(j) = biaozhunpu(j)*biaozhunpu(j)/pingjun
        fankuifreq(j) = freq(j)
    *endif
*enddo
finish
```
! 随机振动分析，第二次，将反馈得到的载荷功率谱输入
```
/solu
antype,spectr,new
spopt,psd,5000,yes
```
! 模态阻尼比阻尼设置
```
dmprat, 0.02
```
! 载荷参数设置
```
psdunit,1,accg,9.81,    !定义加速度类型的载荷，单位为 $g^2/Hz$
cmsel, s, base          !选择基础节点结合
d,all,uy,1              !在基础节点上施加基础激励
allsel,all,all
```
! 施加反馈载荷
```
psdfrq                  !清空第一次分析中的载荷数据
```
!重新定义输入载荷
```
*do,j,1,len
    *if,fankuifreq(j),gt,5,and,fankuifreq(j),le,1000,then
        psdfrq,1,,fankuifreq(j)
        psdval,1,fankuijili(j)
    *endif
*enddo
```
! 求解
```
pfact,1,base            !基础激励
psdres,disp,rel,yes     !不输出位移
psdres,velo,off         !不输出速度
psdres,acel,abs,yes     !输出绝对加速度值
psdcom,0.0005           !模态合并阈值定义
outres,node,all
solve
```

　　同时，作者所在团队开发了结构动力学标准分析界面[4]（图9.30）中，可自动完成模态分析-反馈识别-响应计算的过程，分析前只需预先定义好基础和控制点组，即可一键完成反馈分析，避免了人工操作可能带来的随意性和错误。

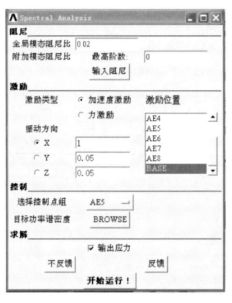

图9.30　Sida 随机振动自动反馈分析界面

2. 基于多点响应等效的数值模拟

　　对于加载设备数量大于等于等效目标响应数量的情况，其控制载荷存在多解，在试验中也相对较为容易实现，本节主要针对加载设备数量小于等效目标响应的情况进行数值模拟的探索。在数值模拟方法上，由于式（9.14）的非线性特征，可以采用优化算法进行控制载荷的数值求解，如遗传算法等[5]。

　　如图9.31所示，两根支撑梁分别安装于两个振动台台面上，模拟两点基础随机激励，试验件通过两根支撑杆分别放置于两根支撑梁上，三个测点的编号为1、2、3，边界条件为支撑梁两端固支约束，选取三个测点横向加速度响应为目标响应，谱型如图9.31（c）所示。

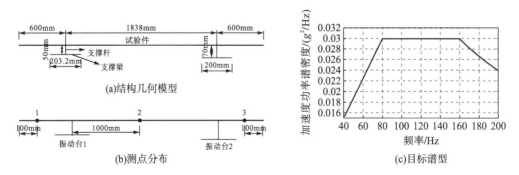

图9.31　结构模型和目标谱型

　　本算例中采用遗传优化算法,计算得到两个振动台台面加速度功率谱密度及它们之间的相位差如图 9.32 所示。

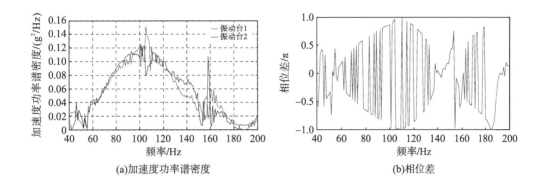

(a)加速度功率谱密度　　　　　　　　　　　　(b)相位差

图 9.32　两个振动台台面加速度功率谱密度及它们之间的相位差

　　此时,基础加速度激励在三个测点产生的响应谱与目标响应谱的对比如图 9.33 所示。

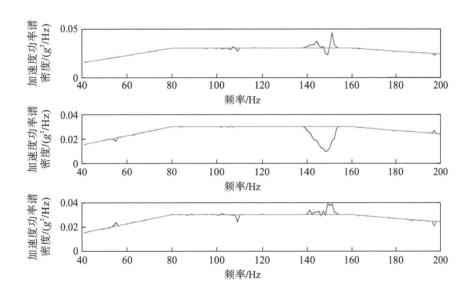

图 9.33　控制载荷产生的响应谱与目标响应谱的对比

　　图 9.33 可以看出在 140～155Hz,控制响应谱与目标响应谱之间的误差较大,以 150Hz 处为例,控制载荷解的分布如图 9.34(a)所示,可知三个曲面没有公共交点,因此无解。而在 120Hz 处,其解的分布情况如图 9.34(b)所示,可知在 120Hz 处,三个曲面有公共交点,因此有解,在数值优化计算过程中能很快搜索到该解。

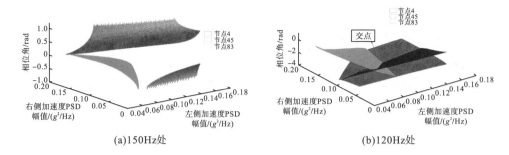

(a)150Hz处   (b)120Hz处

图9.34 不同频率点下控制载荷解的分布

该算例表明，当加载设备数量小于等效目标响应数目时，控制载荷在某些频率处是存在的，在某些频率点处是不存在的。

参 考 文 献

[1] 孙建勇，徐明，魏媛，等. 多轴向振动试验类型及试验实施技术探讨[J]. 环境试验，2014(6)：5-10.

[2] 同济大学数学系. 工程数学线性代数[M]. 6版. 北京：高等教育出版社，2014.

[3] 陈学前，冯加权，杜强. 随机振动数值仿真中基础激励的自动反馈识别[J]. 力学与实践，2006，28(5)：47-49，53.

[4] 郝雨. 结构动力学分析标准界面V2.0[P]. 中国：计算机软件著作权，2018SR175204.

[5] 胡杰，冯加权. 两点激励多点响应控制的载荷优化方法研究[J]. 重庆理工大学学报(自然科学版)，2013，27(9)：13-16.

第10章 旋转结构动力学分析——以离心机为例

转子机械是工业装备中常见的一类旋转结构,此类结构绕轴心的旋转及涡动运动会导致与静止结构不同的动力学特性。离心机就是一类利用旋转运动产生离心惯性力的旋转设备,在航空航天[1]、生物医学、化学工业[2,3]及土木工程[4]等多个领域有着广泛的应用[5]。工作状态下,离心机通过驱动系统带动转子系统旋转,从而产生离心场,旋转产生的离心场为科学研究提供了超重力环境。对于土工离心机而言,利用超重力场下土工模型缩比效应[6],可以实现时空压缩,为在实验室环境下实现大型建筑结构的缩比试验提供了可能。随着超大型建筑及材料科学研究的需求,对大容量及高转速的离心机需求越来越强烈,离心机的工作频率接近临界转速,会导致离心机轴系的动力学稳定性,此问题的研究对指导离心机动力学设计具有重要意义。

不同于普通的盘式转子系统,离心机一般采用臂式结构(对称臂或不对称臂)[7],如图 10.1 所示。

(a)对称臂离心机 (b)非对称臂离心机

图 10.1 转臂式离心机

与可简化为刚性圆盘的 Jeffcott 转子相比,离心机结构具有显著的非轴对称特性,其转子动力学特性不同于转盘式结构。Huang 和 Liu[8]研究了非均匀截面转子的动力学特性,并为基于有限元法的变截面旋转梁的转子动力学分析奠定了基础。对非轴对称转子的研究多基于具有非对称界面的转轴结构[9-11]。Jei 和 Lee[12]研究了一个由非轴对称 Rayleigh 轴、非轴对称刚性转盘和各向等刚度的轴承组成的一个非轴对称转子—轴承系统的模态特性。此类结构如双极发电机在横向振动截面的两个方向有不同的刚度,展示出复杂的振动模态和不平衡力的角度位置问题,其平衡及稳定性问题相对于轴对称结构更加复杂[13]。Yukio 和 Jun[14]研究发现,非轴对称主轴和转子系统在主要的临界转速之间会发生不稳定振动现象,并且当中空转盘中充满液体时也会这样。不稳定振动会导致振动幅度大幅上升,甚至会导致结构破坏。支承刚度不对称问题也是非轴对称转子所面临的主要问题之一[15],即主轴具有非轴对称性而轴承刚度也是各向异性的。Nandi 和 Neogy[16]基于有限元法开展了非轴对称转子在转动坐标系下的稳定性分析。Özsahina 等[17]建立了非轴对称多段转子—弹簧系统的解析模型和分析方法,基于 Timoshenko 梁模型,考虑了陀螺力矩作用,采用模型修正方法考虑了轴承的特性,并与有限元方法进行了对比验证。对具有不对称转动惯量转子系统[18-21],Han 和 Chu[22,23]研究了具有非轴对称转动惯量和横向缺陷裂纹的转子系统的动力学特性,采用谐波平衡法和泰勒展开研究了不稳定区域,并发现参数激励振动会导致不稳定性,在运行状态下导致轴系的剧烈振动。离心机类转子系统具有显著的非轴对称转动惯量,且转动质量集中在转臂上,转臂的柔性与主轴相当且不可忽略,在已有的研究中,对于此类的非轴对称轴系的转子动力学分析较少,尤其未能考虑转臂在高离心场下的应力刚化效应,以及对离心机轴系转子动力学特性的影响。

以往离心机设计主要从模态角度分析其动力学特性,以强度为指标评价其结构设计,随着大容量、高转速的离心机发展需要,其转动过程中的陀螺效应已不可忽略。本章针对转臂式离心机在高速转动时的动力学稳定性问题,基于转子动力学理论,通过考虑陀螺效应及高离心场产生的预应力效应,从如下几个方面开展分析和讨论。

(1)典型转臂式离心机的转子动力学特性分析方法,包括临界转速分析。

(2)不平衡力作用下离心机轴系的动力学响应。

(3)结合转子机械标准,以主轴摆度等参数为指标进行结构的稳定性评估。

10.1 非轴对称转子动力学理论

10.1.1 转子动力学理论

以描述经典转子系统的 Jeffcott 转子模型为例,一般是指刚性支承单盘对称转子,具有几个基本假设:①刚性薄圆盘厚度可不计,安装在轴的中部;②转轴为等直圆轴,质量和半径不计,扭转刚度无限大,可弯曲;③忽略轴承动力特性影响,轴承质量不计,可简化为铰支,轴承座是刚性的。转子结构简化示意图如图 10.2 所示。

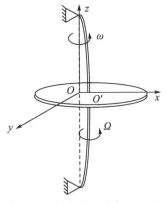

图 10.2 转子结构简化示意图

从图 10.2 可以看出，圆盘绕主轴以 Ω 自转时，转轴因圆盘偏心等因素发生弯曲，其轴心轨迹绕 Oz 轴以 ω 涡动，若 Ω 与 ω 同向，则为正进动，若 Ω 与 ω 反向，则为反进动。由于涡动产生的陀螺效应，相当于在转轴上施加了力矩，其效果等效于转轴的刚度发生变化，从而影响系统的模态特性，即 Jeffcott 转子的模态特性与其转动速度相关。

当转子自转角速度等于其横向振动模态的固有频率时，系统发生共振，此刻所对应的转子转速为临界转速。一般而言，正进动产生的回转效应会提高转子的临界转速，反进动会降低临界转速[24]，此结论的前提条件是，转子是实心的等厚薄圆盘，即转子转动惯量 $J_p=2J_{d1}=2J_{d2}$（J_p、J_{d1}、J_{d2} 分别为转子绕 z 轴、x 轴和 y 轴的转动惯量，下同），且对于 $J_p>2J_{d1}$ 的情况都适用。但对于某些转子有可能 $J_p<2J_{d1}$，则可能产生回转效应，会导致在正进动时临界转速也发生下降。

对于一般的转子系统，当结构旋转时，惯性力和力矩的作用都会体现在结构的动力学方程中。为描述结构运动，可以选择在全局坐标系或旋转坐标系上进行描述。

在全局坐标系中：

$$M\ddot{X}+\left(C+C_{\mathrm{gyr}}\right)\dot{X}+\left[K-K_{\mathrm{spin}}+K_s\right]X=F \tag{10.1}$$

式中，M、C、K 为不考虑陀螺效应、旋转软化效应及预应力效应的结构质量矩阵、阻尼矩阵和刚度矩阵；K_{spin} 为旋转软化效应刚度矩阵，使得旋转坐标系下结构刚度降低；K_s 为预应力效应刚度矩阵，一般在离心场下产生的拉应力使得转臂刚度上升，从而导致与转臂相关的模态频率升高；C_{gyr} 为陀螺效应影响矩阵，陀螺力矩 $F_g=C_{\mathrm{gyr}}\dot{X}$；$F$ 为系统的广义力。

在旋转坐标系中：

$$M\ddot{X}_r+\left(C+C_{\mathrm{cor}}\right)\dot{X}_r+\left[K-K_{\mathrm{spin}}+K_s\right]X_r=F \tag{10.2}$$

式中，科里奥利力 $F_g=C_{\mathrm{cor}}\dot{X}_r$；科氏效应(由科里奥利力产生)矩阵 $C_{\mathrm{cor}}=2\int\rho\phi^{\mathrm{T}}\bar{\omega}\phi\mathrm{d}v$，$\phi$ 是系统的特征向量，

$$\bar{\omega}=\begin{bmatrix} 0 & -\omega_z & \omega_y \\ \omega_z & 0 & \omega_x \\ -\omega_y & \omega_x & 0 \end{bmatrix} \tag{10.3}$$

可见，C_{cor} 为反对称阵，因此考虑陀螺效应求解转子系统的转动模态转化为求解非对称矩阵的特征值与特征向量的问题。

固定坐标系适用于模拟有静止支承结构的转子系统，仅适用于轴对称结构，而旋转坐标系适用于模拟结构静止部件，也适用于模拟仅有转动部件的非轴对称结构转子系统[25]。

10.1.2　离心机转子动力学模型

离心机多采用直立转臂式设计，如图 10.3 所示。一般的离心机模型可简化为长方形转臂在主轴的带动下以角速度旋转，主轴上部无支承，下部采用两个径向轴承支承(整体悬臂支承)，轴承的刚度和阻尼可以用轴承参数矩阵进行描述。

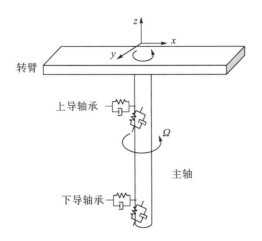

图 10.3　直立转臂式离心机示意图

离心机的方向定义如图 10.3 所示，其中根据转臂方向也可定义为顺臂向、天地向和切向，分别对应图中 x 方向、y 方向和 z 方向。对于典型的离心机转子系统，与式(2.50)类似，描述其在陀螺效应影响下的动力学控制方程为

$$M\ddot{X} + C\dot{X} + KX = 0 \tag{10.4}$$

式中

$$X = \begin{bmatrix} x & y & \theta_x & \theta_y \end{bmatrix}^{\mathrm{T}} \tag{10.5}$$

$$M = \begin{bmatrix} m & & & \\ & m & & \\ & & J_{d1} & \\ & & & J_{d2} \end{bmatrix} \quad C = C_0 + C_{\mathrm{gyr}} = \begin{bmatrix} 0 & & & \\ & 0 & & \\ & & 0 & J_p\Omega \\ & & -J_p\Omega & 0 \end{bmatrix} \tag{10.6}$$

$$K = K_0 = \begin{bmatrix} k_{rr} & & & k_{r\varphi} \\ & k_{rr} & -k_{r\varphi} & \\ & -k_{\varphi r} & k_{\varphi\varphi} & \\ k_{r\varphi} & & & k_{\varphi\varphi} \end{bmatrix}$$

其中，m 为转子的质量，J_{d1}、J_{d2} 和 J_p 分别为转子绕 x 轴、y 轴和 z 轴的转动惯量；C_0 和 K_0 为不考虑陀螺效应及预应力效应的系统初始阻尼矩阵和刚度矩阵；C_{gyr} 为陀螺效应影响矩阵；k_{rr}、$k_{r\varphi}$、$k_{\varphi\varphi}$ 分别为系统在径向和轴向的刚度；x、y、θ_x 和 θ_y 分别为系统在径向及转动方向的坐标。

采用状态空间法求解时，令：

$$Y = \begin{bmatrix} X \\ \dot{X} \end{bmatrix}, \quad A = \begin{bmatrix} C & M \\ M & 0 \end{bmatrix}, \quad B = \begin{bmatrix} K & 0 \\ 0 & -M \end{bmatrix} \tag{10.7}$$

将式(10.7)代入式(10.4)，得

$$A\dot{Y} + BY = 0 \tag{10.8}$$

方程具有通解 $Y = Ue^{\lambda t}$，代入式(10.8)得

$$\lambda AU + BU = 0 \tag{10.9}$$

将式(10.9)变换为

$$RU = \frac{1}{\lambda}U \tag{10.10}$$

式中

$$R = -B^{-1}A = \begin{bmatrix} -K^{-1}C & -K^{-1}M \\ I & 0 \end{bmatrix} \tag{10.11}$$

矩阵 R 的特征值的导数代表控制方程的特征值(固有频率)。R 为 8×8 的矩阵,因此特征值有 8 个,其中两个一组互为共轭。当转速 Ω 变化时,即可获得固有频率随转速的变化。

10.1.3　圆盘与转臂转子模型的差异

假设初始转盘为轴对称圆盘结构,绕 x 轴和 y 轴的转动惯量相等。沿着 x 方向的拉伸,使得圆盘变为转臂,x 方向的转动惯量不变,则 y 方向和 z 方向转动惯量增大(假设转臂与转盘的质量相等)。则在陀螺效应影响下,系统固有频率随转动速度变化如图 10.4 所示。可以看出,若转动惯量增加,则系统的低阶固有频率下降;另一个方向转动惯量不变,则固有频率不变;随着转动惯量的增加,陀螺效应越强。需要注意的一点是,圆盘结构的正反进动起点相同,而转臂结构的正反进动起始点发生分离,且随着非轴对称性增强,正反进动的起点差距越大。

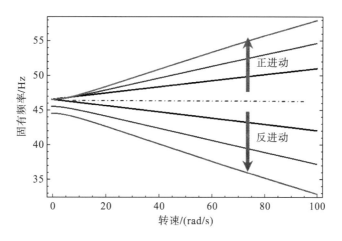

图 10.4　圆盘与转臂陀螺效应影响对比
黑线:圆盘;蓝线:转臂不对称性较小;红线:转臂不对称性较强

对于离心机结构来说,J_p 和 J_{d1} 基本相等,而 J_{d2} 较小,等效圆盘只能等效质量和极转动惯量 J_p。设置转臂式离心机模型:$J_p=J_{d1}=10J_{d2}$,将其等效为圆盘结构 $J_p=2J_{d1}=2J_{d2}$,仅考虑陀螺效应时,基于有限元法分析圆盘转子和离心机式转子的固有频率随转速的变化,如图 10.5 所示。

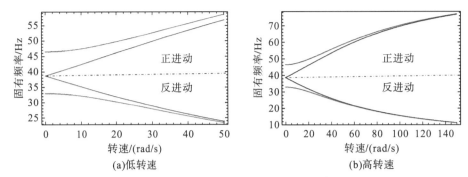

图 10.5   转臂式与圆盘式转子坎贝尔(Campbell)图对比

红线:转臂;蓝线:转盘

从图 10.5 中可以看出,转臂式结构和圆盘结构的低阶模态频率在初始点差别较大,随着转速上升,在陀螺效应影响下,在低转速范围内,其正反进动作用下,固有频率的上升和下降趋势一致,但数值相差较大;随着转速上升,其值趋于一致。

当转臂式离心机运行时,离心力会在转臂式结构内部形成高的拉应力,产生应力刚化效应,影响转臂式结构的动态特性。

10.2   离心机主机动力学建模

10.2.1   主机有限元模型

某大型离心机试验有效半径为 4.5m,主要组件包括主轴、转臂、转臂支撑、吊篮、模型箱及配重等,满载时负载(模型和模型箱重量)为 2t,适当增加配重使得离心机运行时两端保持平衡。转臂及转臂支撑为 28.0t(不含配重块),吊篮为 4.68t,主轴为 3.28t,空载时总重量为 35.88t。最大运行加速度为 $250g$,离心机整体布局及静止状态(吊篮处于下垂状态)下的模型如图 10.6 所示,离心机运行时,吊篮甩平。工作时,电机驱动主轴旋转,带动转臂绕主轴旋转。

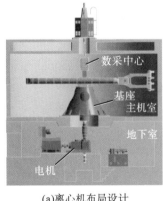

(a)离心机布局设计

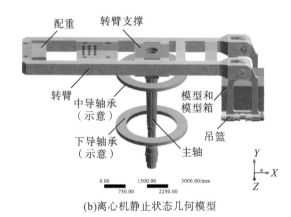

(b)离心机静止状态几何模型

图 10.6   离心机模型

采用实体单元分别建立离心机主机的有限元模型(图 10.7),单元长度控制在 50mm 以内(经过单元收敛性测试)。

(a)静止状态　　　　　　　　　　　　　　　(b)运行状态

图 10.7　离心机静止状态下的有限元模型

10.2.2　轴承综合支承刚度及边界约束

轴承是离心机与转臂、基座之间的连接部件,其力学特性对离心机动力学特性影响较大,在如图 10.6(b)所示的模型中,主轴轴承部件可以采用轴承单元进行模拟,在 Ansys 中对应为 combin214 轴承单元(参见附录 A)。在 Workbench 中,若忽略基座等固定部件,则可采用体—地(body-ground)轴承方式建立轴承单元模拟两导轴承。若考虑基座等非转动部件的影响,则可建立体—体轴承模拟。轴承一般采用八参数进行简化,分别为两主刚度 K_{xx}、K_{yy}、两交叉刚度 K_{xy}、K_{yx} 及与之对应的主阻尼 C_{xx}、C_{yy} 与两交叉阻尼 C_{xy}、C_{yx},如图 10.8 所示。轴系的临界转速等主要取决于主刚度的影响,而交叉刚度会对轴系稳定性带来一定影响;轴系在不平衡力作用下的动力学响应同时受到刚度及阻尼的影响。

考虑到离心机设计一般采用弱联轴器将轴系与电机驱动部件相连,若仅通过轴承约束主机,则可能会出现轴向蹿动的情况(主机的重量一般由止推轴承承担,但其径向刚度较弱,对主机的临界转速及动力学响应影响较小,而且针对立式离心机开展转子动力学分析时一般不考虑重力的影响,因此一般不对其进行等效建模),为约束轴向蹿动,需通过远程位移约束等形式,在主轴的底部施加轴向位移约束,如图 10.9 所示。

(a)轴承建模

(b)体—体轴承及体—地轴承

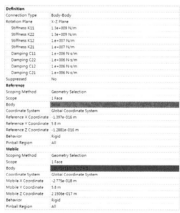

(c)轴承参数设置

图 10.8　接地轴承及参数

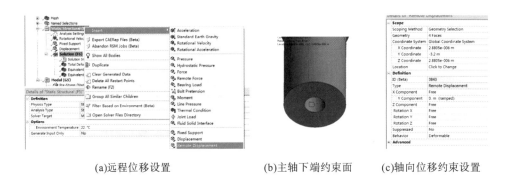

(a)远程位移设置　　　　(b)主轴下端约束面　　(c)轴向位移约束设置

图 10.9　轴向位移约束

对离心机来说，轴承刚度对计算轴系的动力学特性至关重要。在有限元分析中，一般采用轴承综合刚度等效轴承刚度，取决于轴系与土建结构的耦合。离心机转动部件与非转动部件的连接一般从内到外为：转轴—轴承—机架—基座—基础(土建)—土体，各部分的刚度为串联关系，其中机架—基座—基础(土建)—土体可综合简化考虑为基座刚度。根据刚度串联原理，综合刚度可以用如下公式表示：

$$\frac{1}{K_t} = \frac{1}{K_e} + \frac{1}{K_b} \tag{10.12}$$

式中，K_t 为综合刚度；K_e 为地基及支架综合支承刚度；K_b 为轴承刚度。通常情况下，轴承与主轴之间以油膜形式填充，因此，轴承刚度也主要体现为油膜刚度。

根据式(10.12)可以给出综合刚度随油膜刚度及基座刚度的变化，如图 10.10 所示。根据滑动轴承设计，根据油膜间隙及转速的变化，油膜刚度为 $0.1\times10^9\sim15\times10^9$N/m，基座刚度根据钢支座和钢筋混凝土的特性一般取值为 $1\times10^9\sim10\times10^9$N/m。

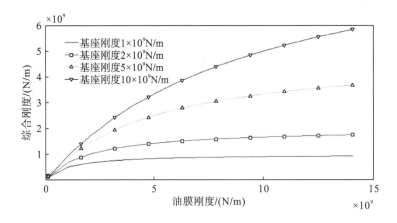

图 10.10　综合刚度随油膜刚度及基座刚度的变化

根据临界转速分析，对综合刚度提出了一定的要求，结合滑动轴承设计，在油膜刚度给定的情况下，考虑综合刚度可以对基座(包括土建基础)的刚度提出相应的技术要求。

10.3　离心机临界转速及稳定性数值模拟

由于试验离心场 g 值的要求，离心机在其最高转速范围内都可能存在稳定运行的区间。为避开跨越临界转速时所带来的转子振幅放大的危险工况，需将离心机设计为刚性转子，即其工作频率低于第一阶临界转速，以保证其在工作状态下，不会跨越甚至远离临界转速，以保证结构安全。因此离心机设计时，临界转速是衡量其保证动力学稳定性的重要指标。按照一般刚性转子设计经验，其最大工作转速需低于 75%的第一阶临界转速。

根据第 4 章中模态分析部分，转子动力学分析时需考虑由于涡动产生的陀螺效应、旋转部件的应力刚化效应及旋转软化效应，旋转软化效应的前提是结构在离心场下产生拉伸导致的，对于转臂刚性较大的离心机式转子可以不考虑旋转软化效应，而以陀螺效应和应力刚化效应为主。

仅考虑离心机转动时产生的高应力场，采用预应力模态的方法分析结构的前几阶模态，分析结果如图 10.11 所示。

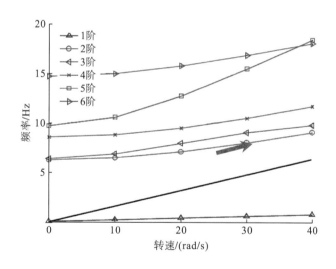

图 10.11　仅考虑预应力效应离心机前六阶模态随转速的变化

从图 10.11 中可以看出，随着转速上升，转臂式离心机结构中的应力水平提高，预应力刚化效应更加显著，结构的低阶模态频率均随转速上升而提高。

考虑预应力刚化效应与陀螺效应的耦合效应时，采用预应力及陀螺效应耦合的模态分析方法获得结构的前几阶模态，结果如图 10.12 所示，倾覆模态固有频率受不同效应的影响对比如图 10.13 所示。

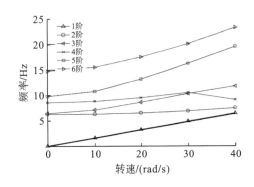 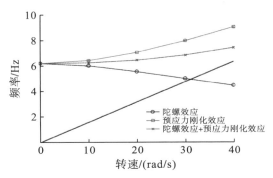

图 10.12 离心机前六阶模态随转速的变化   图 10.13 倾覆模态固有频率受不同效应的影响对比

由图 10.13 可知,在预应力刚化效应和陀螺效应两者联合作用下,各阶固有频率都随转速提高而增加。预应力刚化效应使倾覆模态固有频率随转速升高;陀螺效应使其随转速下降;两者联合作用下,固有频率随转速变化的曲线位于其他两条曲线之间,随转速缓慢上升。

考虑预应力刚化效应和陀螺效应联合作用后,对此型离心机来说,一阶临界转速与最大工作转速的比值为 2.69,高于 1.33 倍临界转速的动力学设计安全系数指标。

10.3.1 离心机在不平衡力作用下的动力学稳定性

在保证离心机临界转速高于其最高工作转速之后,对于离心机整体动力学设计的重要指标还依赖于其在不平衡力作用下的响应评价。ISO2372 及 ISO10186 等给出了基于刚性基础的评价不同类型转子机械振动速度及幅度的指标。对于离心机来说,在 B 级和 C 级之间时,轴承基座处振动响应有效值需小于 4.5mm/s,位移有效值小于 57μm,这仅是一般性要求。对于采用滑动轴承的大型转子系统来说,还需要保证滑动轴承单边摆度不得超过油膜初始间隙的 75%,以避免轴瓦和基座的磨损失效。

离心机在工作过程中,导致主机出现较大力学响应的主要载荷有以下几种。

(1)缓变不平衡力作用对主机的影响(初始未完全配平导致的不平衡力会随着转速提升而变大)。

(2)气流脉动作用下的主机动力响应。

针对图 10.6 中采用三导滑动轴承支承的离心机,油膜初始间隙均为 0.2mm,不平衡力最大值为 30t,在缓变不平衡力下离心机可能面临的主机动力响应最大,因此重点对不平衡力载荷作用进行分析,不同位置轴承摆度随转速及激励的变化如图 10.14 所示。

旋转机械因不平衡质量导致的不平衡量可用式(10.13)计算:

$$mr = \frac{F_\omega}{\omega^2} = \frac{30 \times 1000 \times 9.8}{24.73^2} = 481(\text{kgm}) \tag{10.13}$$

式中,F_ω 为不平衡力;ω 为转动速度;m 为不平衡质量;r 为不平衡质量作用半径。

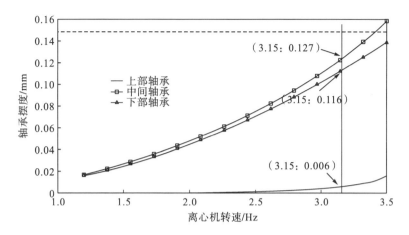

图 10.14　在缓变不平衡力下不同位置轴承摆度随转速及激励的变化

从图 10.14 中可以看出，在不平衡质量作用下，三导轴承中，上导轴承和中导轴承处摆度较大，但均未超过 0.15mm 的油膜间隙变化极限。根据结构响应评估准则，可对地基设计及轴承参数等提出相应的指标要求。

10.3.2　离心机动态试验

为验证基于有限元方法分析离心机转子动力学特性的有效性，在该离心机实际结构上开展了离心机转动状态下的模态测试，如图 10.15 所示，并提取了其动态特性随转速的变化。与此同时，开展了数值模拟工作，获得了离心机的典型振型，如图 10.16 所示。

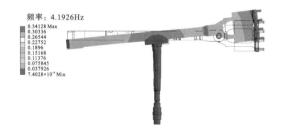

图 10.15　某离心机结构　　　　　　　图 10.16　第一阶转臂倾覆模态振型图

在进行模态分析过程中，首先通过吊篮静止下垂状态下的静态模态测试结果，修正了有限元模型中对模态特性影响较大的轴承刚度值，然后将其代入动态模型中，分析吊篮甩平后的离心机转子动力学特性，如图 10.17 和图 10.18 所示。

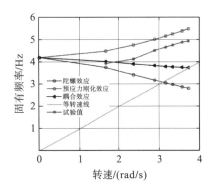

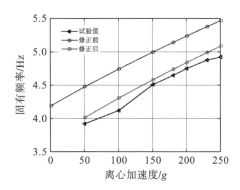

图 10.17 不同效应对离心机转子特性影响与
试验结果对比

图 10.18 修正前后离心机倾覆模态频率与
试验结果对比

通过对比可以看出，对于典型的土工离心机结构，采用动态试验的方法获得了实际情
况下陀螺效应与预应力刚化效应共同作用下的结构动态特性随转速的变化，单独将两种效
应和耦合效应与试验结果的对比来看，在对轴承刚度进行修正前，仅预应力刚化效应结果
与试验结果趋势接近，单独陀螺效应及耦合效应均使得固有频率随转速呈现下降趋势；在
轴承刚度修正后，分析结果与试验结果吻合较好，证明了考虑预应力刚化效应对于离心机
结构的转子动力学特性分析是必不可少的。

<h2 style="text-align:center">参 考 文 献</h2>

[1] Michael S, Nazareth B, Satish N. State Estimation for International Space Station Centrifuge Rotor[C]. AIAA Guidance,
Navigation, and Control Conference and Exhibit, San Francisco, 2005.

[2] Semenov E V, Slavyanskii A A, Karamzin A V. Analysis of suspension-clarification process in rotor of tubular centrifuge[J].
Chemical and Petroleum Engineering, 2014, 50(1/2): 3-10.

[3] Khan M Z, Suleman M, Ashraf M, et al. Some practical aspects of balancing an ultra-centrifuge rotor[J]. Journal of Nuclear
Science and Technology, 1987, 24(11): 951-959.

[4] Uchita Y, Shimpo T, Saouma V. Dynamic centrifuge tests of concrete dam[J]. Earthquake Engineering and Structural Dynamics,
2005, 34(12): 1467-1487.

[5] Yang J, He S Z, Wang L Q. Dynamic balancing of a centrifuge: Application to a dual-rotor system with very little speed
difference[J]. Journal of Vibration and Control, 2004, 10(7): 1029-1040.

[6] Scott R, Morgan N. Feasibility and Desirability of Constructing Very Large Centrifuges for Geotechnical Studies[R]. California
Institute of Technology, Pasadena, 1977.

[7] Li Q S, Xu Y H, Luo L. Review on development of centrifuge for scientific tests[J]. Equipment Environmental Engineering, 2015,
12(5): 1-10.

[8] Huang K J, Liu T S. Dynamic analysis of rotating beams with nonuniform cross sections using the dynamic stiffness method[J].

Journal of Vibration and Acoustics, 2001, 123(4): 536-539.

[9] Chávez, J P, Hamaneh V V, Wiercigroch M. Modelling and experimental verification o f an asymmetric Jeffcott rotor with radial clearance[J]. Journal of Sound and Vibration, 2015, 334(1): 86-97.

[10] Shahgholi M, Khadem S E. Internal, combinational and sub-harmonic resonances of a nonlinear asymmetrical rotat-ing shaft[J]. Nonlinear Dynamics, 2015, 79(1): 173-184.

[11] Han Q K, Chu F L. Parametric instability of flexible rotor-bearing system under time-periodic base angular motions[J]. Nonlinear Dynamics, 2015, 39(5): 4511-4522.

[12] Jei Y G, Lee C W. Modal analysis of continuous asymmetrical rotor-bearing systems[J]. Journal of Sound and Vibration. 1992, 152（2）: 245-262.

[13] Jorge C O, Enrique S G W, Félix J, et al. A novel methodology for the angular position identification of the unbalance force on asymmetric rotors by response polar plot analysis[J]. Mechanical Systems and Signal Processing, 2017, 95(1): 172-186.

[14] Yukio I, Jun L. Elimination of unstable ranges of rotors utilizing discontinuous spring characteristics[J]. Transactions of the Japan Society of Mechanical Engineer C, 2006, 72(715): 683-689.

[15] Montiel M A, Navarro G S. Design and Control of a Two Disks Asymmetrical Rotor System Supported by a Suspension with Linear Electromechanical Actuators[C]. 6th International Conference on Electrical Engineering, Computing Science and Automatic Control, Toluca, 2009.

[16] Nandi A, Neogy S. An efficient scheme for stability analysis of finite element asymmetric rotor models in a rotating frame[J]. Finite Elements in Analysis and Design, 2005（41）: 1343-1364.

[17] Özsahina O, Özgüvena H N, Budak E. Analytical modeling of asymmetric multi-segment rotor-bearing systems with Timoshenko beam model including gyroscopic moments[J]. Computers and Structures, 2014, 144(1): 119-126.

[18] Montiel M A, Navarro G S. Finite Element Modeling and Unbalance Compensation for a Two Disks asymmetrical Rotor System[C]. 5th International Conference on Electrical Engineering, Computing Science and Automatic Control, Mexico City, 2008.

[19] Zuo Y F, Wang J J, Ma W M. Quasimodes instability analysis of uncertain asymmetric rotor system based on 3D solid element model[J]. Journal of Sound and Vibration, 2017, 390(1): 192-204.

[20] Li M, Liu Y B, Wang Q. Research on asymmetrical supporting rotor system with radial clearance[J]. IOP Conference. Series: Materials Science and Engineering, 2018, 382(4): 042055.

[21] Peng H C, He Q, Zhai P C, et al. Stability analysis of the whirl motion of a breathing cracked rotor with asymmetric rotational damping[J]. Nonlinear Dynamics, 2017, 90(3): 1545-1562.

[22] Han Q K, Chu F L. Parametric instability of a Jeffcott rotor with rotationally asymmetric inertia and transverse crack[J]. Nonlinear Dynamics, 2013, 73(12): 827-842.

[23] Han Q K, Chu F L. The effect of transverse crack upon parametric instability of a rotor-bearing system with an asymmetric disk[J]. Communication of Nonlinear Science and Numerical Simulation, 2012, 17: 5189-5200.

[24] 袁慧群. 转子动力学基础[M]. 北京：冶金工业出版社，2013.

第11章 自由状态下结构的随机振动响应分析

对于如导弹等需要经历飞行环境的装备结构，外表面的绕流流场将诱导复杂的振动、噪声、加速度等综合力学环境，对装备的结构完整性、功能和性能产生严重影响，对飞行载荷环境的认识是装备结构环境适应性设计和评估的重要基础。

目前，飞行试验是认识飞行环境特性的主要手段，但飞行试验成本高、周期长、试验次数有限，难以提供足够的环境条件研究的样本数量；飞行试验一般只能测量装备结构内部的响应，不足以认识外部激励源的诱导激励及特性。

飞行过程中，流场将同时诱导脉动压力、气动热和时均压力等综合载荷作用在装备结构表面，然后作为装备结构外部载荷形成复杂的声振、热力等复合响应。本章主要针对脉动压力对结构的随机振动响应的数值模拟方法进行分析，与一般的随机振动分析不同，飞行状态下结构的随机振动分析具有如下特点：①边界条件为自由状态；②载荷类型为表面脉动压力，属于宽频带的面载荷，一般假设为随机激励；③脉动压力在结构的外表面不同区域有不同的分布特征，相互之间也存在相关性，呈多点激励特征。

针对脉动压力载荷特征，当前多以计算流体力学(computational fluid dynamics，CFD)数值模拟技术、试验技术(如风洞试验)、飞行试验数据再认识为主要手段，辅以工程经验知识的研究方式，具体应用中，脉动压力在结构表面一般假设为分块区域分布，每个区域内既考虑均匀分布，也可以考虑不同区域之间脉动压力的相关性。

此外，本章还将多点基础加速度随机激励转化为自由状态下多点压力谱激励的形式，结合某装备结构地面振动试验中的转动现象进行了理论和数值模拟。

11.1 某弹头壳体自由状态随机振动响应数值模拟演示

11.1.1 分析模型及脉动压力载荷

图 11.1 为某弹头壳体简化示意图，全局坐标原点位于小端区域，将壳体外表面划分为六个区域，如图 11.2 所示，分别标记为 $A\sim F$，每个区域内考虑均匀分布的脉动压力。

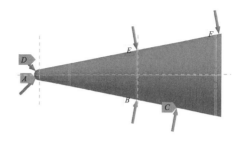

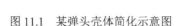

图 11.1　某弹头壳体简化示意图　　　　　图 11.2　脉动压力载荷分布

为便于分析，算例演示中考虑该脉动压力不随激励频率变化，并假设其频率分辨率为 1Hz，假设各分区外表面脉动压力 $\boldsymbol{F}(\omega)$ 的谐波形式（以复数形式表征）为

$$\boldsymbol{F}(\omega)=\begin{bmatrix} 30 & 25+10\mathrm{i} & 20+15\mathrm{i} & 15+10\mathrm{i} & 10+5\mathrm{i} & 5+5\mathrm{i} \end{bmatrix}$$

则其功率谱密度矩阵 $\boldsymbol{P}(\omega)$ 为

$$\boldsymbol{P}(\omega)=\boldsymbol{F}(\omega)\boldsymbol{F}(\omega)^{\mathrm{T}}=\begin{bmatrix} 900 & 700-300\mathrm{i} & 750-450\mathrm{i} & 450-300\mathrm{i} & 300-150\mathrm{i} & 150-150\mathrm{i} \\ 750+300\mathrm{i} & 725 & 775-125\mathrm{i} & 475-100\mathrm{i} & 300-25\mathrm{i} & 175-75\mathrm{i} \\ 750+450\mathrm{i} & 775+125\mathrm{i} & 850 & 525-25\mathrm{i} & 325+25\mathrm{i} & 200-50\mathrm{i} \\ 450+300\mathrm{i} & 475+100\mathrm{i} & 525+25\mathrm{i} & 325 & 200+25\mathrm{i} & 125-25\mathrm{i} \\ 300+150\mathrm{i} & 300+25\mathrm{i} & 325-25\mathrm{i} & 200-25\mathrm{i} & 125 & 75-25\mathrm{i} \\ 150+150\mathrm{i} & 175+75\mathrm{i} & 200+50\mathrm{i} & 200+25\mathrm{i} & 75+25\mathrm{i} & 50 \end{bmatrix}$$

脉动压力功率谱密度单位为 $\mathrm{Pa}^2/\mathrm{Hz}$，分析频率范围为 $10\sim4000\mathrm{Hz}$，非对角线元素反映了各区域脉动压力之间的相位差或相关性。

11.1.2　数值模拟演示

由于目前版本的 Workbench 平台还不支持自由状态下的随机振动响应分析，也不支持力/压力谱形式的随机载荷，因此该仿真分析过程在 Ansys 经典界面下完成，分析的命令流和主要注释如下：

```
/input,'ds','dat','f:\free_random\dantou\',, 0    !导入有限元网格
```
模型，该模型在 Workbench 中完成建模并划分网格，同时将 A～F 六个区域面的节点定义了组件名，依次分别为 y1、y2、y3、b1、b2、b3
```
/prep7                  !进入前处理
!定义 A 区域的表面效应单元
et,23,surf154           !定义表面效应单元为 154 号单元,23 为该单元类型编号
mptemp,1,0
mpdata,dens,23,,1       !定义该单元的材料属性,密度为 1,对结构的动态特性
```
的影响可以忽略
```
type, 23
```

```
mat, 23
cmsel,s,y1              !选择 A 区域的节点
esurf,0                 !生成表面效应单元
esel,s,type,,23         !选择该表面效应单元
allsel,below,elem
cm,y1_ele,elem          !将 A 区域的表面效应单元生成组件,组件名为 y1_ele,
! 以下类似
allsel,all
!定义 B 区域的表面效应单元
et,24,surf154
type, 24
mat, 23
cmsel,s,y2
esurf,0
esel,s,type,,24
allsel,below,elem
cm,y2_ele,elem
allsel,all
!定义 C 区域的表面效应单元
et,25,surf154
type, 25
mat, 23
cmsel,s,y3
esurf,0
esel,s,type,,24
allsel,below,elem
cm,y3_ele,elem
allsel,all
!定义 D 区域的表面效应单元
et,26,surf154
type, 26
mat, 23
cmsel,s,b1
esurf,0
esel,s,type,,26
allsel,below,elem
cm,b1_ele,elem
allsel,all
```

```
    !定义 E 区域的表面效应单元
    et,27,surf154
    type, 27
    mat, 23
    cmsel,s,b2
    esurf,0
    esel,s,type,,27
    allsel,below,elem
    cm,b2_ele,elem
    allsel,all
    !定义 F 区域的表面效应单元
    et,28,surf154
    type, 28
    mat, 23
    cmsel,s,b3
    esurf,0
    esel,s,type,,28
    allsel,below,elem
    cm,b3_ele,elem
    allsel,all
    finish
    !进入模态分析
    /sol
    antype,2
    modopt,lanb,500
    mxpand,500, , ,1
    modopt,lanb,500,0,5000, ,off
    outpr,all,all,
    outres,all,all
    modcont,on                !为每个载荷步定义载荷向量
    !在 A 区域通过表面效应单元施加面载荷
    sfe,y1_ele,1,pres,,1          !在 A 区域的表面效应单元集合 y1_ele 上施加
面压力载荷
    lswrite,1                 !写入载荷子步 1
    sfedele,all,all,pres              !清除施加的面压力载荷
    !在 B 区域通过表面效应单元施加面载荷
    sfe,y2_ele,1,pres,,1
    lswrite,2
```

```
sfedele,all,all,pres
!在 C 区域通过表面效应单元施加面载荷
sfe,y3_ele,1,pres,,1
lswrite,3
sfedele,all,all,pres
!在 D 区域通过表面效应单元施加面载荷
sfe,b1_ele,1,pres,,1
lswrite,4
sfedele,all,all,pres
!在 E 区域通过表面效应单元施加面载荷
sfe,b2_ele,1,pres,,1
lswrite,5
sfedele,all,all,pres
!在 F 区域通过表面效应单元施加面载荷
sfe,b3_ele,1,pres,,1
lswrite,6
sfedele,all,all,pres
!计算载荷步 1~6
lssolve,1,6,1
finish
!进入功率谱分析
/solu
antype,8
spopt,psd,500,1,0
outpr,all,all,
dmprat,0.02,          !每阶模态阻尼比为 0.02
!定义六个载荷谱均为压力谱
psdunit,1,pres
psdunit,2,pres
psdunit,3,pres
psdunit,4,pres
psdunit,5,pres
psdunit,6,pres
!定义 A~F 六个区域脉动压力的自谱，即矩阵 P(ω) 的对角线元素
psdfrq,1,,10,4000
psdval,1,900,900
psdfrq,2,,10,4000
psdval,2,725,725
```

```
psdfrq,3,,10,4000
psdval,3,625,625
psdfrq,4,,10,4000
psdval,4,325,325
psdfrq,5,,10,4000
psdval,5,125,125
psdfrq,6,,10,4000
psdval,6,50,50
```

!定义 A～F 六个区域脉动压力的互谱，即矩阵 $P(\omega)$ 的非对角线元素，只需要定义左下部分即可

```
psdfrq,1,2,10,4000
coval,1,2,750,750
qdval,1,2,300,300
psdfrq,1,3,10,4000
coval,1,3,600,600
qdval,1,3,450,450
psdfrq,1,4,10,4000
coval,1,4,450,450
qdval,1,4,300,300
psdfrq,1,5,10,4000
coval,1,5,300,300
qdval,1,5,150,150
psdfrq,1,6,10,4000
coval,1,6,150,150
qdval,1,6,150,150
psdfrq,2,3,10,4000
coval,2,3,650,650
qdval,2,3,175,175
psdfrq,2,4,10,4000
coval,2,4,475,475
qdval,2,4,100,100
psdfrq,2,5,10,4000
coval,2,5,300,300
qdval,2,5,25,25
psdfrq,2,6,10,4000
coval,2,6,175,175
qdval,2,6,75,75
psdfrq,3,4,10,4000
```

```
coval,3,4,450,450
qdval,3,4,-25,-25
psdfrq,3,5,10,4000
coval,3,5,275,275
qdval,3,5,-50,-50
psdfrq,3,6,10,4000
coval,3,6,175,175
qdval,3,6,25,25
psdfrq,4,5,10,4000
coval,4,5,200,200
qdval,4,5,-25,-25
psdfrq,4,6,10,4000
coval,4,6,125,125
qdval,4,6,25,25
psdfrq,5,6,10,4000
coval,5,6,75,75
qdval,5,6,25,25
!计算多点激励中各个载荷步的参与因子
lvscale,1.0,1      !施加载荷步1，其他载荷步不参与计算，下同
lvscale,0.0,2
lvscale,0.0,3
lvscale,0.0,4
lvscale,0.0,5
lvscale,0.0,6
pfact,1,node       !计算载荷步1的参与因子，下同
lvscale,0.0,1
lvscale,1.0,2
lvscale,0.0,3
lvscale,0.0,4
lvscale,0.0,5
lvscale,0.0,6
pfact,2,node
lvscale,0.0,1
lvscale,0.0,2
lvscale,1.0,3
lvscale,0.0,4
lvscale,0.0,5
lvscale,0.0,6
```

```
pfact,3,node
lvscale,0.0,1
lvscale,0.0,2
lvscale,0.0,3
lvscale,1.0,4
lvscale,0.0,5
lvscale,0.0,6
pfact,4,node
lvscale,0.0,1
lvscale,0.0,2
lvscale,0.0,3
lvscale,0.0,4
lvscale,1.0,5
lvscale,0.0,6
pfact,5,node
lvscale,0.0,1
lvscale,0.0,2
lvscale,0.0,3
lvscale,0.0,4
lvscale,0.0,5
lvscale,1.0,6
pfact,6,node
!输出控制
psdres,disp,rel
psdres,velo,off
psdres,acel,abs
psdcom,0.0001
/status,solu
solve
finish
/post1
set,3                !读取应力及位移响应结果
!显示 von-Mises 应力云图
/efacet,1
plnsol, s,eqv, 0,1.0
set,5                !读取加速度响应结果
!显示 von-Mises 应力云图，如图 11.3 所示
/efacet,1
```

```
plnsol, s,eqv, 0,1.0
finish
/post26
file,'file','rst','.'
/ui,coll,1
numvar,200
store,psd, 5
solu,191,ncmit
store,merge
filldata,191,,,,1,1
realvar,191,191
numvar,200
```
!选择小端上某点(节点编号为 9123),观察其各个方向的加速度响应功率谱密度曲线
```
nsol,2,9123,u,x
store,merge
nsol,3,9123,u,y
store,merge
nsol,4,9123,u,z
store,merge
rpsd,5,2,,3,1,
rpsd,6,3,,3,1,
rpsd,7,4,,3,1,
lines,20000
prvar,5,6,7
```
                                    !绘制节点 x、y、z 三个方向的加速度响应功率谱密度曲
线,如图 11.4 所示.

数值模拟得到弹头壳体等效应力均方根分布云图如图 11.3 所示,单位为 Pa,小端关注点三个方向的加速度响应功率谱密度曲线如图 11.4 所示,单位为 g^2/Hz.

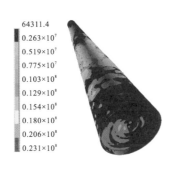 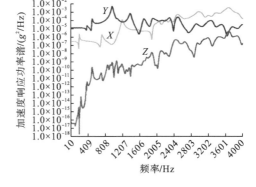

图 11.3　弹头壳体等效应力均方根分布云图　　图 11.4　小端关注点三个方向的加速度响应功率
谱密度曲线

11.2　某结构横向随机振动试验中转动现象的数值模拟分析

在 4.6 节中对台面非一致激励下的结构响应进行了数值模拟方法的初步研究，考虑的是将非一致激励转化为多点基础加速度激励，重点在于多点随机激励加载的数值模拟方法，实质上是将边界约束进行分块，每个分块区域内的基础激励均一致，与实际情况存在差异，尤其是在不同区域边界上的响应是突变的。但从物理本质而言，力载荷才是结构产生响应的本源，因此，本节结合某装备结构在横向随机振动试验中出现的转动问题，从力载荷的角度开展多点随机振动响应的模拟方法研究。

对于多点力激励下的随机振动响应分析，此时，边界条件不能如 4.6 节那样设置为固支约束条件，否则边界上的力载荷无法施加，因此，结构需要考虑为自由边界状态。

11.2.1　试验结构模型

图 11.5(a)为某装备结构简化模型，该模型为圆柱形层合结构，共三层，由内向外材料分别为：聚合物、泡沫、钢，如图 11.5(b)所示，模型材料参数如表 11.1 所示。

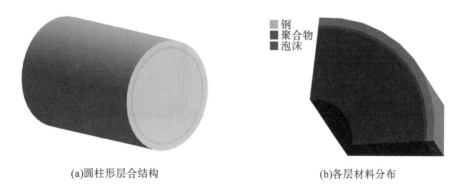

(a)圆柱形层合结构　　　　　　　　　　　　(b)各层材料分布

图 11.5　圆柱形层合结构及其材料分布

表 11.1　模型材料参数

参数	钢	泡沫	聚合物
弹性模量/MPa	2×10^5	1	7×10^3
密度/(kg/m³)	7850	200	1500
泊松比	0.3	0.45	0.3

图 11.6(a)为其横向随机振动模型，试验件与立板式夹具通过大螺纹过盈装配连接，控制点为 K_1、K_2，位于试验件与立板式夹具连接界面上，两点主振向(Y 方向)的响应平均值满足图 11.6(b)所示的加速度响应功率谱密度曲线。

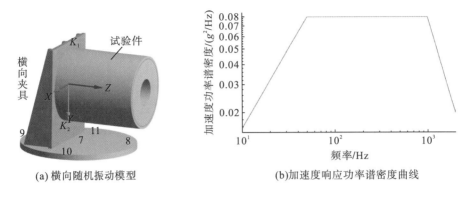

(a) 横向随机振动模型　　　　　　　　(b)加速度响应功率谱密度曲线

图 11.6　横向随机振动模型及加速度响应功率谱密度曲线

在试验过程中，出现了试验件大螺纹连接处绕 Z 轴大幅转动导致试验失败的问题，经过分析，认为是试验件层间扭转模态被激发，在试验件与立板式夹具连接界面上产生较大的扭矩，从而发生转动，经模态分析，该层合结构存在多阶明显的扭转模态，如图 11.7 所示。

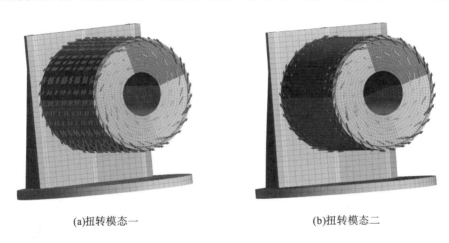

(a)扭转模态一　　　　　　　　　　　　(b)扭转模态二

图 11.7　两阶扭转模态振型(矢量图)

考虑到层间转动模态属于非对称模态，而该试验模型为面对称结构，若振动台的法向激励为一致基础激励，则为对称载荷，难以激发试验件层间转动模态，因此，层间转动现象应当是在试验中产生了非对称载荷。

通过分析夹具底板上多个测点(编号为 7~11)的试验数据，可以看出显著的振动台台面非一致激励现象，如表 11.2 和图 11.8 所示，其功率谱密度曲线及均方根值存在明显差异，对该试验结构而言，即构成了非对称载荷。

表 11.2　底板各测点加速度响应均方根值

测点	7	8	9	10	11
均方根值/g	23.25	63.54	13.97	33.37	32.79

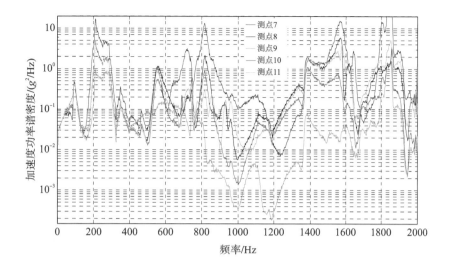

图 11.8 夹具底板测点的加速度功率谱密度曲线

11.2.2 非对称载荷分析

通过上述分析,若要对该问题进行定量分析,关键在于分析试验结构受到的非对称载荷,进而计算试验件与夹具连接界面上产生的扭矩。试验结构受到通过夹具底板传递而来的力载荷,这种力载荷的真实分布难以获得,但从作用的综合效果来看,可对力载荷的分布形式进行合理假设,然后通过测点响应数据,对载荷进行识别。

需要说明的是,11.2.1 节的台面法向非一致激励反映的是 4.6 节中提到的振动台台面的不均匀度,这是振动台设备不同程度存在的固有特征,也是其检验指标之一。另外,振动台在检验时还有另一个指标,即横振比,它反映了台面水平方向的运动分量,对于台面上的试验结构而言,也是激发该层合筒结构的非对称载荷的来源之一。

结合上述分析,假设了图 11.9(a) 夹具底板上所传递的力载荷分布模式。

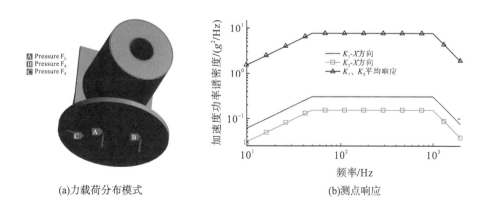

(a)力载荷分布模式 (b)测点响应

图 11.9 夹具底面的力载荷分布模式及测点响应

(1) 针对不均匀度因素，假设了底板 YZ 平面左侧区域 A 的力载荷 F_L 和右侧区域 B 的力载荷 F_R，垂直于底板，为主振方向（Y 方向），F_L 和 F_R 共同作用下能够在夹具底面形成绕 Z 轴的扭转载荷。

(2) 针对横振比因素，假设了整个底面（区域 C）上的切向力 F_S，还考虑了 F_L 与 F_R 分别与 F_S 之间的相位差 α 和 β，力载荷的形式为压力功率谱，共五个变量。在上述载荷共同作用下，试验结构除在主振方向产生响应，还会在水平 X 方向产生响应。

11.2.3　非对称载荷识别方法

试验中根据测点 K_1、K_2 上布置的多向加速度传感器，获得了主振向的响应，以及水平 X 方向的响应，因此，在载荷识别过程中，以 K_1、K_2 测点主振向的平均响应和在水平 X 方向的响应为参考，对载荷变量进行识别。假设 K_1、K_2 两点平均控制曲线及 X 方向的响应测试数据如图 11.9(b) 所示。需要说明的是，上述假设中没有考虑夹具底面 XY 平面两侧的载荷差异，由于试验件构型的特点，XY 平面两侧载荷的非一致性不会使得试验件产生绕 Z 轴的扭矩，对主振方向的响应相对 F_L 和 F_R 的影响为小量。

通过上述分析，可以将夹具底面的力载荷与控制点响应之间的传递关系描述为

$$\boldsymbol{R} = \begin{bmatrix} R_{k1x} \\ R_{k1y} \\ R_{k2x} \\ R_{k2y} \end{bmatrix} = \boldsymbol{HF} = \boldsymbol{H} \begin{bmatrix} F_L(\cos\alpha + \mathrm{i}\sin\alpha) \\ F_S \\ F_R(\cos\beta + \mathrm{i}\sin\beta) \\ F_S \end{bmatrix} \tag{11.1}$$

式中，R_{k1x}、R_{k1y}、R_{k2x}、R_{k2y} 分别为测点 K_1、K_2 在 X 方向和 Y 方向的谐响应；$\boldsymbol{H}$ 为传递函数矩阵，维数为 4×4，力载荷项分别施加在夹具底面 YZ 平面两侧，包括在 X 方向施加和 Y 方向施加。

假设测点随机响应数据中的频率间隔，即频率分辨率为 Δf，则测点响应的功率谱密度矩阵 $\boldsymbol{P}$ 为

$$\boldsymbol{P} = \frac{\boldsymbol{RR}^{\mathrm{T}}}{\Delta f} = \begin{bmatrix} R_{k1x}^2 & R_{k1x}R_{k1y} & R_{k1x}R_{k2x} & R_{k1x}R_{k2y} \\ R_{k1y}R_{k1x} & R_{k1y}^2 & R_{k1y}R_{k2x} & R_{k1y}R_{k2y} \\ R_{k2x}R_{k1x} & R_{k2x}R_{k1y} & R_{k2x}^2 & R_{k2x}R_{k2y} \\ R_{k2y}R_{k1x} & R_{k2y}R_{k1y} & R_{k2y}R_{k2x} & R_{k2y}^2 \end{bmatrix} \tag{11.2}$$

式(11.1)中，传递函数矩阵 $\boldsymbol{H}$ 可通过谐响应数值模拟，依次在夹具底面左右两侧的法向和切向施加单位压力计算获得，如令 $\boldsymbol{F}=[1\,0\,0\,0]^{\mathrm{T}}$，根据响应结果可以得到矩阵 $\boldsymbol{H}$ 的第一列。以左侧区域 A 为例，在 Workbench 中右击谐响应分析模块，在弹出的菜单中选择 Insert→pressure 选项，其谐响应设置如图 11.10 所示，仿真中频率分辨率 Δf 假设为 2Hz，阻尼比为 0.02。

Options	
Frequency Spacing	Linear
Range Minimum	8. Hz
Range Maximum	2000. Hz
Solution Intervals	996
User Defined Frequencies	Off
Solution Method	Mode Superposition
Include Residual Vector	No
Cluster Results	No
Skip Expansion (Beta)	No
Store Results At All Frequencies	Yes
+ Rotordynamics Controls	
+ Advanced	
+ Output Controls	
− Damping Controls	
Eqv. Damping Ratio From Modal	No
Damping Ratio	2.e-002
Stiffness Coefficient Define By	Direct Input

Scope	
Scoping Method	Named Selection
Named Selection	fl
Definition	
ID (Beta)	704
Type	Pressure
Define By	Components : Real – Imaginary
Coordinate System	Global Coordinate System
X Component - Real	1. Pa
X Component - Imag	0. Pa
Y Component - Real	0. Pa
Y Component - Imag	0. Pa
Z Component - Real	0. Pa
Z Component - Imag	0. Pa

(a)分析选项设置　　　　　　　　　　　(b)载荷设置

图 11.10　单位激励下的谐响应设置

在载荷识别过程中，采用优化算法对五个载荷变量进行优化，目标函数为式(11.2)中的对角线元素，即 $\left(R_{k1y}^2 + R_{k2y}^2\right)/2$、$R_{k1x}^2$、$R_{k2x}^2$ 分别与图 11.9(b)的响应曲线值偏差尽量小，该算例演示中，采用遗传优化算法进行载荷优化计算，识别得到的夹具底面载荷如图 11.11所示。

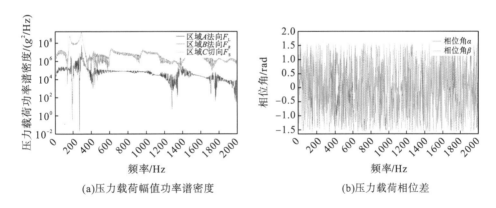

(a)压力载荷幅值功率谱密度　　　　　　　　(b)压力载荷相位差

图 11.11　识别得到的夹具底面载荷

11.2.4　扭矩响应数值模拟

将识别得到的载荷再次输入模型中进行结构动力学响应分析，可以采用以下两种方式。

(1)将识别的载荷以谐波载荷方式，通过谐响应分析进行数值模拟，可以得到关注界面上扭矩响应的幅值谱，再通过数值积分得到均方根值，在 Workbench 平台和 Ansys 经典界面均可实现。

(2)将识别的载荷以功率谱的方式，通过自由体随机振动分析进行数值模拟，可以直接提取关注界面上产生的扭矩均方根值，在 Ansys 经典界面中完成。

以谐响应分析方式为例，在 Workbench 平台下进行模拟，A 区域识别载荷(包含法向和切向)输入如图 11.12 所示，B 区域类似。为便于获得连接界面上扭矩的频响曲线，建模时可在连接界面上建立绑定接触，这样在谐响应分析的后处理中，通过图 11.13 的方式，可以方便地提取结果。其中要注意的是扭矩提取时坐标轴的定义，本算例中整体坐标系建立在试验件上，对称轴为 Z 轴，如果对称轴在其他位置，则需要在试验件对称轴上建立局部坐标系，然后在局部坐标系下提取扭矩结果。

<table>
<tr><th colspan="6">Tabular Data</th></tr>
<tr><th></th><th>Frequency [Hz]</th><th>X Component - Real [Pa]</th><th>X Component - Imag. [Pa]</th><th>Y Component - Real [Pa]</th><th>Y Compor...</th></tr>
<tr><td>1</td><td>10.</td><td>186.89936</td><td>0.</td><td>939.64257</td><td>1001.6911</td></tr>
<tr><td>2</td><td>12.</td><td>152.07828</td><td>0.</td><td>533.63091</td><td>-1738.3977</td></tr>
<tr><td>3</td><td>14.</td><td>161.7481</td><td>0.</td><td>1230.9302</td><td>-896.63539</td></tr>
<tr><td>4</td><td>16.</td><td>297.55547</td><td>0.</td><td>-1494.4569</td><td>-250.12564</td></tr>
<tr><td>5</td><td>18.</td><td>236.51845</td><td>0.</td><td>-2091.2849</td><td>649.09716</td></tr>
<tr><td>6</td><td>20.</td><td>275.21254</td><td>0.</td><td>-2016.3144</td><td>301.86781</td></tr>
<tr><td>7</td><td>22.</td><td>236.40733</td><td>0.</td><td>2966.3493</td><td>-94.520772</td></tr>
<tr><td>8</td><td>24.</td><td>364.02347</td><td>0.</td><td>5.7444782</td><td>2111.086</td></tr>
<tr><td>9</td><td>26.</td><td>227.3629</td><td>0.</td><td>2154.9655</td><td>690.6916</td></tr>
<tr><td>10</td><td>28.</td><td>311.06474</td><td>0.</td><td>334.61284</td><td>3279.552</td></tr>
<tr><td>11</td><td>30.</td><td>231.94067</td><td>0.</td><td>2069.8009</td><td>895.75829</td></tr>
<tr><td>12</td><td>32.</td><td>255.34929</td><td>0.</td><td>-1597.7341</td><td>2159.6118</td></tr>
<tr><td>13</td><td>34.</td><td>424.20728</td><td>0.</td><td>-452.9139</td><td>3082.8477</td></tr>
<tr><td>14</td><td>36.</td><td>259.40733</td><td>0.</td><td>2103.8501</td><td>1654.486</td></tr>
</table>

图 11.12　A 区域识别载荷输入　　　　　图 11.13　插入扭矩的频响曲线

优化识别得到的载荷在控制点处产生的功率谱密度如图 11.14 所示，与图 11.9(b)所示的目标值非常接近。

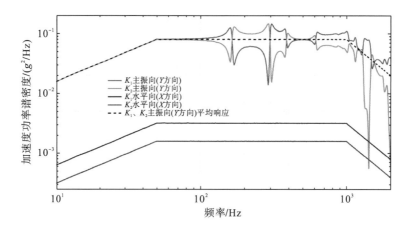

图 11.14　优化识别得到的载荷在控制点处产生的功率谱密度

计算得到连接界面上的扭矩的幅值谱曲线如图 11.15(a)所示，其功率谱密度曲线如图 11.15(b)所示，通过数值积分，得到其 3 倍均方根值为 2664N·m，可见在连接处产生了较大的扭矩，可能导致连接失效，发生转动。

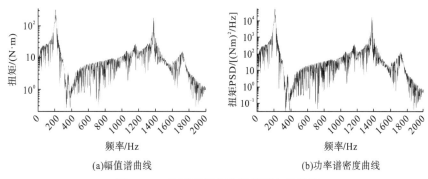

(a)幅值谱曲线　　　　　　　　　　　(b)功率谱密度曲线

图 11.15　识别载荷在连接界面上的扭矩

随机振动分析在 Ansys 经典界面下完成，APDL 代码如下：

```
!进入前处理
/prep7
et,37,surf154      !定义三维表面效应单元，下同
mptemp,1,0
mpdata,dens,33,,1     !定义很小的密度值，对结构动态特性可以忽略，下同
type,  37
mat,   33
cmsel,s,fl
esurf,0
esel,s,type,,37
allsel,below,elem
cm,fl_ele,elem
keyopt,37,11,2    !修改单元特性，将作用面修改为实际几何面，而不是默认的
```
投影面，否则对于切向压力载荷而言，将施加在投影而成的线上，下同。

```
allsel,all
et,38,surf154
type,  38
mat,   33
cmsel,s,fr
esurf,0
esel,s,type,,38
allsel,below,elem
cm,fr_ele,elem
keyopt,38,11,2
allsel,all
finish
!进入模态分析
/sol
```

```
antype,2
modopt,lanb,300
mxpand,300, , ,1
modopt,lanb,300,0,3000, ,off
outpr,all,all,
sfedele,all,all,pres          !清除模型中已有的压力载荷
acel,0,0,0                    !清除模型中已存在的过载载荷
modcont,on            !打开多步加载
sfe,fl_ele,5,pres,1,1,1,0,0          !定义 A 区域水平（x 方向）的压力
lswrite,1
sfedele,all,all,pres
sfe,fl_ele,5,pres,1,1,0,1,0          !定义 A 区域法向（y 方向）的压力
lswrite,2
sfedele,all,all,pres
sfe,fr_ele,5,pres,1,1,1,0,0          !定义 B 区域水平（x 方向）的压力
lswrite,3
sfedele,all,all,pres
sfe,fr_ele,5,pres,1,1,0,1,0          !定义 B 区域法向（y 方向）的压力
lswrite,4
lssolve,1,4,1
finish
!进入功率谱分析
/solu
antype,8
spopt,psd,300,1,0
dmprat,0.02,
psdunit,1,pres
psdunit,2,pres
psdunit,3,pres
psdunit,4,pres
```
!输入识别载荷的自谱，本算例中采用 MATLAB 编写其输入载荷的 APDL 命令流，路径可根据实际情况修改
```
/input,'F11','txt','f:\free_random\',, 0
/input,'F22','txt','f:\free_random\',, 0
/input,'F33','txt','f:\free_random\',, 0
/input,'F44','txt','f:\free_random\',, 0
```
!输入识别载荷的互谱，本算例中采用 MATLAB 编写其输入载荷的 APDL 命令流，路径可根据实际情况修改

```
/input,'F12','txt','f:\free_random\',,, 0
/input,'F13','txt','f:\free_random\',,, 0
/input,'F14','txt','f:\free_random\',,, 0
/input,'F23','txt','f:\free_random\',,, 0
/input,'F24','txt','f:\free_random\',,, 0
/input,'F34','txt','f:\free_random\',,, 0
lvscale,1.0,1
lvscale,0.0,2
lvscale,0.0,3
lvscale,0.0,4
pfact,1,node
lvscale,0.0,1
lvscale,1.0,2
lvscale,0.0,3
lvscale,0.0,4
pfact,2,node
lvscale,0.0,1
lvscale,0.0,2
lvscale,1.0,3
lvscale,0.0,4
pfact,3,node
lvscale,0.0,1
lvscale,0.0,2
lvscale,0.0,3
lvscale,1.0,4
pfact,4,node
psdres,disp,rel
psdres,velo,off
psdres,acel,abs
psdcom,0.0001
outpr,all,all,
/status,solu
solve
/post1
cmsel,s,sj       !选择连接界面上的节点，sj 为界面上节点集合组件名
set,3            !读取加速度响应结果
fsum             !计算界面上的合力，包括扭矩在内
finish
```

第 12 章　面向试验的冲击响应谱数值模拟方法

　　装备结构在服役过程中往往会受到冲击载荷的作用，如运输过程中的碰撞、吊装过程中的跌落、火箭飞行过程中的爆炸分离等，这些都对装备结构产生有害的影响，因此一般通过设计合理的试验方法考核装备结构对冲击环境的适应能力。

　　大体上而言，冲击试验一般分为简单冲击和复杂冲击两种，简单冲击包括半正弦波、梯形波、锯齿波等。简单冲击属于早期的冲击试验方法，存在许多局限性，如简单冲击所包含的较大低频能量，常使得试验时许多带减振器的设备损坏，属于过试验；另外，由于简单冲击与实际情况下的复杂冲击载荷差异较大，可能造成设备在试验室通过了考核，但在使用过程中仍出现损坏，属于欠试验[1]。可以看出，简单冲击期望以时程载荷来描述实际环境下的冲击载荷，但由于实际服役环境中冲击载荷的复杂性，基于简单冲击的试验方式已经难以适用。

　　目前采用较多的是基于冲击响应谱的试验方法，冲击响应谱的定义方法与地震响应谱相同，都是指冲击时程载荷施加到一系列单自由度弹簧振子系统上，可以获得每个单自由度系统时程响应幅值的最大值，将每个单自由度系统的固有频率与其对应的时程响应幅值的最大值绘制成一条频谱曲线即冲击响应谱，且这些单自由度系统具有单位质量、模态阻尼比相同的特点。

　　可见，冲击响应谱用结构产生的冲击响应来描述冲击载荷，在试验中，规定时间历程内，若产品在冲击模拟装置的冲击激励下产生的冲击响应谱与实际冲击环境的冲击响应谱相当，即认为该产品经受了冲击环境考核[2]。冲击响应谱是基于冲击响应效果的描述，但并未对试验中的冲击载荷进行要求和定义，因此试验时的冲击载荷模拟装置和冲击载荷时程可以是多样化的，并且相位的随机性造成谱载荷向时域载荷的转化具有不唯一性，这与描述实际冲击载荷的复杂性的特点是匹配的。

　　c 常见的冲击响应谱谱型如图 12.1 所示，为双对数坐标，在国军标 150A.18A—2009 中，对冲击响应谱的试验允差要求为 10～2000Hz 内至少 90%的频带，以 1/12 倍频程的频率分辨率计算的最大加速度响应谱允差应在-1.5～3dB，对余下 10%的频带，允差应在-6～-3dB。在多数机械冲击环境作用下，装备的主要响应频率不超过 2000Hz[3]。

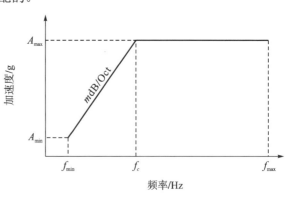

图 12.1　常见的冲击响应谱谱型

图 12.1 中，$f_{\max}$ 为冲击响应谱 A_{srs} 的频率范围上限；$f_{\min}$ 为冲击响应谱 A_{srs} 的频率范围下限；f_c 为拐点频率；$A_{\max}$ 为冲击响应谱的最大值；$A_{\min}$ 为冲击响应谱的最小值；m 为双对数坐标下响应谱上升段的斜率；频率离散点数量 n 的要求如式 (12.1) 所示，取该表达式最接近的整数。

$$n = 12\frac{\lg\left(f_{\max}/f_{\min}\right)}{\lg 2} + 1 \tag{12.1}$$

相邻两个频率点 f_{i-1} 和 f_i 及其幅值 A_{i-1} 和 A_i 之间的关系为

$$\lg\frac{A_i}{A_{i-1}} = \frac{m}{10}\lg\frac{f_i}{f_{i-1}} \tag{12.2}$$

12.1　基　本　理　论

试验室进行冲击响应谱试验一般采用两种方式，一种是采用振动台进行激励；另一种则是采用冲击台进行激励，本章以振动台激励为例进行讨论。

在利用振动台进行冲击响应谱试验时，一般要求将控制点放置在结构所关注的位置上，即要求控制点上的响应满足冲击响应谱，是一种响应控制。由该试验方式的实际情况可以看出，在进行数值仿真时，不建议采用第 4 章中的响应谱分析方法。

从响应谱的概念来看，其输入是时程形式的载荷，一般为加速度(也可以是位移和速度)，然后以基础激励形式作用到一系列单自由度系统上，然后将每个单自由度系统响应的最大幅值与其固有频率绘制获得响应谱曲线，可以看出，这种谱形式的响应与时程输入之间没有明确的对应关系，而且能够满足响应谱的时程载荷也并不是唯一的。这与谐响应分析、随机振动分析中激励幅值与响应幅值之间较为明确的线性比例传递关系是不同的，即无法通过某种固定的传递关系从响应谱直接获得时程载荷。

根据上述分析，面向试验的冲击响应谱数值模拟方法应该是根据该冲击响应谱，首先生成控制点响应的时域波形，然后基于时程载荷识别方法，获得约束位置(振动台台面)的基础载荷，再采用时程分析方法进行结构动力学响应分析，分析流程如图 12.2 所示。

图 12.2　基于振动台试验的冲击响应谱数值模拟分析流程

该分析流程中涉及两个关键问题：一是冲击响应谱如何转换为符合要求的时域波形；二是控制点在结构上时，如何识别基础时程载荷。

12.2 冲击响应谱的时域波形转换

12.2.1 冲击响应谱的计算方法

在进行冲击响应谱时域波形转换前，有必要先了解冲击响应谱是如何计算的。对于某单自由度系统而言，在基础激励作用下，结构的动力学方程可描述为

$$M\ddot{X}_u(t) + C\left[\dot{X}_u(t) - \dot{X}_b(t)\right] + K\left[X_u(t) - X_b(t)\right] = 0 \tag{12.3}$$

式中，M、C 和 K 为单自由度系统的质量、阻尼和刚度参数；$X_u(t)$ 为系统的绝对响应；$X_b(t)$ 为基础激励。在冲击响应谱分析中，一般取单自由度系统的质量为 1，因此，式(12.3)可以写为

$$\ddot{X}_u(t) + 2\zeta\omega_n\left[\dot{X}_u(t) - \dot{X}_b(t)\right] + \omega_n^2\left[X_u(t) - X_b(t)\right] = 0 \tag{12.4}$$

式中，ζ 为阻尼比；ω_n 为单自由度系统的固有频率。

对于式(12.4)形式的方程，在求解时一般先改写成相对响应形式，如式(12.5)所示，其中 $X_s(t) = X_u(t) - X_b(t)$ 为相对响应，从而将基础激励转化为力激励，便于响应分析。

$$\ddot{X}_s(t) + 2\zeta\omega_n\dot{X}_s(t) + \omega_n^2 X_s(t) = -\ddot{X}_b(t) \tag{12.5}$$

将式(12.5)采用第 2 章中的动力学响应分析方法，计算得到每个单自由度系统的时程响应，再根据式(12.6)得到结构的绝对响应，并取幅值的最大值，从而得到响应谱曲线。

$$X_u(t) = X_s(t) + X_b(t) \tag{12.6}$$

12.2.2 冲击响应谱的时域波形转换方法

根据傅里叶变换的思想，一条时域波形可以分解为由多个不同幅值、不同相位的谐波成分的组合，在冲击响应谱进行时域波形转换时，也借鉴该思想，将该时域波形表述为一系列谐波形式的组合，实际应用中，一般还将这些谐波进行加窗，这些加窗后的波形称为基波，合成后的波形 $X(t)$ 可表述为

$$X(t) = \sum_{i=1}^{n} A_i \sin\left[2\pi f_i\left(T - t_{di}\right)\right]\sin\left[\frac{2\pi f_i\left(T - t_{di}\right)}{N}\right] \tag{12.7}$$

式中，n 为基波数量，根据式(12.1)可以计算得到；A_i 为第 i 个基波的幅值；f_i 为第 i 个基波的频率，由式(12.2)可以得到；t_{di} 为第 i 个波形的延时；N 为半正弦波的数目，一般取大于或等于 3 的奇数；T 为合成波形的总时间，可以保证每个基波至少有 N 个半正弦波，可由式(12.8)确定。

$$T \geqslant \frac{N}{2f_{\min}} \tag{12.8}$$

将上述合成波形作用到一系列单位质量为 m、固有频率为 f_i 的 n 个单自由度系统上，获得时程范围内响应幅值的最大值，形成冲击响应谱。并与目标谱型进行对比，如果不满

足允差要求，就需要迭代优化波形参数。

上述波形参数中，除了基波幅值 A_i 和基波延时 t_{di}，都可以确定下来，因此，重点在于对这两个波形参数的迭代优化。根据已有的研究，对结果影响最大的波形参数是基波幅值。

对于基波幅值，可采用如下方式进行迭代：

$$A_i = \frac{A_{\text{srs}(i)}}{A_{\text{res}(i)}} A_i \tag{12.9}$$

式中，$A_{\text{res}(i)}$ 为当前时域波形计算得到的冲击响应谱在频率点 f_i 上的值；$A_{\text{srs}(i)}$ 为目标谱在频率点 f_i 上的值。

从上述分析来看，时域波形假设方式为一系列频率与离散频率点 f_i 相同的谐波的组合，这样对于每个单自由度系统而言，与其频率相同的基波成分将在该单自由度系统上产生共振，因此其响应也主要由该频率成分的基波激励造成，根据式(2.3)，得到共振状态下，即 $\lambda=1$ 时结构的稳态响应幅值：

$$B_i = \frac{A_i}{k_i} \frac{1}{2\varsigma} \tag{12.10}$$

式中，k_i 为第 i 个单自由度系统的刚度，对于单位质量形式归一化的单自由度系统：

$$k_i = \omega_{ni}^2 \tag{12.11}$$

ω_{ni} 为第 i 个单自由度系统的固有频率。记

$$A_{i0} = \frac{A_i}{k_i} \tag{12.12}$$

A_{i0} 实际上是该单自由度系统在激励力幅值静作用下的最大位移，由式(12.10)可知，在结构共振时，单自由度系统的动态响应的位移幅值被放大，该放大系数也称为品质因子，记为

$$Q = \frac{1}{2\zeta} \tag{12.13}$$

因此，在进行基波幅值迭代时，可以利用共振响应的幅值 B_i 作为基波幅值的初始值，以加快迭代效率。一般来说，相关规范或标准中给出的多为模态阻尼比 $\zeta=0.05$ 条件下的冲击响应谱。

对于基波延时，对计算结果的影响较小，可以随机化处理，不同的延时值会造成不同的时域波形转换结果[4]。

12.2.3　冲击响应谱的时域波形转换实例

由于响应谱到时程曲线的转化并不是唯一的，因此需要进行多次转换，获得一定样本的时域波形，表明冲击响应谱的统计意义。与此对应，在冲击响应谱试验过程中，一般要求经过三次冲击试验的考核。

以下以表 12.1 定义的冲击响应谱进行时域波形转换,参考国军标,允差定义为 2000Hz 内 90%以上的频率点满足上限为 3dB，下限为-1.5dB 的范围，剩下 10%的频率点，上限可调整为 6dB，下限可调整为-3dB，为 20 倍对数关系，且波形总时间不超过 200ms。

表 12.1　冲击响应谱

频率/Hz	加速度值/g
20	20
200	75
450	75
1200	550
2000	550

通过 MATLAB 编程迭代得到三条不同的时域波形，如图 12.3 所示，代码见附录 B。

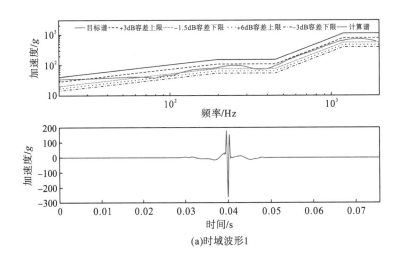

(a)时域波形1

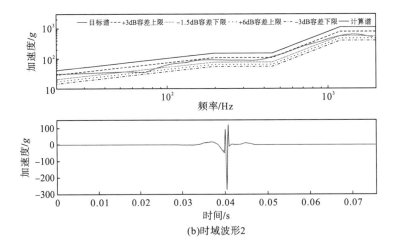

(b)时域波形2

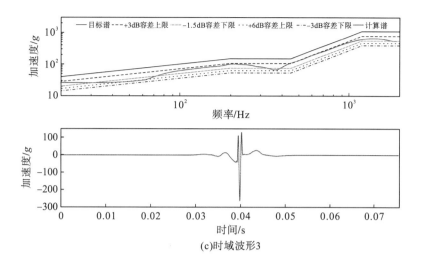

(c)时域波形3

图 12.3　转换的三条时域波形样本及其冲击响应谱与目标谱的对比

本节在分析中获得了冲击响应谱对应的时域波形, 即得到了结构上控制点的时域响应, 对于控制点在振动台台面的情况, 可将该时程曲线作为结构受到的基础激励加载进行瞬态动力学仿真分析, 但对于控制点在结构上的情况, 是无法作为载荷施加的, 因此还需要通过时域载荷识别获得基础激励, 即还需要通过载荷识别方法, 使得所识别的基础载荷在控制点上产生所期望的时程响应, 才能进行结构的瞬态动力学分析。

12.3　基于时域载荷识别的冲击响应谱数值模拟

12.3.1　时域载荷识别方法

时域范围内的载荷识别是时域响应计算的反问题, 仍以单自由度系统为例, 在零初始条件下, 当受到任意力载荷 $P(t)$ 作用时, 可将 $P(t)$ 看作一系列脉冲力的叠加, 如图 12.4 所示。

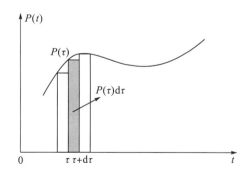

图 12.4　时域载荷的脉冲力叠加假设

对于在时刻 $t=\tau$ 的脉冲力，其冲量为 $P(\tau)\mathrm{d}\tau$，则系统的脉冲响应为

$$\mathrm{d}x = P(\tau)h(t-\tau)\mathrm{d}\tau \tag{12.14}$$

根据线性系统的叠加原理，整个结构的时程响应可用杜哈梅(Duhamel)积分形式表示，如式(12.15)所示，其为时程载荷和单位脉冲响应函数之间的卷积形式[5]。

$$x(t) = \int_0^t P(\tau)h(t-\tau)\mathrm{d}\tau \tag{12.15}$$

式中，$x(t)$ 为结构的时域响应历程；$P(\tau)$ 为载荷时域历程；$\mathrm{d}\tau$ 为采样时间间隔；$h(t-\tau)$ 为单位脉冲响应，是结构在单位脉冲力下的响应，可由式(12.16)确定。

$$h(t) = \frac{1}{m\omega_n}\sin\omega_n t \tag{12.16}$$

式中，ω_n 为系统的固有频率。

可以看出，瞬态分析具有时间累计效应，上一时刻的响应是下一时刻动态响应分析的初始条件，这与谱分析中各个频率点之间的响应独立分析是不同的，使得时域范围内的载荷识别要复杂得多。目前有不少学者都开展过时域载荷识别的研究[6-8]，本章通过杜哈梅积分的离散化[9]，对时域载荷识别进行分析。

将杜哈梅积分在时域范围内进行离散化，可表述为

$$x(t) = \boldsymbol{H}(t)\boldsymbol{P}(t) \tag{12.17}$$

式中，

$$\boldsymbol{x}(t) = \begin{bmatrix} x(1) \\ x(2) \\ \vdots \\ x(L) \end{bmatrix}, \quad \boldsymbol{P}(t) = \begin{bmatrix} P(1) \\ P(2) \\ \vdots \\ P(L) \end{bmatrix}, \quad \boldsymbol{H}(t) = \begin{bmatrix} h(1) & 0 & \cdots & 0 \\ h(2) & h(1) & \cdots & 0 \\ \vdots & \vdots & & \vdots \\ h(L) & h(L-1) & \cdots & h(1) \end{bmatrix} \tag{12.18}$$

其中，L 为时域离散的数据长度。

式(12.17)描述了时域范围内载荷与响应时间历程之间的传递关系，矩阵 $\boldsymbol{H}(t)$ 类似于频域下的传递函数，为一个下三角矩阵，且对角线元素均相同。构建该传递关系的关键在于获得脉冲响应函数 $h(t)$，对于单自由度系统而言，可以用式(12.16)的解析形式获得。对于以线性特性为主的复杂工程结构，杜哈梅积分仍然成立，实际仿真分析时，可通过施加单位脉冲载荷，经过有限元瞬态分析获得单位脉冲响应。

对式(12.17)进行逆变换，可以得到载荷的表达式：

$$\boldsymbol{P}(t) = \boldsymbol{H}^{-1}(t)\boldsymbol{x}(t) \tag{12.19}$$

但在实际数值模拟过程中，式(12.19)常常出现不收敛的问题，其原因在于矩阵 $\boldsymbol{H}(t)$ 的条件数往往太大，误差累计严重，属于反问题中不适定性问题，此类问题可通过优化迭代的算法进行计算，这些算法包括最速下降法、BB(Barzilai-Borwein)法、Landweber-Fridman 迭代法等。

以最速下降法为例，在具体处理过程中，对该不适定性问题进行迭代正则化处理，构造非线性最小二乘泛函[10]：

$$J(x) = \frac{1}{2}\|\boldsymbol{HP} - \boldsymbol{x}\|^2 \tag{12.20}$$

其梯度为

$$\mathrm{grad}\left[J(x)\right] = \boldsymbol{H}^{*}\boldsymbol{H}\boldsymbol{P} - \boldsymbol{H}^{*}\boldsymbol{x} \qquad (12.21)$$

最速下降法在每步迭代中都使得目标泛函有所下降。其中，$\boldsymbol{H}^{*}$ 为矩阵 $\boldsymbol{H}$ 的伴随算子，根据有关算子理论的主要结果：

$$\lVert \boldsymbol{H} \rVert = \lVert \boldsymbol{H}^{*} \rVert = \lVert \boldsymbol{H}^{*}\boldsymbol{H} \rVert^{0.5} \qquad (12.22)$$

$\boldsymbol{H}^{*}$ 可取 $\boldsymbol{H}$ 的转置矩阵。

最速下降法的迭代步骤如下所示。

步骤 1：给定初始值 P_0，令 $k=0,1,2,\cdots$，进行下列迭代。

步骤 2：计算 $\boldsymbol{r}_k = \boldsymbol{H}^{*}\boldsymbol{H}\boldsymbol{P}_k - \boldsymbol{H}^{*}\boldsymbol{x}$。

步骤 3：求步长因子 $\alpha_k = \dfrac{\lVert \boldsymbol{r}_k \rVert^2}{\lVert \boldsymbol{H}\boldsymbol{r}_k \rVert^2}$。

步骤 4：令 $\boldsymbol{P}_{k+1} = \boldsymbol{P}_k - \alpha_k \boldsymbol{r}_k$。

可以将 $\boldsymbol{P}_k$ 所产生的响应与目标响应之间的误差 ε 是否满足容差或预期作为迭代停止的判据。

12.3.2　基于时域载荷识别的数值仿真算例演示

圆筒结构(图 12.5)通过底部 8 个 M8 的螺栓安装于振动台台面上，在上部封盖板中心有一个加速度响应控制测点 A，方向为 Z 方向，在冲击响应谱试验中，要求 A 点在 Z 方向的冲击响应谱满足表 12.1 中的要求。

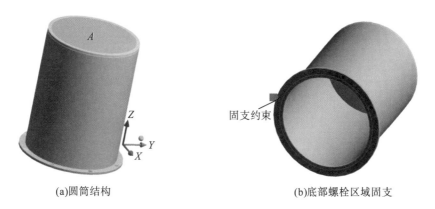

(a)圆筒结构　　　　　　　　　　　　　(b)底部螺栓区域固支

图 12.5　圆筒结构及边界条件示意图

主要分析步骤如下所示。

步骤 1：采用附录二中的 MATLAB 程序生成三条满足容差要求的时域波形，并存为.mat 格式数据，本算例中三条时域波形存在名为 tar.mat 的格式文件中，包含四个变量，第一个为时间变量 T，其他三个变量为生成的三条时域波形曲线数据，分别为 X_1、X_2、X_3。

步骤 2：建立圆筒结构的有限元模型。其中，振动台台面的螺栓连接采用有效接触区域连接的建模方法，边界条件为圆筒与振动台台面 8 个螺栓连接区域的有效接触面固支约束，并划分网格。

步骤 3：模态分析。本演示算例中采用模态叠加法进行响应分析，模态分析的频率范围上限可取到 3000Hz，为响应谱频率上限的 1.5 倍，考虑分析频段外的模态对响应的影响，设置如图 12.6 所示。其中，Max Modes to Find 选项为所分析的模态阶数上限，它与模态分析频率范围设置构成两个约束条件，并取下限，以图 12.6 的设置为例，若在 3000Hz 内模态阶数超过 50，就只分析 50 阶模态结果，因此，在有分析频段设置的情况下，该值可尽量取大一些，以覆盖所关注的频段范围。

Options	
Max Modes to Find	50
Limit Search to Ra...	Yes
Range Minimum	0. Hz
Range Maximum	3000. Hz

图 12.6　模态分析参数设置

步骤 4：单位基础加速度脉冲激励下的结构响应分析。在底部固支约束上施加单位加速度激励，本算例中总时间长度和步长与步骤 1 中的时间变量 T 一致，具体参数设置如图 12.7 所示，并单击 Solve 按钮进行求解。

Details of "Analysis Settings"	
Step Controls	
Number Of Steps	1.
Current Step Number	1.
Step End Time	8.252e-002 s
Auto Time Stepping	Off
Define By	Time
Time Step	2.e-005 s
Time Integration	On
Options	
Include Residual Vector	No
Output Controls	
Stress	No
Strain	No
Nodal Forces	No
Calculate Reactions	No
Calculate Velocity and Acceleration	Yes
General Miscellaneous	No
Store Results At	All Time Points
Cache Results in Memory (Beta)	Never
Combine Distributed Result Files (Beta)	Program Controlled

(a)瞬态分析参数设置

Details of "Acceleration"	中
Scope	
Boundary Condition	Fixed Support
Definition	
Base Excitation	Yes
Absolute Result	Yes
Magnitude	Tabular Data
Direction	Z Axis
Suppressed	No

Tabular Data			
	Steps	Time [s]	✔ Acceleration [m/s²]
1	1	0.	0.
2	1	2.e-005	1.
3	1	4.e-005	0.
4	1	8.252e-002	= 0.
*			

(b)基础单位脉冲加速度加载设置

图 12.7　单位脉冲激励加载设置

步骤 5：获得的盖板中心点的单位脉冲加速度响应。右击上盖板中心点 A，在弹出的菜单中插入加速度响应分析结果，如图 12.8 所示，并在 Detail 中指定 Z 方向。

(a)插入分析结果　　　　　　　　　　　(b)指定分析结果方向

图 12.8　插入关注点加速度响应分析结果

在插入的结果分析条上右击 Evaluate All Result，在弹出的菜单中选择该分析结果，然后在右侧的 Graph 和 Talular Data 中可以看到单位脉冲的曲线图及对应的数值。

步骤 6：构造时域范围内的基础加速度激励和盖板中心控制测点加速度响应之间的传递矩阵。将图 12.9 中的单位脉冲加速度响应复制到 MATLAB 中，保存为.mat 格式文件。本算例中波形文件为 data.mat，包含两列数据，第一列为时间变量 T(与步骤 1 中生成的时域波形的时间变量一致)，第二列为单位基础加速度脉冲激励响应变量 pulse。

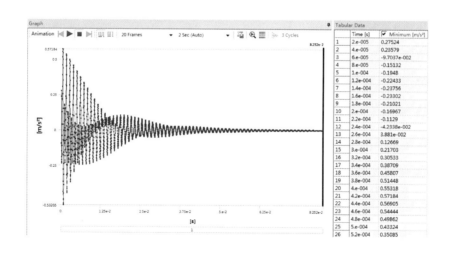

图 12.9　盖板中心点的单位脉冲加速度响应

步骤 7：通过最速下降法迭代程序优化识别基础激励。该程序运行三次，分别得到三条基础加速度载荷时域曲线，分别与 X_1、X_2、X_3 目标响应曲线对应，如图 12.10 所示。

```
%清除当前工作区
clc
clear
load data%载入时间变量及单位脉冲加速度响应
```

```
load tar%载入控制点目标响应时间历程
b=X1';%定义目标响应,对于第二条和第三条时域波形,b分别等于X2和X3
%最速下降法
%构造病态传递矩阵A
ln=length(T);
for i=1:ln
    t=pulse(1:i)';
    t=fliplr(t(1:i));
    A(i,1:i)=t;
end
At=A';
%初始值
x=zeros(ln,1);
k=0;
ter=20;
t1=At*A;
t2=At*b;
while 1
    k=k+1;
    rk=t1*x-t2;
    ak=norm(rk)^2/norm(A*rk)^2;
    x=x-ak*rk;
    tt(k)=norm(A*x-b);%误差
    if k>ter
        ep=abs((tt(k)-tt(k-ter))/tt(k-ter));
        if ep<5e-3; %终止迭代判据,可以根据具体情况调整,值越小,计算时
间越长,误差越小
            break;
        end
    end
end
%识别载荷产生的响应与目标响应对比
figure(1)
plot(T,A*x,'r',T,b,'g')
xlabel ('时间(s)')
ylabel('加速度(g)')
%显示识别载荷
figure(2)
```

```
plot(T,x,'r')
xlabel('时间(s)')
ylabel('加速度(g)')
```

步骤 8：再将步骤 7 中识别的三条基础加速度载荷时域曲线分别作为模型的基础激励进行瞬态动力学分析，获得结构的动态响应，然后根据分析需求对结构的各项性能或指标进行评估。

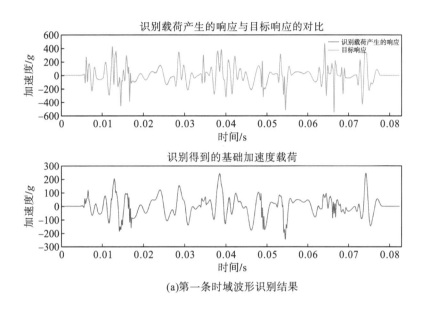

(a)第一条时域波形识别结果

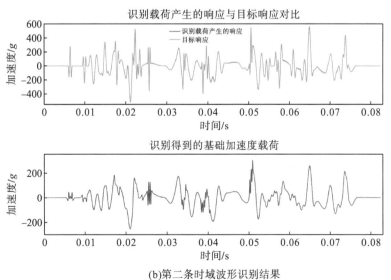

(b)第二条时域波形识别结果

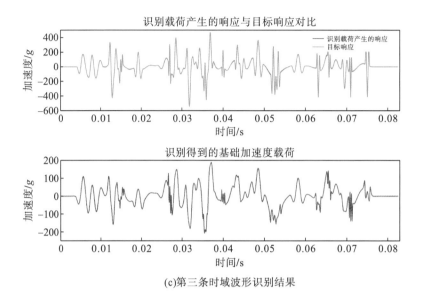

(c)第三条时域波形识别结果

图 12.10   识别生成的三条时域波形

参 考 文 献

[1] 刘晓燕. 浅谈冲击响应谱试验[J]. 试验技术与试验机，2007，47(3)：21-25.

[2] 卢来洁，马爱军，冯雪梅. 冲击响应谱试验规范述评[J]. 振动与冲击，2002，21(2)：18-22.

[3] GJB 150.18A—2009. 军用装备实验室环境试验方法 第 18 部分：冲击试验[S].

[4] 陈小慧，闫兵，李华超. 冲击响应谱时域合成算法研究[J]. 包装工程，2007,28(2)：23-26.

[5] 倪振华. 振动力学[M]. 西安：西安交通大学出版社，2006.

[6] 毛玉明，郭杏林，赵岩，等. 基于灵敏度分析的结构动态载荷识别研究[J]. 振动与冲击，2010，29(2)：1-4.

[7] 孙国，郭杏林. 基于线性多点逼近的载荷识别方法[J]. 计算力学学报，2011，28(B4)：176-181.

[8] 伍乾坤，韩旭，刘杰，等. 一种直接求解的动态载荷识别方法[J]. 应用力学学报，2011，28(2)：201-205.

[9] 胡杰，范宣华. 一种时域载荷识别数值算法及其不适定性研究[J]. 应用力学学报，2017，34(2)：324-328.

[10] 王彦飞. 反演问题的计算方法及其应用[M]. 北京：高等教育出版社，2007.

第13章　随机振动条件下的螺栓强度校核

螺栓是当前应用最为广泛的连接形式，作为一种常用的机械基础零件，在机械、设备、车辆、船舶、路桥、建筑、仪器仪表等领域随处可见其应用。螺栓具有品种规格繁多、性能差异较大，且标准化、系列化、通用化程度非常高的特点。在装备结构中，设计阶段往往都要求对螺栓的强度进行校核，以避免螺栓连接数量和布局不合理造成强度不满足设计要求。

目前螺栓在有限元分析中一般都进行简化建模，不考虑螺纹、螺牙等，对其强度校核也多采用理论校核方式，大体思路是先采用有限元分析方法，将螺栓截面上的各种载荷提取出来，然后采用理论力学方法进行强度校核分析，在紧固件相关的手册中，都有关于螺栓及螺栓组强度计算的方法，但多针对预紧载荷等静态载荷工况。本章重点针对随机振动环境，考虑了螺栓预紧载荷与动态载荷的复合，对螺栓的强度校核方法进行讨论。

13.1　螺栓的性能等级

在进行螺栓的校核分析之前，有必要了解螺栓的性能等级，目前螺栓的机械性能标记由两部分数字代号构成，中间以小数点隔开，如 8.8、10.9、12.9 等，第一部分数字反映了螺栓的公称抗拉强度 σ_b，单位为 100MPa，第二部分数字为公称屈服点应力 σ_s 的折减系数，式(13.1)给出了关系描述，表 13.1 为几种常见的等级螺栓的机械性能[1]。

$$第二部分数字标记 = \frac{\sigma_s}{\sigma_b} \times 100\% 或 = \frac{公称规定非比例伸长应力\left(\sigma_{p0.2}\right)}{\sigma_b} \times 100\%$$

$$(13.1)$$

表 13.1　几种常见的等级螺栓的机械性能

机械性能	性能等级									
	3.6	4.6	4.8	5.6	5.8	6.8	8.8	9.8	10.9	12.9
σ_b/MPa	300	400	400	500	500	600	800	900	1000	1200
σ_s/MPa	180	240	320	300	400	480	—	—	—	—
$\sigma_{p0.2}$/MPa	—	—	—	—	—	—	640	720	900	1080

13.2　预紧载荷下的螺栓受力状态理论分析

螺栓在装配过程中是有着其规范要求的，为充分地发挥螺栓连接的潜力和保证连接的可靠性，一般预紧安装时，要求螺栓的预紧应力 σ_p 应在小于 $0.8\sigma_s$ 的条件下取较高值，对于一般机械而言，$\sigma_p=0.5\sigma_s\sim0.7\sigma_s$[2]。文献[3]与文献[4]进一步细化，如对于碳素钢螺栓连接，$\sigma_p=0.6\sigma_s\sim0.7\sigma_s$；对于合金钢螺栓连接，$\sigma_p=0.5\sigma_s\sim0.6\sigma_s$。

螺栓的预紧装配通过拧紧力矩实现，在拧紧力矩 M 作用下，螺栓的拉力 Q_m 可以通过式(13.2)来表征。

$$Q_m = \frac{M}{kd} \tag{13.2}$$

式中，k 为拧紧力矩系数，一般为 $0.15\sim0.20$；d 为螺栓的公称直径。因此，螺栓的轴向应力为

$$\sigma_m = \frac{Q_m}{A_s} \tag{13.3}$$

式中，A_s 为螺栓危险截面面积，一般可取小径的截面面积，即

$$\sigma_m = \frac{4Q_m}{md_1^2} \tag{13.4}$$

式中，d_1 为小径直径。

同时，在拧紧力矩 M 作用下，螺栓也会产生扭转力矩 M_p，与轴向拉力 Q_m 的关系为

$$M_p = 0.5Q_m d_2 \left(\frac{P}{\pi d_2} + f_p \right) \tag{13.5}$$

式中，d_2 为螺纹中径；P 为螺距；f_p 为当量摩擦系数，$f_p\approx1.15f$，f 为摩擦系数，钢材之间取 0.15，钢材与混凝土之间可取到 0.60。

扭转力矩 M_p 对螺栓产生的扭转剪切应力为

$$\tau_m = \frac{16M_p}{\pi d_1^3} \tag{13.6}$$

式中，d_1 为螺栓小径直径。

因此，在预紧载荷作用下，螺栓的预紧等效应力为

$$\sigma_p = \sqrt{\sigma_m^2 + 3\tau_m^2} \tag{13.7}$$

上述分析方法是对螺栓的截面应力进行平均化的处理，通过理论方式进行校核，这也是目前紧固件手册中通常采用的方法。需要指出的是，对于高强度螺栓，如在汽车行业中，也可参考德国的《螺栓强度校核标准》VDI2230—2003[5]，其中，对式(13.7)进行了修正，只考虑了扭转应力的一部分，即

$$\sigma_p = \sqrt{\sigma_m^2 + 3\left(k_\tau \tau_m \right)^2} \tag{13.8}$$

式中，k_τ 为折减系数，推荐值为 0.5。

关于螺栓组在外载荷下的受力分析，一些手册中也给出了部分计算方式，但这些分析都只是针对圆形或矩形规则布局的螺栓组，所考虑的载荷多限于拉、弯、剪等单一静态载荷，而实际上装备结构中的螺栓组受力是复合状态，是多种载荷的复合，对于存在外载荷时受力状态更加复杂，因此要需要进一步深入地探讨。

13.3　外载荷作用下螺栓的受力分析

典型状态下，螺栓与被连接件的连接示意图如图 13.1 所示，综合考虑垫片与被连接件，设其刚度为 k_m，螺栓的刚度为 k_b，在预紧状态下，连接结构的变形情况为

$$\Delta l_{0b} = \frac{Q_m}{k_b}, \quad \Delta l_{0m} = \frac{-Q_m}{k_m} \tag{13.9}$$

式中，Δl_{0b} 为螺杆伸长量；Δl_{0m} 为被连接件伸长量。

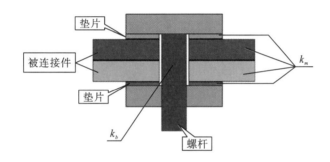

图 13.1　典型连接示意图

当存在轴向外载荷 Q_d 之后，假设 Q_d 造成的连接结构整体伸长量为 Δl，则螺杆的总伸长量 Δl_b 和被连接件总伸长量 Δl_m 分别为

$$\Delta l_b = \Delta l_{0b} + \Delta l \ \text{和} \ \Delta l_m = \Delta l_{0m} + \Delta l \tag{13.10}$$

外载荷 Q_d 由连接结构共同承担，将其分解为螺杆上的力 Q_b 和被连接件上的力 Q_n，有

$$Q_d = Q_b + Q_n = k_b \Delta l + k_m \Delta l = (k_b + k_m)\Delta l \tag{13.11}$$

此时，螺杆上的力轴向总载荷为

$$Q_z - k_b \Delta l_b = k_b \Delta l_{0b} + k_b \Delta l = Q_m + Q_b = Q_m + CQ_d \tag{13.12}$$

被连接件的轴向力总载荷为

$$Q_f = k_m \Delta l_m = k_m \Delta l_{0m} + k_m \Delta l = -Q_m + Q_n = -Q_m + (1 - C)Q_d \tag{13.13}$$

式中，C 为连接的相对刚度系数：

$$C = \frac{Q_b}{Q_d} = \frac{k_b \Delta l}{(k_b + k_m)\Delta l} = \frac{k_b}{k_b + k_m} \tag{13.14}$$

式 (13.14) 表明，在存在轴向外载荷 Q_d 的情况下，Q_d 按照一定的比例关系部分被螺栓承担，该分配比例取决于连接件与螺栓的相对刚度关系、作用力的位置及施力范围。

此时，螺杆上的等效应力为

$$\sigma_{\mathrm{eq}} = \sqrt{\left(\frac{Q_z}{A_s}\right)^2 + 3\left(\frac{16M_p}{\pi d_1^3}\right)^2} \tag{13.15}$$

对于还存在切向外载荷 Q_h 的情况，需要考虑外载荷是否能够克服预紧连接时连接界面上的摩擦力。被连接件界面上的最大摩擦力为

$$F_{f\max} = f\left|Q_f\right| \tag{13.16}$$

当外载荷较小，未能克服摩擦力 $F_{f\max}$，即 $|Q_h| < F_{f\max}$ 时，连接界面不会发生滑移，螺杆不受剪力；当 $|Q_h| > F_{f\max}$ 时，即外载荷克服了预紧连接产生的摩擦力，则连接界面可能会发生滑移，螺杆将受剪力 T_h 作用。

$$T_h = \left|Q_h\right| - f\left|Q_f\right| \tag{13.17}$$

此时，螺杆上的等效应力为

$$\sigma_{\mathrm{eq}} = \sqrt{\left(\frac{Q_z}{A_s}\right)^2 + 3\left(\frac{16M_p}{\pi d_1^3} + \frac{T_h}{A_s}\right)} \tag{13.18}$$

一般而言，在设计过程中，需尽量地避免螺栓连接界面发生滑移。

13.4   静态外载荷作用下螺栓的受力分析算例

以第 3 章中板与筒体连接规格为 M5 的螺栓为例，将其中一个连接区域作为对象，分析在外载荷作用下的连接结构的受力情况。为便于分析，取其 1/4 模型，如图 13.2 所示，其中连接件按照有效连接区域范围选取。

主要分析过程如下所示。

步骤 1：模型处理。为考察螺杆及连接件界面受力情况，将螺栓的螺杆切分为两段，但仍在一个 part 内；在两个连接件之间、连接件与垫片、垫片与螺杆之间设置摩擦接触，同时定义组件名，包括一段螺杆(实体，命名为 lg)、螺杆中间截面(命名为 ls)、两个连接件之间界面(命名为 ljm)，如图 13.3 所示。

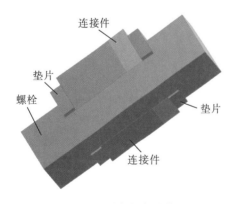

图 13.2   连接螺栓结构

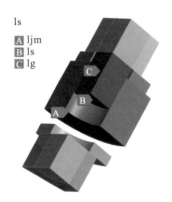

图 13.3   组件定义

步骤 2：边界及约束设置。在对称面上设置对称约束，约束对称面的法向位移，并将螺栓底部固支约束，如图 13.4 所示。

步骤 3：设置预紧载荷。插入螺栓预紧载荷选项，在螺杆上施加预紧力载荷，根据式(13.5)，在 4N·m 扭矩作用下，预紧力幅值大小约为 1000N，如图 13.5 所示。

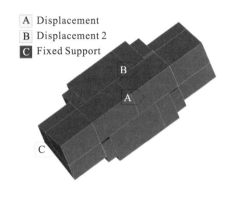

图 13.4　边界及约束设置　　　　　　　　　　图 13.5　预紧载荷设置

步骤 4：界面力载荷提取。划分网格，并计算结果(需要在输出选项中将节点力输出设置为 Yes)，提取螺杆界面及两个连接件连接界面之间的力，右击 Solution，在弹出的菜单中选择 Insert→Commands，输入以下命令流：

```
set,1                    !读取静力载荷结果
cmsel,s,lg               !选择组件名为 lg 的螺杆实体的单元，对于在一个 part 内
部的界面力，则需要先选择该面所在的体
allsel,below,elem               !选择组件 lg 的单元结果
cmsel,r,ls               !选择组件 lg 上名为 ls 的螺栓截面
fsum                     !计算组件 ls 上的力载荷
*get,my_ls,fsum,0,item,fz        !将 ls 上的轴向载荷存储到变量 my_ls 中
allsel
cmsel,s,ljm
fsum
*get, my_ljm,fsum,0,item,fz          !将 ljm 上的轴向载荷存储到变量
my_ljm 中
```

获得螺杆和连接件界面上的力载荷如图 13.6 所示，与预期值 1000N 非常接近。

步骤 5：在存在外载荷时，考虑实际情况，首先加载的是装配过程中产生的螺栓预紧载荷，在结构外载荷作用下，预紧载荷将仍然保持，因此，需要设置两个载荷步，分析设置如图 13.7 所示。

步骤 6：载荷步设置，如图 13.8 所示，其中需要在第二个载荷步中将其定义设置为 Lock，即将预紧载荷在施加外载荷时锁定，保持 1000N 不变。

Details of "Commands (APDL)" ▼ 무 □ ✕

+	**File**	
−	**Definition**	
	Suppressed	No
	Output Search Prefix	my_
	Invalidate Solution	No
	Target	Mechanical APDL
+	**Input Arguments**	
−	**Results**	
	☐ my_ls	999.99807
	☐ my_ljm	999.99805

图 13.6　边界及约束设置

Details of "Analysis Settings" ▼ 무 □ ✕

− **Step Controls**	
Number Of Steps	2
Current Step Number	2
Step End Time	2 s
Auto Time Stepping	Program Controlled

图 13.7　载荷步设置

Tabular Data

	Steps	☑ Define By	☑ Preload [N]
1	1.	Load	1000.
2	2.	Lock	N/A

图 13.8　预紧载荷锁定

步骤 7：施加外载荷。假设存在轴向外载荷 100N 的情况，仅考虑拉力形式，对于轴向外载荷为压力的情况，螺杆的受力将减小，对于螺栓强度校核而言是有利的，故不进行讨论。考虑采用有效接触区域的动力学建模方式中，并未对螺帽部分建模，提取的都是两个连接件界面上的力载荷，因此，本算例中也将外载荷施加在有效接触面上，如图 13.9 所示。

步骤 8：重新计算并提取界面力载荷。此时需要将步骤 4 中命令流的 set,1 修改为 set,2，即读取第二个载荷步结束时的结果，如图 13.10 所示，螺杆截面上的拉力载荷增加到约 1031.27N，同时，连接件界面上的接触压力减小到约 931.27N，计算得到相对刚度系数 C 为 0.365，表明连接件受到外载荷作用下，连接区域的受力重新分布，只有部分载荷由螺栓承担。

C: Copy of Static Structural
Force
Time: 2. s

■ Force: 100. N
　Components: 0.,0.,100. N

Details of "Commands (APDL)" ▼ 무 □ ✕

+	**File**	
−	**Definition**	
	Suppressed	No
	Output Search Prefix	my_
	Invalidate Solution	No
	Target	Mechanical APDL
+	**Input Arguments**	
−	**Results**	
	☐ my_ls	-1031.2651
	☐ my_ljm	931.26509

图 13.9　轴向外载荷　　　　　　　　　　图 13.10　拉力外载荷下界面力结果

进一步，考虑外载荷变化的情况，得到螺杆截面力、相对刚度系数 C 的变化规律分别如图 13.11 和图 13.12 所示。

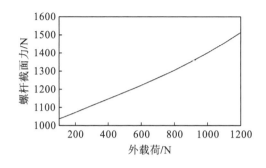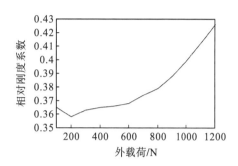

图 13.11   螺杆截面力随外载荷变化的曲线   图 13.12   相对刚度系数随外载荷变化的曲线

图 13.11 与图 13.12 都是在螺栓理论校核未达到屈服状态的讨论(螺栓等级为 8.8 级)，其中，相对刚度系数变化较大，这是由于随着拉力外载荷的增大，连接件界面存在逐渐脱离的趋势，接触面大小逐渐减小，如图 13.13 所示，连接件的刚度 k_m 减小，使得相对刚度系数增大。

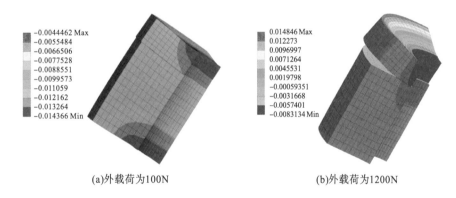

(a)外载荷为100N   (b)外载荷为1200N

图 13.13   不同外载荷条件下的连接件位移

由于螺栓连接的复杂性，其相对刚度系数取值有较大差别。有关资料表明，在工程设计中，为了保证可靠性，皮革垫片的刚度系数为 0.6~0.8、橡胶垫片的刚度系数为 0.8~0.9。

13.5   随机载荷作用下螺栓的强度校核算例

随机载荷作用下，螺栓除了受到预紧力产生的载荷，在连接界面上还将受到动态随机载荷的作用，需要将这两种载荷复合后对螺栓强度进行校核。复合的方法是将螺栓各个方向的力进行复合，动态载荷 Q_d 和 Q_h 都应取三倍均方根值，式(13.17)中是将轴向和水平方向动态载荷考虑为完全相关，而实际上 Q_d 和 Q_h 是存在相关性的，即三倍均方根值同时出现的概率很小，是一种保守处理方式。

图 13.14 为法兰连接筒结构示意图，上下筒之间的法兰连接是基于等效接触面建模方法得到的简化模型，筒体材料为铝，法兰上通过 8 个 M6 规格普通螺栓连接，螺距为 1mm，螺栓材料为钢，性能等级为 8.8。为便于分析，下筒结构底面考虑全固支，如图 13.15 所示，螺栓的拧紧力矩为 6N·m，受到的基础加速度功率谱载荷如图 13.16 所示，方向为水平 X 方向。

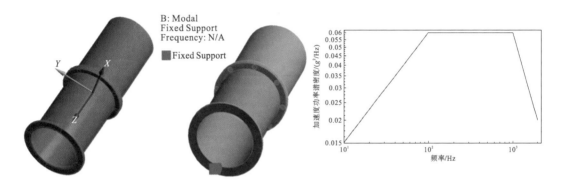

图 13.14　法兰连接筒结构
　　　　　示意图

图 13.15　边界条件

图 13.16　基础加速度载荷

主要分析过程如下所示。

步骤 1：预紧载荷下的螺栓受力状态理论计算。

预紧状态下，每个螺栓的受力状态相同，由式 (13.2) 得到螺栓的轴向拉力为

$$Q_m = \frac{6}{0.18e-3\times 6} = 5555.6(\text{N})$$

式中，拧紧力矩系数取 0.18。

查询手册[6]，螺距为 1mm 的 M6 的螺栓小径为 4.917mm，中径为 5.350mm，计算得到拉应力为

$$\sigma_m = \frac{5555.6}{\pi\times(4.917e-3)^2/4} = 292.6(\text{MPa})$$

扭转力矩为

$$M_p = 0.5\times 5555.6\times 5.35e-3\times\left(\frac{1}{\pi\times 5.35e-3}+1.15\times 0.15\right) = 3.45(\text{N}\cdot\text{m})$$

剪切应力为

$$\tau_m = \frac{16\times 3.45}{\pi\times(4.917e-3)^3} = 147.80(\text{MPa})$$

则预紧状态下螺栓的等效应力为

$$\sigma_p = \sqrt{292.6^2+3\times 147.8^2} = 388.8(\text{MPa})$$

σ_p 约为 σ_s 的 60.75%。

两个法兰之间的摩擦系数取为 0.15，则每个螺栓位置法兰界面的摩擦力为

$$F_{f\max} = 0.15 \times 5555.6 = 833.3(\text{N})$$

步骤 2：搭建随机振动分析流程，划分法兰连接筒基于有效接触面的动力学模型网格，并设置有效接触面的绑定。其中在网格设置中，可设置接触面网格尺寸，使得接触面的网格尺寸尽量匹配，减小接触面和目标面网格大小差异过大对误差的不利影响，如图 13.17 所示。

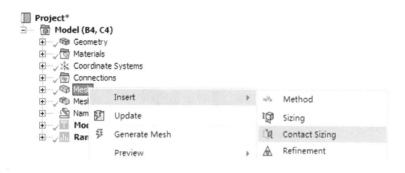

图 13.17　接触面网格设置

步骤 3：进行模态分析和随机振动分析，参数设置如图 13.18 和图 13.19 所示，其中，模态分析时将应力和节点力输出。

图 13.18　模态分析设置　　　　　　　图 13.19　随机振动分析设置

步骤 4：观察有效接触面等效应力分布。选择 8 个有效接触面(接触面和目标面均可)，输出等效应力分布云图，如图 13.20 所示，由于在分析之前往往难以判断受力最严苛螺栓的位置，因此可将有效接触面上节点应力最大的螺栓作为关注对象，将节点等效应力最大值出现的接触面通过 Create Named Selection 进行命名，如 f_s。

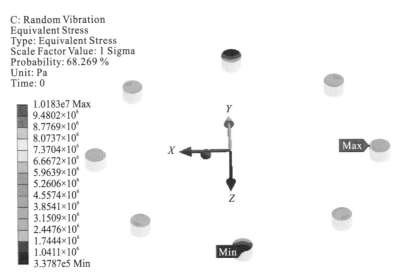

C: Random Vibration
Equivalent Stress
Type: Equivalent Stress
Scale Factor Value: 1 Sigma
Probability: 68.269 %
Unit: Pa
Time: 0

1.0183e7 Max
9.4802×10^{6}
8.7769×10^{6}
8.0737×10^{6}
7.3704×10^{6}
6.6672×10^{6}
5.9639×10^{6}
5.2606×10^{6}
4.5574×10^{6}
3.8541×10^{6}
3.1509×10^{6}
2.4476×10^{6}
1.7444×10^{6}
1.0411×10^{6}
3.3787e5 Min

图 13.20　有效接触面等效应力分布

步骤 5：右击 Solution，在弹出的菜单中选择 Insert→Commands，在右侧面板输入如下命令流：

```
set,3                          ! 读取静力结果
cmsel,s,fs                       ! 选择需要提取界面力的接触面
fsum                           ! 计算界面力
*get,my_fx,fsum,0,item,fx        ! 提取 X 方向载荷，并存在变量 my_fx 中
*get,my_fy,fsum,0,item,fy        ! 提取 Y 方向载荷，并存在变量 my_fy 中
*get,my_fz,fsum,0,item,fz        ! 提取 Z 方向载荷，并存在变量 my_fz 中
my_fx=3*my_fx                    ! 界面 X 方向载荷的三倍均方根值
my_fy=3*my_fy                    ! 界面 Y 方向载荷的三倍均方根值
my_fz=3*my_fz                    ! 界面 Z 方向载荷的三倍均方根值
```

该命令流将该接触面所对应的螺栓上 X、Y、Z 三个方向的动态力，分别存储在变量 my_fx、my_fy、my_fz 中，重新计算。此时将在界面的左下角显示界面力提取结果，如图 13.21 所示。可见，在水平 X 方向的随机激励下，螺栓组受到绕 Y 轴的弯矩载荷较大，因此离坐标中心较远的两个螺栓受到 Z 方向的拉力较大。

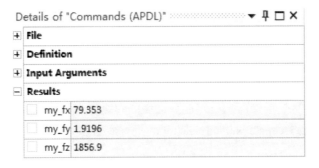

图 13.21　界面力提取结果

步骤 6：将水平方向的动态载荷进行合成，计算有效接触区水平方向的动态载荷 Q_h，可见远小于界面摩擦力 N_m，所以界面上的摩擦力未被克服，螺杆未受到外载荷产生的剪力。

$$Q_s = \sqrt{my\_fx^2 + my\_fy^2} = \sqrt{79.353^2 + 1.92^2} \approx 79.37(\text{N}) < N_m$$

步骤 7：将动态轴向载荷 Q_d，即 my_fz 叠加到预紧轴向拉力 Q_m 中，根据式（13.18）计算复合情况下螺栓的轴向等效应力 σ_p，可见此时螺栓的等效应力小于其屈服应力，螺栓强度能够得到保证，其中连接件相对刚度系数 C 取 0.36。

$$\sigma_p = \sqrt{\left[\frac{5555.6 + 1856.9 \times 0.36}{\pi \times (4.917e-3)^2 / 4}\right] + 3 \times 147.8^2} \approx 415.9(\text{MPa}) < \sigma_{p0.2} = 800 \times 0.8 = 640(\text{MPa})$$

参 考 文 献

[1] 范厚军. 紧固件手册[M]. 北京：电子工业出版社，2007.

[2] 徐景华，孙维恒. 紧固件产品选用手册[M]. 北京：中国标准出版社，2010.

[3] 西北工业大学机械原理及机械零件教研室. 机械设计[M]. 8 版. 北京：高度教育出版社，2006.

[4] 孙志礼，冷兴聚，魏延刚，等. 机械设计[M]. 沈阳：东北大学出版社，2000.

[5] Ingeniere V D. Systematic calculation of high duty bolted joints-joints with one cylindrical bolt[J]. VDI, 2003: 171.

[6] 成大先，王德夫，姬奎生，等. 机械设计手册（联接与紧固）[M]. 北京：化学工业出版社，2004.

第 14 章　随机振动下的结构相对位移分析

在结构设计中，由于空间限制或者结构紧凑性要求，结构中往往存在许多小的间隙，在外载荷作用下，有可能造成组件之间发生碰撞，对结构产生非预期的冲击响应。对于某些光学器件，如巨型光机系统中的光路装置，其传输、测量、瞄准过程中的稳定性问题是影响其精度的重要因素，尤其是安装平台的变形将导致光路传输发生偏移。因此在设计方案阶段，有必要开展数值仿真进行模拟，对结构之间发生碰撞的可能性进行评估，尽量降低设计失当的风险。

对于静载荷，结构的位移变形基本是恒定的，在评估相对位移时，可直接将变形结果进行简单的代数加减。但对于动载荷，如地震载荷和冲击载荷，与时间历程相关，可以通过关注位置之间的响应时间历程对比进行相对位移分析。但对于随机振动载荷，由于具有宽频、长时振动等特点，结构的响应也是随机的，且结构上各点之间的响应存在相关性，使得各点之间的相对位移也是随机性的，这使得评估随机振动下结构之间的相对位移要复杂些，本章从随机振动和谐波分析两个方面对振动载荷下的结构相对位移分析方法进行讨论。

14.1　随机振动下结构相对位移分析方法

记 A、B 两点为结构上关注的两个点，目的为评估这两点间在随机载荷作用下的相对位移。A、B 两点的响应也是随机变量，记这两点随机振动下的 X 方向的响应分别为 U_{AX}、U_{BX}，根据统计分析方法，A、B 两点之间的 X 方向的相对变形 $D(U_X)$ 的计算公式为

$$D(U_X) = D(U_{AX} - U_{BX}) = D(U_{AX}) + D(U_{BX}) - 2\text{Cov}(U_{AX} - U_{BX}) \qquad (14.1)$$

式中，$D(U_{AX})$、$D(U_{BX})$ 为 A、B 两点 X 方向位移响应的方差；$\text{Cov}(U_{AX} - U_{BX})$ 为 A、B 两点位移响应的协方差。

同理，A、B 两点之间的 Y 方向和 Z 方向的相对位移 $D(U_Y)$、$D(U_Z)$ 的计算公式分别为

$$D(U_Y) = D(U_{AY} - U_{BY}) = D(U_{AY}) + D(U_{BY}) - 2\text{Cov}(U_{AY} - U_{BY}) \qquad (14.2)$$

$$D(U_Z) = D(U_{AZ} - U_{BZ}) = D(U_{AZ}) + D(U_{BZ}) - 2\text{Cov}(U_{AZ} - U_{BZ}) \qquad (14.3)$$

由上述相对位移分析可知，该公式考虑了两个随机变量之间的相关性。需要指出的是，根据工程分析需要，随机振动分析的计算结果需取三倍均方根值，以满足 99.73% 的置信区间。

14.2　谐波载荷作用下的结构相对位移分析方法

谐波载荷作用下，结构的响应可以用复数形式表征，记结构上 A、B 两点的位移响应 R_A 和 R_B 分别为

$$R_A = R_{Ar}(\omega) + \mathrm{i}R_{Ai}(\omega) \text{ 和 } R_B = R_{Br}(\omega) + \mathrm{i}R_{Bi}(\omega) \tag{14.4}$$

式中，$R_{Ar}(\omega)$ 和 $R_{Br}(\omega)$ 为谐响应的实部；$R_{Ai}(\omega)$ 和 $R_{Bi}(\omega)$ 为谐响应的虚部，虚部包含了响应的相位信息，将这两点的响应相减，就得到了 A、B 两点相对位移 R_{AB} 的复数表征形式，为

$$R_{AB} = R_A - R_B = R_{Ar}(\omega) + R_{Br}(\omega) + \mathrm{i}\left[R_{Ai}(\omega) - R_{Bi}(\omega)\right] \tag{14.5}$$

式中，虚部反映了 A、B 两点的相位差，也体现了两点响应之间的相关性。

从上述理论分析来看，无论是采用随机振动分析还是谐波分析方法，这两种方式的评估结果应当是等效的，其中的关键在于需要进行相同载荷下的响应评估。以加速度信号为例，对于随机振动分析中常见的基础加速度激励而言，其单位是 g^2/Hz，是功率谱密度的表征形式，而对于谐响应而言，单位为 g，量纲上不匹配，即谐波载荷与随机载荷之间需要建立等效关系。

从谐响应分析来看，谐波载荷 R 为复数形式，可表述为

$$\boldsymbol{R} = |\boldsymbol{R}|(\cos\alpha + \mathrm{i}\sin\alpha) \tag{14.6}$$

式中，α 为相位角。

记结构的传递函数为 $\boldsymbol{H}$，则结构的谐响应 $\boldsymbol{X}$ 为

$$\boldsymbol{X} = \boldsymbol{H}\boldsymbol{R} \tag{14.7}$$

其响应的功率谱为

$$\boldsymbol{X}\boldsymbol{X}^{\mathrm{T}} = \boldsymbol{H}\boldsymbol{R}\boldsymbol{R}^{\mathrm{T}}\boldsymbol{H}^{\mathrm{T}} = \boldsymbol{H}|\boldsymbol{R}|^2\boldsymbol{H}^{\mathrm{T}} \tag{14.8}$$

功率谱密度为

$$\boldsymbol{P} = \frac{\boldsymbol{X}\boldsymbol{X}^{\mathrm{T}}}{\Delta f} = \boldsymbol{H}\frac{|\boldsymbol{R}|^2}{\Delta f}\boldsymbol{H}^{\mathrm{T}} \tag{14.9}$$

式中，Δf 为频率分辨率；$|\boldsymbol{R}|^2/\Delta f$ 为载荷的功率谱密度。

从上述分析来看，谐波载荷的相位角对响应的功率谱密度没有影响，可考虑为 0，同时，数值仿真中，将功率谱密度载荷转换为谐波载荷时，只要考虑相同的频率分辨率 Δf，那么，功率谱密度载荷将与谐波载荷实现等效转换。

14.3　算　例　演　示

14.3.1　分析模型

图 14.1 为某激光器平台的结构示意图，该平台通过底部 14 个螺栓安装于整体结构中，设计指标为所关注的安装平台平板的角位移小于 10μrad。

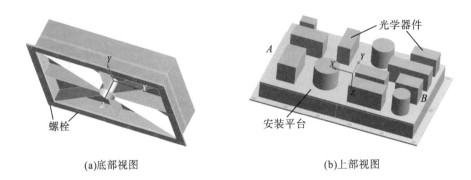

(a)底部视图   (b)上部视图

图 14.1   某激光器平台的结构示意图

边界条件为底部 14 个螺栓连接有效接触区域固支约束，基础加速度载荷功率谱如表 14.1 所示，其中上升段斜率为+3dB，下降段斜率为-6dB。

表 14.1   基础加速度载荷功率谱

频率/Hz	加速度功率谱密度/(g^2/Hz)
10	0.016
50	0.080
1000	0.080
2000	0.020

安装平台角位移 θ 的定义如图 14.2 所示，表达式如式(14.10)所示。

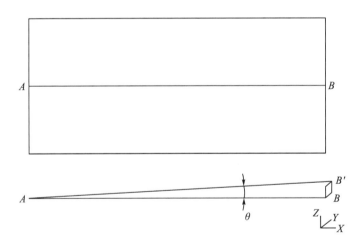

图 14.2   安装平台角位移 θ 的定义

$$\theta = \frac{\sqrt{U_Z^2 + U_Y^2}}{L_{AB}} \tag{14.10}$$

式中，U_Z 和 U_Y 分别为安装平台 A、B 两点在 Z 方向和 Y 方向的相对位移；L_{AB} 为 A、B 两点之间的距离。可以看出，要获得角位移 θ，关键在于得到相对位移 U_Z 和 U_Y。

14.3.2　采用随机振动分析的角位移仿真

采用随机振动分析方法的主要仿真过程如下所示。

步骤 1：在 Workbench 中搭建随机振动分析流程，如图 14.3 所示。

步骤 2：建模及网格划分。其中，基础上 14 个螺栓连接按照有效接触面积方式建模，有限元模型如图 14.4 所示。

　　　　图 14.3　随机振动分析流程　　　　　　　　图 14.4　有限元模型（隐去顶板）

步骤 3：模态分析。双击 Model，进入 Multiple Systems 界面，在模态分析版块中，设置螺栓安装底部为固支约束，分析频率范围上限取 3000Hz，为载荷谱频率范围上限的 1.5 倍，以考虑分析频率范围之外的模态对结构响应的影响，由于该分析中并不关注结构响应的应力和应变，在模态分析的输出选项中，可将应力和应变等选项关闭，以提高计算效率，如图 14.5 所示。

步骤 4：随机响应分析。随机响应分析设置如图 14.6 所示，其中，可将 Mode Significance Level 由默认的 0 改为 5×10^{-4}，将参与因子较小的模态忽略，以提高计算效率，同时，需要将模型文件保存，即将 Save MAPDL db 选项改为 Yes，模态阻尼比取 0.02。并施加表 14.1 中的基础加速度载荷，设置如图 14.7 所示，并完成随机响应计算。

　　　图 14.5　模态分析设置　　　　图 14.6　随机响应分析设置　　　　图 14.7　施加基础载荷

提取 A、B 两点位移响应协方差的方式可以通过两种方式实现：一种是将 Workbench 中的分析结果文件在 Ansys 中打开进行后处理；另一种则是将后处理的 APDL 命令流复制到 Workbench 中，以下对这两种方式的主要操作过程进行说明。

方式一：在 Ansys 经典界面中进行处理。

步骤 5：获取 A、B 两点的节点编号信息。如图 14.8 所示，在对象选择栏中，单击节点选择按钮，在模型上选择 A 点位置的节点，此时，会在下方信息栏中，显示节点编号，如图 14.9 所示，编号为 20215。同理，获得 B 点的节点编号为 20272。

图 14.8　激活节点选择项　　　　　　　　　图 14.9　节点编号信息

步骤 6：右击随机响应分析的 Solution 项，选择 Open Solver Files Directory，如图 14.10 所示，会出现求解工作目录中的文件，如图 14.11 所示。

图 14.10　打开求解文件夹　　　　　图 14.11　Workbench 中的求解工作目录中的文件

步骤 7：新建一个文件夹，将图 14.9 中的所有文件复制至该处，并采用 Ansys 经典界面读取模型，如图 14.12 所示，选择 file.db 文件，打开的分析模型如图 14.13 所示。

图 14.12　Ansys 界面下读取模型　　　　图 14.13　Ansys 界面下的分析模型

步骤 8：读取位移响应。Ansys 经典界面下，依次选择 General Pstproc→Read Results →By Pick，并选择 Load Step 为 3（存储位移响应数据）的行，单击 Read 按钮，读取结果，如图 14.14 所示。

步骤 9：提取位移响应值。依次选择 List Results→Nodal Solution，在 DOF Solution 下选择 Y-Component of displacement，如图 14.15 所示，在弹出的文本文档中找到 20215 和 20272 两点的位移响应结果，分别为 5.16×10^{-4}mm 和 3.73×10^{-4}mm，这样就得到了 A、B 两点 Y 方向的响应均方根值。按照相同的方式，可以得到 A、B 两点 Z 方向的位移响应均方根值分别为 2.56×10^{-3}mm 和 1.60×10^{-3}mm。

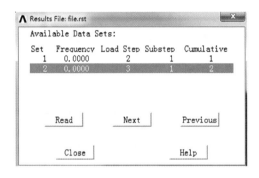

图 14.14　读取位移响应数据　　　　　图 14.15　读取 Y 方向的位移响应

步骤 10：获得 A、B 两点响应的协方差。协方差需要在 TimeHist Postpro 中提取，可通过如下 APDL 命令得到。

```
/post26
file,'file','rst','.'
/ui,coll,1
numvar,200
solu,191,ncmit
store,merge
filldata,191,,,,1,1
realvar,191,191
nsol,2,20215,u,z,uz_2,        !存储节点 A 在 Z 方向相对基础的位移响应
nsol,3,20272,u,z, uz_3,       ! 存储节点 B 在 Z 方向相对基础的位移响应
cvar,4,2,3,1,2,               !计算 A、B 两点间 Z 方向相对位移响应的协方差
*get,covz,vari,4,extrem,cvar  ! 将协方差存储在变量 covz 中
nsol,5,20215,u,y,uy_5,        !存储节点 A 在 Y 方向相对基础的位移响应
nsol,6,20272,u,y, uy_6,       !存储节点 B 在 Y 方向相对基础的位移响应
cvar,7,5,6,1,2,               !计算 A、B 两点间 Y 方向相对位移响应的协方差
*get,covy,vari,7,extrem,cvar  ! 将协方差存储在变量 covy 中
```

得到 A、B 两点在 Y 方向和 Z 方向的位移响应的协方差分别为 1.92×10^{-7}mm^2 和 4.08×10^{-6}mm^2，然后按照式(14.2)和式(14.3)可以得到 A、B 两点在 Y 方向和 Z 方向的相对位移为 1.45×10^{-4}mm 和 9.59×10^{-4}mm，再按照式(14.10)，可以得到安装平台的角位移

θ=1.21μrad，其三倍均方根值为 3.63μrad，满足设计要求。

方式二：在 Workbench 界面中进行处理。

步骤 5：提取 A、B 两点的位移响应。如图 14.16 所示，分别提取 A、B 两点在 Y 方向、Z 方向的位移响应的均方根值，结果如图 14.17 所示，得到 A、B 两点在 Y 方向的位移响应均方根值分别为 5.16×10^{-4}mm 和 3.73×10^{-4}mm，在 Z 方向的位移响应均方根值分别为 2.56×10^{-3}mm 和 1.60×10^{-3}mm，均为一倍均方根值，与方式一中相同。

步骤 6：提取协方差结果。如图 14.18 所示，选择插入命令流，将方式一步骤 10 中的命令流复制到其中，如图 14.19 所示，将 Y 方向、Z 方向的协方差结果存储在变量 my_covy 和 my_covz 中，如图 14.20 所示，分别为 1.92×10^{-7}mm^2 和 4.08×10^{-6}mm^2，与方式一中数值相同，进一步得到的角位移结果也完全一致。

图 14.16　提取关注点位移响应　　　　　　图 14.17　获得关注点位移响应数据

图 14.18　插入命令流　　　　图 14.19　输入代码　　　　图 14.20　输出协方差

14.3.3　采用谐波响应分析的角位移仿真

采用谐响应分析方法时，可在 Workbench 界面中实现，主要仿真过程如下所示。

步骤 1：在 Workbench 中构建谐响应分析流程，如图 14.21 所示，采用模态叠加法进行分析。

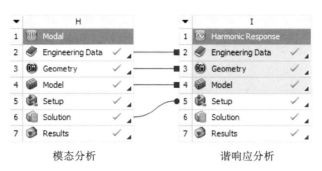

H
1 Modal
2 Engineering Data
3 Geometry
4 Model
5 Setup
6 Solution
7 Results
I
1 Harmonic Response
2 Engineering Data
3 Geometry
4 Model
5 Setup
6 Solution
7 Results
模态分析
谐响应分析

图 14.21　基于模态叠加法的谐响应分析流程

步骤 2：建模、网格划分、边界条件设置及模态分析过程均与 14.3.2 节的随机分析相同。

步骤 3：施加谐波载荷。根据 14.3 节的讨论，不考虑相位角，频率分辨率设置为 0.5Hz，则表 14.1 所示的功率谱密度转换得到的谐波载荷如图 14.22 所示，基础激励下的谐响应分析设置和谐波载荷设置分别如图 14.23 和图 14.24 所示。

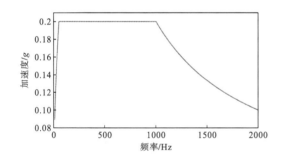

0.2
0.18
0.16
0.14
0.12
0.10
0.08
加速度/g
0
500
1000
1500
2000
频率/Hz

图 14.22　转换得到的谐波载荷

Options
Frequency Spacing	Linear
Range Minimum	9.5 Hz
Range Maximum	2000. Hz
Solution Intervals	3981
User Defined Frequencies	Off
Solution Method	Mode Superpos...
Include Residual Vector	No
Cluster Results	No
Store Results At All Frequencies	Yes
Rotordynamics Controls
Output Controls
Damping Controls
Constant Damping Ratio	2.e-002
Stiffness Coefficient Define By	Direct Input
Stiffness Coefficient	0.
Mass Coefficient	0.
Analysis Data Management

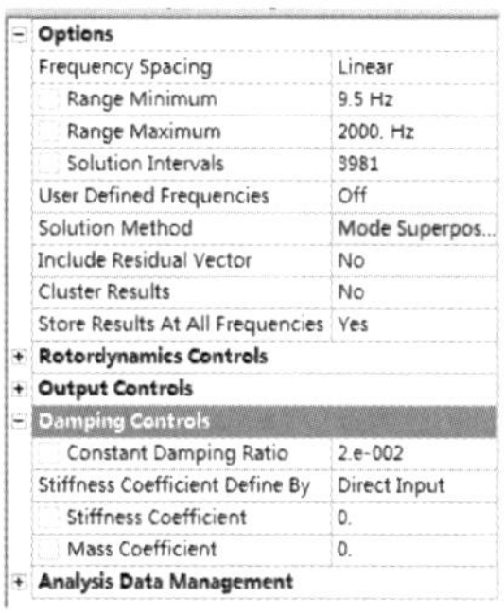

图 14.23　谐响应分析设置

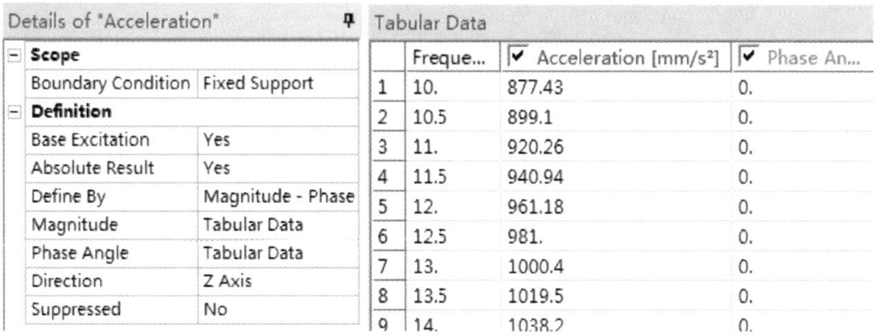

Details of "Acceleration"
Scope
Boundary Condition	Fixed Support
Definition
Base Excitation	Yes
Absolute Result	Yes
Define By	Magnitude - Phase
Magnitude	Tabular Data
Phase Angle	Tabular Data
Direction	Z Axis
Suppressed	No
Tabular Data
Freque...	Acceleration [mm/s²]	Phase An...
1	10.	877.43	0.
2	10.5	899.1	0.
3	11.	920.26	0.
4	11.5	940.94	0.
5	12.	961.18	0.
6	12.5	981.	0.
7	13.	1000.4	0.
8	13.5	1019.5	0.
9	14.	1038.2	0.

图 14.24　谐波载荷设置

需要说明的是，随机载荷在频率点插值需要满足如下关系：

$$\left(\frac{\omega_2}{\omega_1}\right)^{\frac{k}{3}}=\frac{P_2}{P_1} \tag{14.11}$$

式中，k 为线性段斜率。

步骤 4：提取 A、B 两点的谐响应的实部和虚部，如图 14.25 所示。

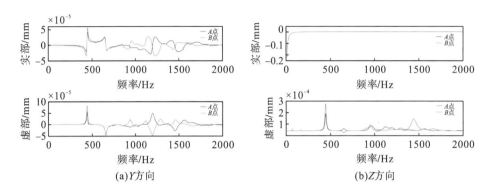

(a)Y方向   (b)Z方向

图 14.25 A、B 两点谐响应的实部和虚部

步骤 5：将 A、B 两点复数形式的谐响应相减后得到的相对位移如图 14.26 所示。

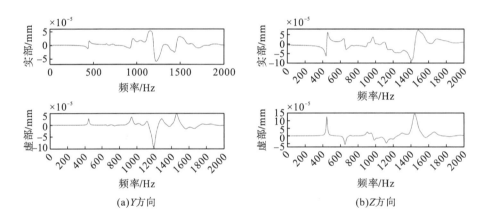

(a)Y方向   (b)Z方向

图 14.26 A、B 两点复数形式的谐响应相减后的实部和虚部

步骤 6：将图 14.26 中 Y 方向和 Z 方向相对谐响应按照式(14.9)计算得到功率谱密度，然后对功率谱密度曲线采用数值积分计算均方根值，即将该曲线下方包围的面积开根号，得到其均方根值为 1.21μrad，其三倍均方根值为 3.63μrad，与随机分析的结果吻合，说明了两种分析方法的等效性。

第 15 章 倾斜摇摆载荷下的结构动态响应分析方法

舰船在水面航行时会受到波浪的作用，其载荷特征表现为倾斜、摇摆，所产生的静态力和低频动态力，长期作用下可能导致电子学产品的焊接点脱落、紧固连接结构松动、插接件脱插、内部装置的转动等产品故障；低频振动也可能导致结构局部共振、连接松动、预紧力变化、摩擦或碰撞，长时间累积还可能造成结构和疲劳损伤，影响系统的可靠性和安全性。

在倾斜摇摆试验方面，目前尚无通用的储航倾斜摇摆环境试验数据，国内外通常根据军用标准和战术技术指标规定倾斜摇摆环境条件。美国(MIL-STD-1399，Ship Motion and Attitude)、日本(NDSF8002，舰船电气设备试验方法)的军用标准对潜艇倾斜摇摆环境进行了明确规定，如表 15.1 所示。

在没有实测数据时，倾斜摇摆的极值环境条件制定参考了《军用装备实验室环境试验方法第 23 部分：倾斜和摇摆试验》GJB 150.23A—2009 中所推荐的潜艇倾斜摇摆试验条件，如表 15.2 所示。

表 15.1　美国、日本潜艇倾斜摇摆环境试验条件

类别	航行状态	纵倾/(°)	横倾/(°)	纵摇/(°)	横摇/(°)	周期/s	时间/min
美国	持续水面航行	±7	±15	±10	±60	横摇：3～14 纵摇：3.5～9	≥30
	通气管航行	±7	±15	—	±30		
	持续水下航行	±30	±15	—	±30		
日本	持续水面航行	±7	±15	±10	±60	横摇：6～11 纵摇：4～6	
	通气管航行	±7	±15	—	±30		
	持续水下航行	±30	±15	—	±30		

表 15.2　GJB 150.23A-2009 推荐的潜艇倾斜环境试验条件

航行状态	运动状态	角度/(°)	周期/s	时间/min
水上航行	纵倾	±10	—	≥30
	横倾	±15	—	
	纵摇	±15	4～10	
	横摇	±45 或±60	3～14	
通气管航行	纵倾	±10	—	
	横倾	±15	—	
	横摇	±30	3～14	
水下航行	纵倾	±30	—	
	横倾	±15	—	
	横摇	±30	3～14	

国内外的倾斜摇摆试验系统根据结构形式主要分为并联式和串联式两大类。并联式以多缸液压并行驱动台、Stewart 六自由度并联机构及其变形结构为代表，串联式则以三轴转台为典型代表，如图 15.1 所示。

(a)直角三缸摇摆台

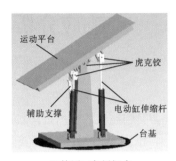

(b)等腰三角摇摆台

(c)串联式摇摆台

图 15.1　典型并串联摇摆台

在数值模拟中，倾斜摇摆的动力学响应特征是刚体大转角位移和柔性体结构弹性变形的耦合，根据不同的分析目的，可以采用不同的分析手段。

(1)若关注结构在运动过程中的整体运动情况和应力状态，可采用刚柔耦合方法进行分析，该方法是以地面为参考坐标系的分析方法。

(2)若只关注结构的弹性变形和应力，不关注结构的刚体位移情况，则可将坐标建立在结构上，采用结构动力学方法进行分析，实质上是随动坐标系的分析方法。

15.1　倾斜摇摆结构动态响应分析方法

以某实体梁结构为例，如图 15.2 所示。

(a)梁结构模型

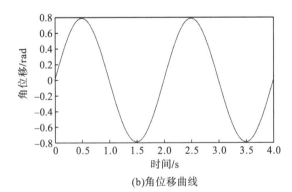

(b)角位移曲线

图 15.2　实体梁结构几何模型及角位移曲线

实体梁结构绕端面上 X 轴的角位移为

$$\theta = \frac{\pi}{4}\sin\pi t \tag{15.1}$$

式中，角位移单位为弧度，分析时间范围为 0～4s，步长为 0.01s。

15.1.1　运动学分析方法

运动学分析主要是关注结构的整体位移，不关注结构的弹性变形和应力状态，是将结构部件视为刚体，对整个时间范围内运动状态规律的刻画。

15.1.2　动力学分析方法

若只关注结构在倾斜摇摆过程中结构的弹性变形和应力，从受力状态来看，结构受到沿轴向的离心场产生的拉力，以及由于角速度变化产生的角加速度形成的惯性矩，主要表现为弯曲载荷，位于旋转中心处的端面为固支，如图 15.3 所示。

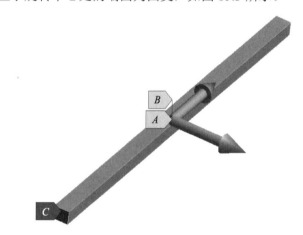

图 15.3　轴向拉力和切向力

因此，在动力学分析时，所需要施加的载荷包括角速度和角加速度。

15.1.3　刚柔耦合分析方法

若关注结构在整个分析时间内的位移和应力状态，则需要将结构的刚体位移考虑进来，本算例中可施加的载荷形式包括角位移、角速度、角加速度，三者选其一，且为等价关系。根据式(15.1)，结构的角速度和角加速度为

$$\begin{cases} \dot{\theta} = \dfrac{\pi^2}{4}\cos\pi t \\[2mm] \ddot{\theta} = \dfrac{\pi^3}{4}\sin\pi t \end{cases} \tag{15.2}$$

采用刚柔耦合分析方法需要从时域采用瞬态分析方法进行仿真,而瞬态分析中,初始条件的影响较大,初始条件包括初始位移和速度。显然从式(15.2)可以看出,初始速度不为零,因此,在仿真过程中,关键是对初始速度的合理设置。

15.2 典型结构仿真方法及对比

15.2.1 运动学分析仿真

在运动学分析中,由于结构视为刚体,在 Workbench 中可以采用刚体动力学分析模块(Rigid Dynamics)进行仿真,具体流程如下所示。

步骤 1:搭建 Rigid Dynamics 分析流程,导入模型,此时结构的刚度行为将变为 Rigid,且在每个几何体上生成局部坐标系 Inertial Coordinate System,如图 15.4 所示。

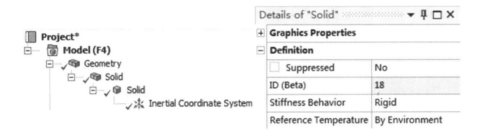

图 15.4 几何体刚性行为定义

步骤 2:定义多体运动的连接。右击 Connection,在弹出的菜单中选择 Insert→Joint,并将 Connection Type 选择为 Body-Ground,Type 修改为 Revolute(Workbench 中定义了 9 种不同的转动连接类型,可根据实际情况选择),在 Mobile 的 Scope 项中选择梁的端面作为对象,将该连接定义为对地面的转动行为,如图 15.5 所示,该转动连接定义中只有绕 Z 轴的转动是激活的,其他 X 轴、Y 轴、Z 轴的平动及绕 X 轴、Y 轴的转动均被抑制。

步骤 3:确认转动连接的转动轴为 Z 轴。如图 15.6 所示,经过步骤 2 的设置后,发现参考坐标系中转动轴并不是 Z 轴(Workbench 的刚体运动分析中转动轴都定义为 Z 轴),此时,可在 Joint 的最下一级 Reference Coordinate System 的设置中,在 Principal Axis 中进行修改,将转动轴修改为 Z 轴,修改后效果如图 15.7 所示。

步骤 4:划分网格。由于结构为刚体,因此每个结构划分为一个单元。

步骤 5:载荷定义。在 Analysis Settings 中,分析设置如图 15.8 所示,右击 Transient,在弹出的菜单中选择 Insert→Joint Load(Workbench 中的刚体动力学分析也是通过瞬态分析模块进行计算的),并定义角位移载荷,如图 15.9 所示。

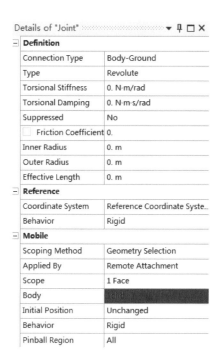

图 15.5　转动连接定义

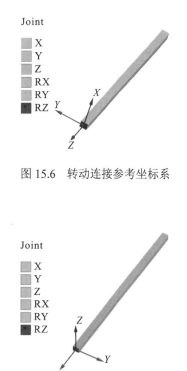

图 15.6　转动连接参考坐标系

图 15.7　修改后的转动连接参考坐标系

Details of "Analysis Settings"	
Step Controls	
Number Of Steps	1
Current Step Number	1
Step End Time	4. s
Auto Time Stepping	Off
Time Step	1.e-002 s
Solver Controls	
Time Integration Type	Program Controlled
Use Position Correction	Yes
Use Velocity Correction	Yes
Correction Type	Pure Kinematic
Assembly Type	With Inertia Matrix
Dropoff Tolerance	1.e-006

图 15.8　分析设置

Details of "Joint Load"	
Scope	
Joint	Joint
Definition	
DOF	Rotation Z
Type	Rotation
Magnitude	= 0.7854*sin(3.1416*time)
Suppressed	No
Function	
Unit System	Metric (m, kg, N, s, V, A)
Angular Measure	Radians

图 15.9　角位移载荷定义

步骤 6：单击 Solve 按钮求解，计算得到结构的角速度、角加速度响应曲线如图 15.10 所示。

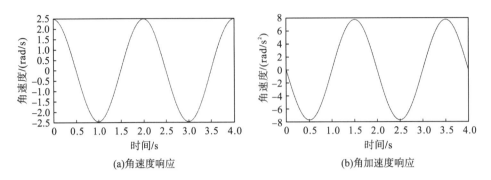

(a)角速度响应   (b)角加速度响应

图 15.10   结构的运动学响应曲线

上述步骤对角位移加载的运动学响应进行了分析，实际上，角速度和角加速度的加载方式和角位移加载是等价的，其中角速度加载仅在图 15.9 的载荷定义方式上存在差异，将 Type 选项中的 Rotation 改为 Rotational Velocity，将式(15.2)得到的角速度作为刚体分析时的载荷条件即可。

但对于角加速度而言，则需要考虑初始条件中初速度不为零，具体过程在 15.2.3 节刚柔耦合分析仿真中进行详细说明。

15.2.2   动力学分析仿真

步骤 1：搭建瞬态分析流程，导入模型并划分网格，如图 15.11 所示。

步骤 2：右击 Transient，在弹出的菜单中选择 Insert→Rotational Velocity 和 Rotational Acceleration，同时设置梁底部面为固支约束，如图 15.11 所示。

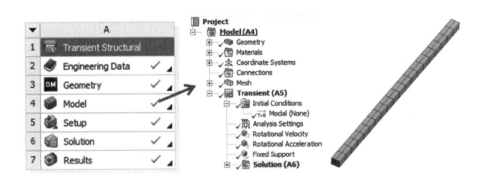

图 15.11   分析流程及分析设置

步骤 3：设置角速度和角加速度载荷选项，如图 15.12 所示，阻尼选项默认为数值阻尼 0.1，打开大变形开关，其中 X Coordinate、Y Coordinate、Z Coordinate 的数值为 0.05m、0.06m、0m 为旋转中心坐标，位于固支端面的中心位置。

Details of "Analysis Settings"

Step Controls	
Number Of Steps	1.
Current Step Number	1.
Step End Time	4. s
Auto Time Stepping	Off
Define By	Time
Time Step	1.e-002 s
Time Integration	On
Solver Controls	
Solver Type	Program Controlled
Weak Springs	Off
Large Deflection	On

(a)分析设置

Details of "Rotational Velocity"

Scope	
Scoping Method	Geometry Selection
Geometry	All Bodies
Definition	
Define By	Components
Coordinate System	Global Coordinate System
X Component	= 2.4674*cos(3.1416*time)
Y Component	0. rad/s (step applied)
Z Component	0. rad/s (step applied)
X Coordinate	5.e-002 m
Y Coordinate	6.e-002 m
Z Coordinate	0. m
Suppressed	No

(b)角速度选项

Details of "Rotational Acceleration"

Scope	
Scoping Method	Geometry Selection
Geometry	All Bodies
Definition	
Define By	Components
Coordinate System	Global Coordinate System
X Component	= -7.7516*sin(3.1416*time)
Y Component	0. rad/s² (step applied)
Z Component	0. rad/s² (step applied)
X Coordinate	5.e-002 m
Y Coordinate	6.e-002 m
Z Coordinate	0. m
Suppressed	No

(c)角加速度选项

图 15.12　分析选项设置

步骤 4：单击 Solve 按钮，求解分析。

相应的 Ansys 经典界面分析 APDL 命令流如下：

```
/solu
antype,4                 ! 进入瞬态分析
nlgeom,on                ! 打开大变形开关
kbc,1
trnopt,full,,,,,hht             !定义全方法分析
autots,off                 ! 关闭自动时间步长
deltim,1e-002            ! 定义时间步长
time,4                   ! 定义分析时间范围终点时刻
timint,on                ! 打开时间积分
outpr,all,all              ! 输出选项控制
outres,strs,all            ! 输出应力
outres,v,all               ! 输出速度
outres,a,all               ! 输出加速度
!定义角速度载荷
*dim,RV,table,401,1,1
*do,i,1,401
    RV(i,0,1)=0.01*(i-1)
    RV(i,1,1)=2.4674*cos(3.1416*(i-1)*0.01)
*enddo
cgloc,5e-2,6e-2,0               ! 定义转动中心
!定义角加速度载荷
*dim,RA,table,401,1,1
*do,i,1,401
    RA(i,0,1)=0.01*(i-1)
    RA(i,1,1)=-7.7516*sin(3.1416*(i-1)*0.01)
```

```
*enddo
cgloc,5e-2,6e-2,0              !定义转动中心,必须与角速度转动中心坐
标一致
tintp,0.1                      !定义数值阻尼
cgomga,%RV%                    !加载绕 X 方向角速度载荷
dcgomg,%RA%                    !加载绕 X 方向角加速度载荷
solve
finish
```

需要说明的是,在该仿真过程中,采用的是全方法进行瞬态分析,未采用模态叠加法,这是因为转子结构的旋转软化效应和应力刚化效应使得结构的刚度特性发生了变化。若要采用模态叠加法进行仿真,则需要在模态求解算法中采用考虑阻尼及科里奥利力的影响,即在 Solver Controls 中将 Damped 改为 Yes,将 Rotordynamics Controls 中的 Coriolis Effect 选项改为 On[1]。

15.2.3 刚柔耦合分析仿真

步骤 1:搭建瞬态分析流程,导入模型并划分网格,与图 15.11 相同。

步骤 2:右击 Connections,在弹出的菜单中选择 Insert→Joint,在 Joint 选项中将 Connection Type 选为 Body-Ground,Type 选为 Revolute,即将结构体的铰连接设置为体对地的转动,在 Scope 选项中选择与动力学分析中固支约束端面相同的面,如图 15.13 所示。

步骤 3:检查旋转轴是否为 Z 轴,如果不是,单击 Joint 下一级的 Reference→Coordinate System,然后在如图 15.14 所示的选项卡中,对 Principal Axis 选项设置进行修改,这是因为在 Workbench 的多体动力学设置中,旋转轴设置都指定为 Z 轴,该旋转坐标系可与整体坐标系不同,可以理解为局部坐标系。

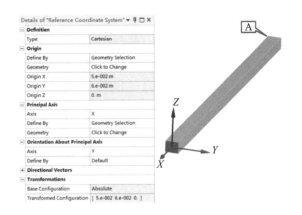

图 15.13 Joint 选项设置   图 15.14 选择坐标系确认

步骤 4：载荷设置。考虑角位移、角速度、角加速度三种加载方式，以角位移为例，根据式(15.2)，其初始条件中速度项不为零，因此需要构造初始速度条件。其思路为在初始一个很小的时间步长内，设置一个位移值，产生所要求的初始速度。在该算例中，根据式(15.2)计算得到零时刻的速度为 2.4674rad/s，设置一个很小的时间步长如 10^{-5}s，对应的位移值为 2.4674rad 即可。

特别需要说明的是，构造初始速度所设置的载荷步应该对后续时间范围内的分析不起作用，因此，该载荷步只在 $0\sim10^{-5}$s 被激活，在后续的 $10^{-5}\sim4$s 则只有角位移载荷被激活，因此可以采用如下方法实现该过程。

(1)在分析选项中设置两个载荷步，结束时间分别为 10^{-5}s 和 4s，如图 15.15 所示，其中载荷步 1(Current Step Number 栏)中的 Time Integration 需要选择 Off。

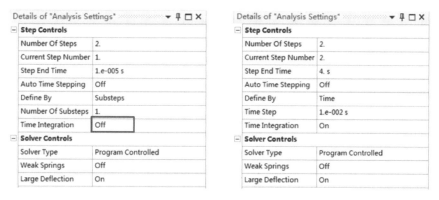

图 15.15　两个载荷步选项设置

(2)右击 Transient，在弹出的菜单中两次选择 Insert→Joint Load，分别命名为 Joint Load 1 和 Joint Load 2，两个载荷的设置如图 15.16 所示，其中第一个载荷用来构造初始速度，第二个载荷用来施加角位移。

(a)Joint Load 1设置　　　　　　　　　　　　　　(b)Joint Load 2设置

图 15.16　两个载荷的设置

(3)分时段激活载荷步。对载荷 Joint Load 1，在载荷步 2(step 栏第 3 行显示)上右击 Joint Load 1，在弹出的菜单中选择 Activate/Deactivate at this step！使得该载荷在 10^{-5}s 后失效；对载荷 Joint Load 2，在载荷步 Steps 1 上右击 Joint Load 2，在弹出的菜单中选择 Activate/Deactivate at this step！使得该载荷在 10^{-5}s 前失效，如图 15.17 所示。

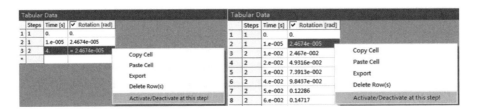

图 15.17　分时段激活载荷步

通过上述两个载荷步的组合，实现了载荷分段激活的作用。对于角速度加载和角加速度加载，与角位移加载所不同的是在 Joint Load 2 设置中，输入式(15.2)定义的角速度和角加速度，分别如图 15.18 和图 15.19 所示，失效的时段内载荷数据底色为灰色。

Details of "Joint Load step 2" ▼ 📌 🗖 ✕	
Scope	
Joint	Joint
Definition	
DOF	Rotation Z
Type	Rotational Velocity
Magnitude	Tabular Data
Lock at Load Step	Never
Suppressed	No

	Steps	Time [s]	☑ Rotational Velocity [rad/s]
1	1	0.	0.
2	1	1.e-005	0.
3	2	1.e-002	2.4662
4	2	2.e-002	2.4625
5	2	3.e-002	2.4564
6	2	4.e-002	2.4479
7	2	5.e-002	2.437
8	2	6.e-002	2.4237
9	2	7.e-002	2.408

图 15.18　角速度加载选项设置

Details of "Joint Load step 2" ▼ 📌 🗖 ✕	
Scope	
Joint	Joint
Definition	
DOF	Rotation Z
Type	Rotational Acceleration
Magnitude	Tabular Data
Lock at Load Step	Never
Suppressed	No

	Steps	Time [s]	☑ Rotational Acceleration [rad/s²]
1	1	0.	0.
2	1	1.e-005	-0.24348
3	2	1.e-002	-0.24348
4	2	2.e-002	-0.48673
5	2	3.e-002	-0.72949
6	2	4.e-002	-0.97154
7	2	5.e-002	-1.2126
8	2	6.e-002	-1.4525
9	2	7.e-002	-1.691

图 15.19　角加速度加载选项设置

步骤 5：单击 Solve 按钮，求解。

15.2.4　计算结果对比分析

将动力学分析方法和刚柔耦合分析方法的计算结果进行对比，对于位移响应，选取结构自由端面几何节点为考察对象，如图 15.20 和图 15.21 所示，其中动力学分析方法的位移响应为结构的弹性变形，而刚柔耦合方法的位移响应为刚体转动和弹性变形的叠加。从对比结果可以看出，角位移、角速度、角加速度三种方式的位移响应结果都高度吻合。

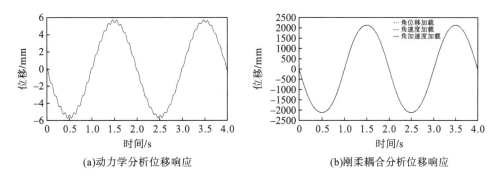

(a)动力学分析位移响应　　　　　　　　　　(b)刚柔耦合分析位移响应

图 15.20　两种分析方法 Y 方向位移响应

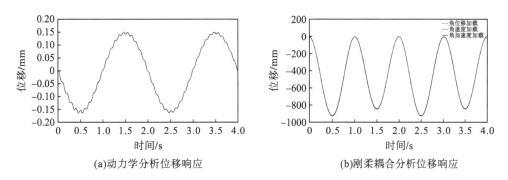

(a)动力学分析位移响应　　　　　　　　　　(b)刚柔耦合分析位移响应

图 15.21　两种分析方法 Z 方向位移响应

　　实际上对于结构分析而言，更关注的是结构的应力响应，应力是由结构的弹性变形引起的，图 15.22 给出了上述几种分析方式的应力分布云图，对比结果也显示，三种加载方式结果非常吻合。

(a)动力学分析　　　　　　　　　　　　　(b)角位移加载

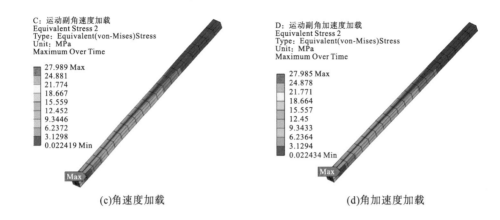

(c)角速度加载   (d)角加速度加载

图 15.22   几种分析方法的应力响应对比

上述分析表明这三种加载方式是等价的，同时得到如下结论。

(1)当仅关注结构的运动规律，不关注结构的弹性变形和应力状态时，可以采用刚体动力学分析方式，角位移、角速度和角加速度三种加载方式等价，但角速度和角加速度加载需要设置合理的初始条件。

(2)当仅关注结构的弹性效应，即应力及结构变形时，可以采用结构动力学分析方法，需要将角速度和角加速度载荷同时施加。

(3)当考虑结构全貌的运动全历程，关注结构的大位移时，可以采用刚柔耦合分析方法，可以选择角位移、角速度、角加速度中的任意一种方式，关键在于设置合理的初始条件，相比动力学分析方法，计算较为耗时。

上述算例针对的初始条件为位移为零、速度不为零的情况，实际上对于其他初始条件情况，也有相应的处理方式

(1)初始位移和速度均不为零。在很短的时间内构造合适的位移，使得位移和速度达到初始条件，如初始条件为 0.1rad，速度为 1rad/s，可以设置载荷步 1 的时间步长为 10^{-4}s，位移为 0.1rad，如图 15.23 所示。

图 15.23   初始速度和位移均不为零的分析设置

(2)初始位移不为零，初始速度为零。不同之处在于在零时刻的位移不为零，如初始条件中位移为 0.1rad，速度为零，可设置载荷步 1 的时间步长为 10^{-4}s，零时刻和 10^{-4}s 时刻的位移均为 0.1rad，且载荷子步数量不小于 2，以保证初始速度为零，如图 15.24 所示。

Details of "Analysis Settings"

Step Controls	
Number Of Steps	2.
Current Step Number	1.
Step End Time	1.e-004 s
Auto Time Stepping	Off
Define By	Substeps
Number Of Substeps	4.
Time Integration	Off

Tabular Data

	Steps	Time [s]	✔ Rotation [rad]
1	1	0.	0.1
2	1	1.e-004	0.1
3	2	4.	= 0.1
*			

图 15.24　初始速度为零，位移不为零的分析设置

15.3　某岸桥结构倾斜摇摆算例仿真

图 15.25 为某岸桥结构模型，安装在船体平台结构上时，在海浪载荷作用下，会产生绕 X 轴倾斜摇摆，其转动中心在吊车结构下方 10m 处，倾斜的角位移曲线为

$$\theta = 0.2\sin\frac{\pi t}{20} \tag{15.3}$$

时间为 0～80s。

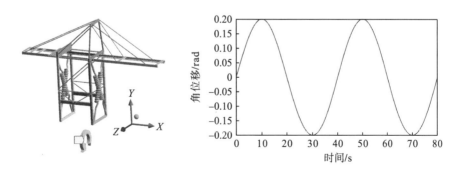

图 15.25　岸桥结构简化模型及角位移载荷

对于装备结构而言，主要关注的是结构强度的安全性，因此重点考察结构的弹性响应，所以采用动力学分析方法，根据岸桥安装状态，将岸桥底部固支约束。仿真分析流程与 15.2.2 节类似，所不同的是需要指定旋转中心坐标，如图 15.26 所示。

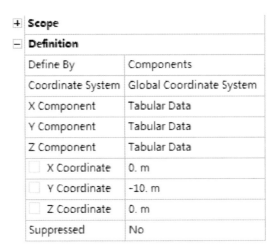

图 15.26　旋转中心坐标指定

计算得到结构的变形云图和应力云图如图 15.27 所示。

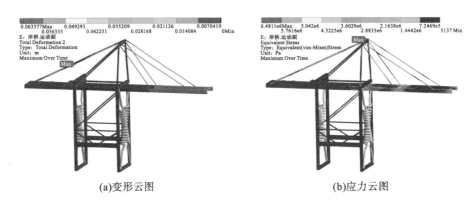

(a)变形云图　　　　　　　　　　　　　　(b)应力云图

图 15.27　结构的变形云图和应力云图

第16章 随机振动下镜面转角响应分析

激光在当前的许多高新装备领域得到了广泛应用，其传输、测量、瞄准应用过程中的稳定性问题是影响其精度的重要因素，也是工程中关注的重点。如在惯性约束聚变(inertial confinement fusion，ICF)研究中，每一条激光在光路上都要通过多个反射镜到达靶目标，而在运行过程中，反射镜不可避免地受到动态载荷，如地脉动、设备运行的振动载荷等，使得反射镜面发生偏转，导致光路发生偏移，这对打靶精度的影响至关重要，直接影响到结构设计的稳定性。美国国家点火(national ignition facility，NIF)装置的结构设计和评估中，主要分析的是其稳定性指标，其研究表明结构在外部环境激励的响应是影响漂移误差最重要的一部分。

本章以某反射镜架为例，对其在地脉动载荷下的镜面转角响应仿真进行分析。

16.1　反射镜模型

图 16.1 为某反射镜架模型，主要包括支架和反射镜两部分，支架材料为钢，反射镜材料与铝类似，反射镜的上表面为光路的反射面，安装条件为支架四个支脚地面固支，坐标方向定义如图 16.2 所示。

图 16.1　某反射镜架模型

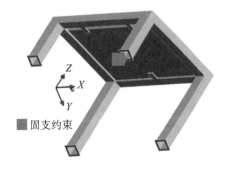

图 16.2　坐标及边界约束

16.2　地脉动载荷

本算例中的地脉动载荷参考 NIF 装置的地脉动环境载荷设计谱(Sawacki 谱),为频率在 1~200Hz 内幅值为 $10^{-10}g^2/Hz$ 的加速度功率谱密度曲线,谱型为平直谱,激励方向为 Z 方向,即垂直于地面方向,如图 16.3 所示。

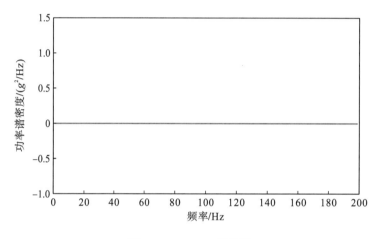

图 16.3　Sawacki 谱曲线

16.3　仿　真　演　示

Workbench 平台中地脉动载荷下镜面转角响应仿真的主要过程如下所示。

步骤 1:搭建随机振动仿真流程,与图 4.26 相同。

步骤 2:在反射镜的上表面建立一层面体。导入几何模型后,在 DM 几何处理模块中,单击反射镜上表面,然后在 Concept 下拉菜单中选择 Surfaces From Faces,如图 16.4 所示,这样是因为反射镜体为实体建模,只有 X、Y、Z 三个方向的平动自由度,而壳单元除这三个方向的平动自由度外,还有 Rotx、Roty 和 Rotz 三个方向的转角自由度,建立该面体可以在后续的分析结果中将镜面的转角响应直接提取。

步骤 3:在 DM 模块中将反射镜和刚生成的面体装配在一个 Part 内。

步骤 4:赋予结构材料,设置连接关系,同时在 Model 模块项目树的 Geometry 中选择该面体,在属性栏里指定面体厚度,由于面体只是用于提取反射面上的响应,因此该面体的厚度应尽量小,不影响结构的动力学特性,对分析结果影响可以忽略,本算例中,指定其厚度为 0.1mm,材料与镜体一致,如图 16.5 所示,并划分网格,如图 16.6 所示。

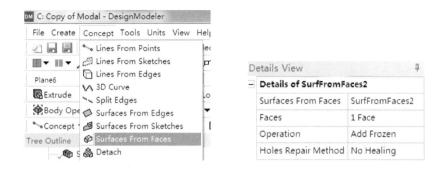

图 16.4　在反射镜上表面生成面体

步骤 5：定义反射镜上表面组件名。右击反射面上的面体，在弹出的菜单中选择 Create Named Selection，定义组件名，如 mirror，如图 16.7 所示，目的在于后处理中通过命令流方便地将其选择出来。

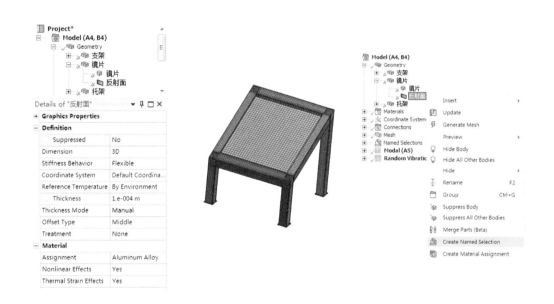

图 16.5　指定面体厚度　　　　图 16.6　反射镜架有限元网格　　　图 16.7　定义反射面组件名

步骤 6：模态分析参数设置。施加边界条件，设置模态分析频率上限为 300Hz，由于不考察应力、应变等其他参数，输出项均设置为 No，如图 16.8 所示。

步骤 7：随机振动响应分析参数设置。模态阻尼比设置方式为常阻尼比 0.02，如图 16.9 所示。

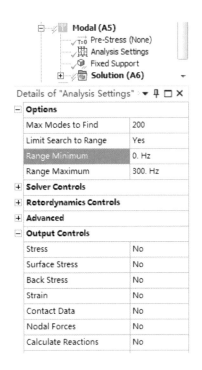

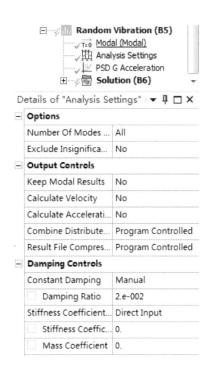

图 16.8　模态分析参数设置　　　　　　　图 16.9　随机振动响应分析参数设置

步骤 7：施加基础随机振动载荷，由于地脉动在各个方向均可能存在，为保守起见，在 X、Y、Z 三个方向均施加地脉动载荷，如图 16.10 所示，并求解响应。

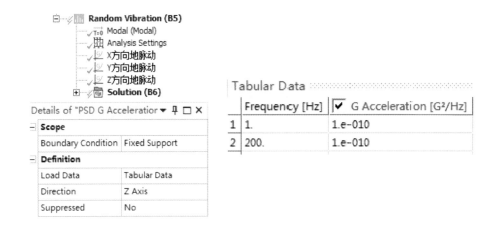

图 16.10　地脉动载荷施加

步骤 8：考察分析结果。由于目前 Workbench 版本 GUI 界面中无法直接提取转角响应，可以通过插入命令流的方式实现，右击 Solution，在弹出的菜单中选择 Insert→Commands，与图 14.18 相同，输入的命令流如下：

```
cmsel,s,mirror            !选择反射面面体组件
allsel,below,elem         !只选择面体单元信息
set, 3                    !读取位移响应结果
!绕 x 轴的转角响应
/show,png,rev,0           !将底色改为白色，下同
/efacet,1
/view, 1, 0.47, -0.85, 0.24      !显示视角，下同
/angle,  1, -80           !调整显示角度，下同
plnsol, rot,x, 0,1,0             !显示绕 x 轴的转角
!绕 y 轴的转角响应
/show,png,rev,0
/efacet,1
/view, 1, 0.47, -0.85, 0.24
/angle,  1, -80
plnsol, rot,y, 0,1,0            !显示绕 y 轴的转角
!绕 z 轴的转角响应
/show,png,rev,0
/efacet,1
/view, 1, 0.47, -0.85, 0.24
/angle,  1, -80
plnsol, rot,z, 0,1,0           !显示绕 z 轴的转角
!合成的转角响应
/show,png,rev,0
/efacet,1
/view, 1, 0.47, -0.85, 0.24
/angle,  1, -80
plnsol, rot,sum, 0,1,0        !显示合成的转角响应
```

在此计算后，如图 16.11 所示，同时会在 Commands 下出现 Post Output～Post Output4 四个分析结果，分别对应绕 X 轴、绕 Y 轴、绕 Z 轴及合成的转角响应，单位为 rad，如图 16.12 所示。获得了镜面的各种转角响应后，可为光路传输的稳定性评估提供参数。

可见，本算例是根据结构壳单元节点包含六个自由度(三个平动自由度和三个转角自由度)的特点，利用其中的转角自由度响应来评估反射面的偏转量，进而计算光路传输的偏移，如果采用实体单元建模分析，由于节点只有三个平动自由度，因此只能获得结构的平动响应，若要获得镜面的转角响应，还需要烦琐的后处理。

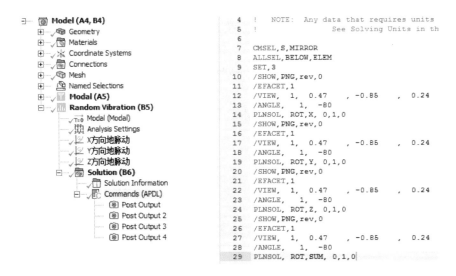

```
 4   !    NOTE:   Any data that requires units
 5   !              See Solving Units in th
 6
 7   CMSEL,S,MIRROR
 8   ALLSEL,BELOW,ELEM
 9   SET,3
10   /SHOW,PNG,rev,0
11   /EFACET,1
12   /VIEW,  1,  0.47    , -0.85   ,  0.24
13   /ANGLE,   1,  -80
14   PLNSOL, ROT,X, 0,1,0
15   /SHOW,PNG,rev,0
16   /EFACET,1
17   /VIEW,  1,  0.47    , -0.85   ,  0.24
18   /ANGLE,   1,  -80
19   PLNSOL, ROT,Y, 0,1,0
20   /SHOW,PNG,rev,0
21   /EFACET,1
22   /VIEW,  1,  0.47    , -0.85   ,  0.24
23   /ANGLE,   1,  -80
24   PLNSOL, ROT,Z, 0,1,0
25   /SHOW,PNG,rev,0
26   /EFACET,1
27   /VIEW,  1,  0.47    , -0.85   ,  0.24
28   /ANGLE,   1,  -80
29   PLNSOL, ROT,SUM, 0,1,0
```

图 16.11 插入显示镜面转角响应的命令流

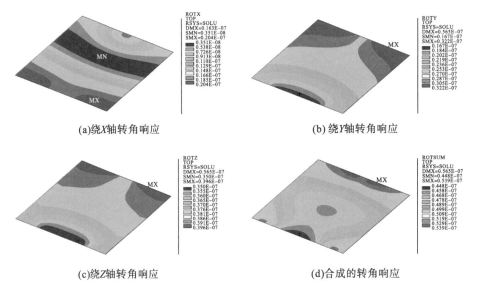

(a)绕X轴转角响应　　　　　　　　(b) 绕Y轴转角响应

(c)绕Z轴转角响应　　　　　　　　(d)合成的转角响应

图 16.12 镜面的转角响应

展　　望

结构动力学分析基本上是随着振动力学学科的发展而不断完善,到目前为止,动力学分析的基本理论体系框架已较为健全,在工程实践中也得到大量的实践,成为重要产品装备研制和环境试验中不可或缺的环节之一。

结构动力学分析具有非常显著的侧重于工程应用的学科特征,但仍然有许多问题一直悬而未决,如非线性振动。目前的非线性振动仍主要侧重于理论方法研究,针对的是简单或简化的抽象模型,载荷也多为谐波形式,往往需要建立较为显性的非线性动力学模型在时域范围内进行响应分析。对工程实际中的随机载荷下的非线性振动分析,在理论的发展、数值模拟方法的建立及软件平台的研发等仍需时日才能建立系统的分析方法和工具。

在仿真精度方面,阻尼是影响动力学分析精度的重要因素之一,而阻尼作为动力学研究中抽象的概念,目前往往通过模态试验等方法获得,在设计阶段无实物情况下,多依靠经验参数,如模态阻尼比的设置,取值也多依赖于分析人员的经验。因此,如何刻画结构更为合理准确的阻尼特性,如材料阻尼的表征及量化等,也是提高动力学数值模拟精度需要开展深入研究的方向之一。

此外,随着目前对装备结构可靠性的要求越来越高,在结构可靠性方面,更多的是希望获得装备结构在长时振动服役环境下的性能演化情况,尤其是疲劳寿命、连接松动(螺栓等)等问题的预测,特别是后者,目前主要依赖于试验手段,理论及仿真技术还处于探索阶段。

对于装备结构而言,仿真分析的理想目标是希望建立能反映其全寿命周期的数字孪生模型,能够考察在静力、温度、振动、冲击、气动、流体甚至湿度等多种因素耦合作用下的演化规律,动力学分析只是其中的一小部分内容。因此,从目前的单剖面单因素为主的仿真向实际情况下的多剖面多因素的模拟的发展,需要广大科研人员的集智攻关,任重而道远!

附　录　A

!采用 Ansys 计算简化离心机模型临界转速的命令流

!-Rotordynamics simulation test of the beam model -梁式转子动力学测试-

```
fini
/clear
/title,rotor shaft model
/prep7
!-------------参数定义-------------------
!-------------主轴参数定义-----------
l0=3.938                !主轴总长
l1=0.489                !第一阶梯长度
l2=0.538                !变直径段起始
l3=0.732                !变直径段结束
l4=0.852                !变直径段 2 结束
lb1_1=0.888             !轴承 1 起始
lb1_2=1.103             !轴承 1 结束
lb2_1=2.891             !轴承 2 起始
lb2_2=3.024             !轴承 2 结束
l_b1=(lb1_1+lb1_2)/2    !轴承 1 位置
l_b2=(lb2_1+lb2_2)/2    !轴承 2 位置
rz_i=0.065              !主轴内圈半径
rz_o1=0.15              !第一段主轴外圈半径-起始
rz_o2=0.255            !变直径段外圈半径-结束
rz_o3=0.22             !变直径段外圈半径-起始
rz_o4=0.15             !变直径段外圈半径-结束
r_b1=0.20             !轴承 1 变直径段
r_b2=0.16             !轴承 2 变直径段
!-------------转臂参数定义-----------
wb1=0.969              !转臂一半宽度
lb0=2.98               !转臂一半长度
lb1_r=0.69             !掏空段起始
lb1_l=2.5              !掏空段结束
```

```
lb1_w=0.41              !掏空段宽度
hb0=0.5                 !转臂厚度
lb1_cg=2.23             !有效半径
!-------------吊篮等效质量-----------
mass1=400
!-------------轴承参数定义-----------
lk_1=0.0855             !轴承 1 厚度
lk_2=0.09               !轴承 2 厚度
k_bear1=4e9             !轴承 1 刚度
k_bear2=4e9             !轴承 2 刚度
omega1=0
kyy1=k_bear1
kzz1=k_bear1
omega2=30
kyy2=k_bear1
kzz2=k_bear1
omega3=65
kyy3=k_bear1
kzz3=k_bear1
!-------------采用表格输入刚度数据-------
*dim,kyy,table,3,1,1,omegs
kyy(1,0)=omega1,omega2,omega3
kyy(1,1)=kyy1,kyy2,kyy3
*dim,kzz,tabel,3,1,1,omegs
kzz(1,0)=omega1,omega2,omega3
kzz(1,1)=kzz1,kzz2,kzz3
!----------转速与刚度关系--------------
k1=7e8                  !止推刚度
k2=0.2e9                !径向刚度
!---------材料参数--------------
ex_rotor=2e11           !转子弹性模量
prxy_rotor=0.3          !转子泊松比
dens_rotor=7.8e3        !转子密度
ex_arm=1e11             !转臂弹性模量
prxy_arm=0.3            !转臂泊松比
dens_arm=4000           !转臂密度
!---------单元定义--------------
et,1,beam188            !主轴梁单元
keyopt,1,1,0
```

```
keyopt,1,2,0
keyopt,1,3,0
keyopt,1,4,0
keyopt,1,6,0
keyopt,1,7,0
keyopt,1,9,0
keyopt,1,11,0
keyopt,1,12,0
keyopt,1,15,0
et,2,combi214              !轴承单元
keyopt,2,1,0                   !User-defined stiffness and damping
characteristics
keyopt,2,2,1              !0:XY plane; 1:YZ plane; 2:XZ plane;
r,1,%kyy%,%kzz%
r,2,%kyy%,%kzz%
et,3,mass21              !模拟吊篮及配重的集中质量单元
keyopt,3,1,0             !Real constant interpretation
keyopt,3,2,0             !Initial element coordinate system:
keyopt,3,3,2             !0 3-D mass with rotary inertia  2 3-D mass
without rotary inertia
r,3,mass1,mass1,mass1 !MASSX, MASSY, MASSZ, IXX, IYY, IZZ, if
KEYOPT（3）= 0
!----------材料定义--------------
!-----主轴材料定义-
mp,ex,1,ex_rotor
mp,prxy,1,prxy_rotor
mp,dens,1,dens_zhuanbi
!-----转臂等效材料定义-
mp,ex,2,ex_arm
mp,prxy,2,prxy_arm
mp,dens,2,dens_arm
!----------建模--------------
k,1,0,0,0
k,2,l1,0,0
k,3,l2,0,0
k,4,l3,0,0
k,5,l4,0,0
k,6,(lb1_1+lb1_2)/2,0,0
k,7,(lb2_1+lb2_2)/2,0,0
```

```
k,8,10,0,0
k,9,(lb1_1+lb1_2)/2,lk_1+rz_o2,0
k,10,(lb1_1+lb1_2)/2,0,lk_1+rz_o2
k,11,(lb2_1+lb2_2)/2,lk_1+rz_o2,0
k,12,(lb2_1+lb2_2)/2,0,lk_1+rz_o2
k,100,0,5,0
k,101,10,0,0
!--------------------生成主轴梁
l,1,2  !1
l,2,3  !2
l,3,4  !3
l,4,5  !4
l,5,6  !5
l,6,7  !6
l,7,8  !7
!hptcreate,line,5,20,coord,(lb1_1+lb1_2)/2,0,0
!hptcreate,line,5,21,coord,(lb2_1+lb2_2)/2,0,0
l,9,6
l,10,6
l,11,7
l,12,7
!-----------------------生成转臂壳模型
k,13,l2,lb0,wb1   !wb1
k,14,l2,-1*lb0,wb1
k,15,l2,lb0,-1*wb1   !wb1
k,16,l2,-1*lb0,-1*wb1
a,13,15,16,14
ASBW,1
wprota,,90,
ASBW,all
wpoffs,,,-1*lb1_cg
ASBW,all
wpoffs,,,2*lb1_cg
ASBW,all
!----------定义梁截面--------------
!----------定义主轴截面--------------
sectype,1,beam,ctube,b_cross1,1   !SECTYPE,SECID,Type,Subtype,
Name, REFINEKEY
secdata,rz_i,rz_o1,20                !Ri, Ro,N
```

```
secoffset,cent
sectype,2,beam,ctube,b_cross2,1
secdata,rz_i,rz_o2,20
secoffset,cent
sectype,3,taper,ctube,b_cross3,1
secdata,1,l2,0,0
secdata,2,l3,0,0
!secoffset,cent
sectype,4,beam,ctube,b_cross4,1
secdata,rz_i,rz_o3,20
secoffset,cent
sectype,5,beam,ctube,b_cross5,1
secdata,rz_i,r_b1,20
secoffset,cent
sectype,6,taper,ctube,b_cross6,1
secdata,4,l4,0,0
secdata,5,(lb1_1+lb1_2)/2,0,0
!secoffset,cent
sectype,7,beam,ctube,b_cross7,1
secdata,rz_i,r_b2,20
secoffset,cent
sectype,8,taper,ctube,b_cross8,1
secdata,5,(lb1_1+lb1_2)/2,0,0
secdata,7,(lb2_1+lb2_2)/2,0,0
!secoffset,cent
sectype,9,beam,ctube,b_cross9,1
secdata,rz_i,rz_o4,20  !Ri, Ro,N
secoffset,cent
sectype,10,taper,ctube,b_cross10,1
secdata,7,(lb2_1+lb2_2)/2,0,0
secdata,9,10,0,0
!secoffset,cent
!----------定义转臂梁截面--------------
!sectype,11,beam,rect,b_arm1,1  !SECTYPE, SECID, Type, Subtype, Name, REFINEKEY
!secdata,wb1*2,hb0
sectype,11,shell,,s_arm1,1
secdata,hb0,2           !TK, MAT, THETA, NUMPT, LayerName
!---------------------划分网格-------------------------
```

```
!-----主轴梁模型--------------
allsel
lesize,1,,,20
latt,1,,1,,100,,1 !LATT, MAT, REAL, TYPE, --, KB, KE, SECNUM
lmesh,1
lesize,2,,,4
latt,1,,1,,100,,1
lmesh,2
lesize,3,,,6
latt,1,,1,,100,,3
 lmesh,3
lesize,4,,,6
latt,1,,1,,100,,2
lmesh,4
lesize,5,,,10
latt,1,,1,,100,,6  !LATT, MAT, REAL, TYPE, --, KB, KE, SECNUM
lmesh,5
lesize,6,,,40
latt,1,,1,,100,,8  !LATT, MAT, REAL, TYPE, --, KB, KE, SECNUM
lmesh,6
lesize,7,,,30
latt,1,,1,,100,,10 !LATT, MAT, REAL, TYPE, --, KB, KE, SECNUM
lmesh,7
!--------------------轴承模型----------------------------
n,1000,(lb1_1+lb1_2)/2,lk_1+rz_o2,0
n,1001,(lb1_1+lb1_2)/2,0,lk_1+rz_o2
n,1002,(lb2_1+lb2_2)/2,lk_1+rz_o2,0
n,1003,(lb2_1+lb2_2)/2,0,lk_1+rz_o2
allsel
nsel,s,loc,x,(lb1_1+lb1_2)/2-0.01,(lb1_1+lb1_2)/2+0.01
nsel,r,loc,z,0
*get,node_s1,node,0,num,min
allsel
nsel,s,loc,x,(lb2_1+lb2_2)/2-0.01,(lb2_1+lb2_2)/2+0.01
nsel,r,loc,z,0
*get,node_s2,node,0,num,min
allsel
type,2
real,1
```

```
e,1000,node_s1
e,1001,node_s1
e,1002,node_s2
e,1003,node_s2
allsel,all
!-----建立简化转臂模型--------------
allsel
aesize,all,0.2,,
aatt,2,,4,,11
amesh,all
!-----建立集中质量单元--------------
allsel
ksel,s,loc,x,l2,
ksel,r,loc,y,lb1_cg-0.02,lb1_cg+0.02
ksel,r,loc,z,0
type,3
real,3
kmesh,all
allsel
ksel,s,loc,x,l2,
allsel
ksel,s,loc,x,l2,
ksel,r,loc,y,-1*lb1_cg-0.02,-1*lb1_cg+0.02
ksel,r,loc,z,0
type,3
real,3
kmesh,all
allsel
/ESHAPE,1.0
/EFACET,1
/replot
save,model1,db
!-----施加边界条件
allsel
nsel,s,node,,1000,1003
d,all,all,0
allsel
d,174,ux,0
d,174,rotx,0
```

```
allsel
nummrg,node
nummrg,elem
allsel
esel,s,type,,1
esel,a,type,,4
eplot
cm,v_rot,elem
allsel
save,model2,db
!-------------常规预应力模态分析-------------------
num_mode=6
num_solu=6
*dim,freq_res,array,num_solu,num_mode
allsel
*do,i,1,num_solu
fini
/solu
antype,static
pstres,on
cmomega,v_rot,(i-1)*20
solve
fini
/solu
antype,modal
modopt,lanb,6,0,200,off
eqslv,spar
mxpand,6
lumpm,0
pstres,on
solve
fini
/post1
*do,j,1,num_mode
*get,freq_res(i,j),mode,j,freq
*enddo
fini
*enddo
fini
```

```
!------------常规预应力分析------------------
fini
/solu
antype,static
!coriolis,on,,,on
!campbell,on,num_solu
pstres,on
cmomega,v_rot,10
solve
fini
!------------常规模态分析------------------
/solu
antype,modal
modopt,lanb,6,0,200,off
eqslv,spar
mxpand,6
lumpm,0
pstres,on
allsel
solve
fini
!------------常规陀螺效应分析------------------
num_mode=6
num_solu=6
/solu
antype,modal
modopt,qrdamp,num_mode,,,on
!qropt,on
mxpand,num_mode
allsel
coriolis,on,,,on          !陀螺效应
*do,i,1,num_solu
cmomega,v_rot,(i-1)*20
solve
*enddo
fini
!------------预应力+陀螺效应分析------------------
num_mode=6          !
num_solu=6
```

```
allsel
*do,i,1,num_solu
fini
/solu
antype,static
coriolis,on,,,on
campbell,on,num_solu
pstres,on
cmomega,v_rot,(i-1)*20,,,0,0,0,1,0,0
solve
fini
/solu
antype,modal
modopt,qrdamp,num_mode,,,on
mxpand,num_mode,,,yes
pstres,on
cmomega,v_rot,(i-1)*20,,,0,0,0,1,0,0
solve
*enddo
fini
!----后处理-------
/post1
prcamp,on,1,rds,,v_rot   !rpm
plcamp,on,1,rds,,v_rot   !rpm
*get,cric1,camp,1,vcri
*get,cric2,camp,2,vcri
*get,cric3,camp,3,vcri
*get,cric4,camp,4,vcri
!RSYS,0
!plorb      !绘制涡动图
!prorb
Fini
```

附 录 B

冲击响应谱时域波形转换程序包含一个主程序和五个子程序，分别为
主程序：srs.m。
子程序：cal.m，BPfix.m，line23.m，hc.m，TJ.m。
调用格式为

```
clear all
F= [20 200 450 1200 2000];
R= [20 75 75 550 550];
[T,ts]=srs(F,R);
```

该程序可自适应地确定尽量长的时程采样时间，以尽量减少生成的时程数据长度，同时生成三条采样时间一致的时程波形。

主程序 srs.m 的代码为

```
function [T,ts]=srs(F,R)
%定义全局变量
global Nj f Asrs n sys lu ld lu10 ld10 tt kter z
%定义参考冲击谱型
fp=12;%采样频带倍频程，默认值
for i=1:length(F)-1
    m(i)=log10(R(i+1)/R(i))/log10(F(i+1)/F(i))*10;%双对数坐标下冲击响应谱上升段斜率
end
Nj=3;%每个频率成分的半正弦波数量，大于等于 3 的奇数
tt=10;%前后置零长度
kter=50;%迭代终止代数
ep=0.05;%阻尼比，默认值
n=round(fp*log10(F(end)/F(1))/log10(2)+1);%计算基波总数目，对参考冲击谱的频率范围进行间隔抽样
f(1)=F(1);
t=2^(1/fp);
for i=1:n-1
    f(i+1)=f(i)*t;
end
if f(end)>F(end)
```

```
        n=n-1;
        f=f(1:end-1);
    end
    %参考谱型
    Asrs(1)=R(1);
    for i=1:n-1
        t=find(F>f(i));
        Asrs(i+1)=Asrs(i)*(f(i+1)/f(i))^(m(t(1)-1)/10);
    end
    %构造各个频率点下的状态空间方程
    for i=1:n
        t1=[0 1;-f(i)^2*4*pi^2 -2*ep*f(i)*2*pi];
        t2=[0;1];    t3=[0 1];    t4=0;
        sys{i}=ss(t1,t2,t3,t4);
    end
    %定义容差上下限,一般试验中,要求 2000Hz 内 90%以上的频率点上满足上限为
3dB,下限为-1.5dB 的允差,为 20 倍对数关系,
    lu=10^(3/20);%上限为+3dB
    ld=10^(-1.5/20);%下限为-1.5dB
    lu10=10^(6/20);%上限为+6dB
    ld10=10^(-3/20);%下限为-3dB
    [T,ts(1,:),res(1,:)]=BPfix(F);
    %生成另外两条时程曲线
    z=1;
    while z<=2
        z
        [ts(z,:),res(z,:)]=line23(T);
    end
    %绘制曲线 1
    figure(1)
    subplot(2,1,1)
    loglog(F,R,'k',F,R*lu,'b',F,R*ld,'--b',F,R*lu10,'g',F,R*ld10,'
--g')
    hold on
    loglog(f,res(1,:),'r','LineWidth',2)
    xlabel('频率(Hz)','FontSize',24);   xlim([F(1) F(end)]);
    ylabel('加速度(g)','FontSize',24);   ylim('auto');
    legend('目标谱','+3dB 容差上限','-1.5dB 容差下限','+6dB 容差上限
','-3dB 容差下限','计算谱')
```

```matlab
%绘制合成的时域曲线
subplot(2,1,2)
plot(T,ts(1,:),'r','LineWidth',2)
xlabel('时间(s)','FontSize',24);  xlim([0 T(end)]);
ylabel('加速度(g)','FontSize',24);  ylim('auto');
%绘制曲线2
figure(2)
subplot(2,1,1)
loglog(F,R,'k',F,R*lu,'b',F,R*ld,'--b',F,R*lu10,'g',F,R*ld10,'--g')
hold on
loglog(f,res(2,:),'r','LineWidth',2)
xlabel('频率(Hz)','FontSize',24); xlim([F(1) F(end)]);
ylabel('加速度(g)','FontSize',24);ylim('auto');
legend('目标谱','+3dB 容差上限','-1.5dB 容差下限','+6dB 容差上限','-3dB 容差下限','计算谱')
%绘制合成的时域曲线
subplot(2,1,2)
plot(T,ts(2,:),'r','LineWidth',2)
xlabel('时间(s)','FontSize',24);  xlim([0 T(end)]);
ylabel('加速度(g)','FontSize',24);  ylim('auto');
%绘制曲线3
figure(3)
subplot(2,1,1)
loglog(F,R,'k',F,R*lu,'b',F,R*ld,'--b',F,R*lu10,'g',F,R*ld10,'--g')
hold on
loglog(f,res(3,:),'r','LineWidth',2)
xlabel('频率(Hz)','FontSize',24);  xlim([F(1) F(end)]);
ylabel('加速度(g)','FontSize',24);  ylim('auto');
legend('目标谱','+3dB 容差上限','-1.5dB 容差下限','+6dB 容差上限','-3dB 容差下限','计算谱')
%绘制合成的时域曲线
subplot(2,1,2)
plot(T,ts(3,:),'r','LineWidth',2)
xlabel('时间(s)','FontSize',24);  xlim([0 T(end)]);
ylabel('加速度(g)','FontSize',24); ylim('auto');
```

子程序 **BPfix.m** 用来确定尽量长的时间步长,可尽可能地减少时程数据量,该时间步长在生成第一条时程波形时确定,在生成其余两条曲线时则固定,其代码为

```
function [T,X,res]=BPfix(F)% F:冲击响应谱频率点向量, R:冲击响应谱拐
点值
%定义全局变量
global Nj f Asrs n sys tt kter dt tk LT
%生成第一条时程曲线时,确定尽量长的时间步长,生成的时程曲线数据量越少
BP=1.5;%初始值
while 1
    dt=1/F(end)/2.56/BP;%时域波形时间步长,大于(1/采样频率上限)的
2.56倍
    for i=1:n
        tk(i)=ceil(Nj/2/f(i)/dt);
    end
    %确定合成波形总时长
    T=0:dt:(tk(1)+2*tt-1)*dt;
    LT=length(T);
    %求解冲击响应谱,将X作用在一系列固有频率为f(i)的单自由度系统上,得到
相应峰值
    [jb,jf,ta,X]=hc(dt);%合成波形初值
    %求解冲击响应谱,将X作用在一系列固有频率为f(i)的单自由度系统上,得到
相应峰值,模态阻尼比默认为ep
    res=cal(sys,X,T,dt,n);
    kt=0;%统计迭代次数
    %若响应超限,迭代基波幅值
    while 1
        kt=kt+1;
        [k,k1,mm]=TJ(res);
        if kt<kter && k1<=floor(0.1*n) && k1+k==n;%国军标中,可要
求10%频带的允差为-3~6dB
            break;
        end
        if kt>=kter;
            break;
        end
        for i=1:length(mm)
            j=mm(i);        jb(j)=Asrs(j)*jb(j)/res(j);
        end
        %重新合成时域信号
        X=zeros(1,LT);
        for i=1:n
```

```
                temp=jb(i)*jf{i};
                temp=[zeros(1,tt+ta(i)) temp zeros(1,tk(1)-tk(i)-ta(i)
+tt)];
                X=X+temp;
            end
            res=cal(sys,X,T,dt,n);    %重新计算响应谱
        end
        if kt<kter && k1<=floor(0.1*n) && k1+k==n;
            break;
        end
        if kt>=kter;
            BP=BP+0.5;
        end
    end
end
```

子程序 line23.m 用来生成另外两条时程波形，代码为

```
function [X,res]=line23(T)
%定义全局变量
global Asrs n sys z tt kter dt tk LT
while 1
    %求解冲击响应谱,将 X 作用在一系列固有频率为 f(i)的单自由度系统上,得到
相应峰值
    [jb,jf,ta,X]=hc(dt);
    %求解冲击响应谱,将 X 作用在一系列固有频率为 f(i)的单自由度系统上,得到
相应峰值,模态阻尼比默认为 ep
    res=cal(sys,X,T,dt,n);
    kt=0;
    while 1
        kt=kt+1;%统计迭代次数
        %若响应超限,迭代基波幅值
        [k,k1,mm]=TJ(res);
        if kt<kter && k1<=floor(0.1*n) && k1+k==n;%国军标中,可要
求 10%频带的允差为-3～6dB
            break;
        end
        if kt>=kter
            break;
        end
        for i=1:length(mm)
            j=mm(i);          jb(j)=Asrs(j)*jb(j)/res(j);
```

```
        end
        %重新合成时域信号
        X=zeros(1,LT);
        for i=1:n
            temp=jb(i)*jf{i};
            temp=[zeros(1,tt+ta(i)) temp zeros(1,tk(1)-tk(i)-ta(i)
+tt)];
            X=X+temp;
        end
        res=cal(sys,X,T,dt,n);   %重新计算响应谱
    end
    if kt<kter
        z=z+1;
        break;
    end
end
```

其中，冲击响应谱计算子程序 cal.m 代码为

```
function res=cal(sys,X,T,dt,n)
for i=1:n
    t=lsim(sys{i},-X,T);%计算得到速度响应
    t=diff(t)/dt;
    t=[0;t];
    t=t+X';%绝对加速度
    res(i)=max(abs(t));   %提取响应最大峰值
end
```

合成初始波形的子程序 hc.m 的代码为

```
function [jb,jf,ta,X]=hc(dt)
%定义全局变量
global Nj f Asrs n tt tk LT
X=zeros(1,LT);%合成波形初值
%合成基波
ty=0;
for i=1:n
    jb(i)=Asrs(i)*(-1)^i/10;%定义基波幅值初始值
    %定义基波
    TT{i}=dt:dt:tk(i)*dt;
    jf{i}=sin(2*pi*f(i)*TT{i}).*sin(2*pi*f(i)*TT{i}/Nj);
    temp=jb(i)*jf{i};
    if i==1;
```

```
            ta(1)=0;
        end
        if i>1
            if tk(i-1)>tk(i)
                tz=randperm(tk(i-1)-tk(i),1);%随机化处理延时
                ty=tz+ty;
                ta(i)=ty;
            else
                ta(i)=ta(i-1);
            end
        end
        temp=[zeros(1,tt+ta(i)) temp zeros(1,tk(1)-tk(i)-ta(i)+tt)];
        X=X+temp;
end
```

统计生成的响应谱是否在容差范围内的子程序 **TJ.m** 的代码为

```
function [k,k1,mm]=TJ(res)
global Asrs n lu ld lu10 ld10
k=0;%统计当前容差范围内的频率点，-1.5~3dB
for i=1:n
    if res(i)<=lu*Asrs(i) && res(i)>=ld*Asrs(i);
        k=k+1;
    end
end
k1=0;%统计-3~-1.5dB 及 3~6dB 的频率点
for i=1:n
    if res(i)>lu*Asrs(i) && res(i)<=lu10*Asrs(i);
        k1=k1+1;
    end
    if res(i)>=ld10*Asrs(i) && res(i)<ld*Asrs(i);
        k1=k1+1;
    end
end
mm=[];
k2=0;%统计当前超出容差范围的频率点，-1.5~3dB
for i=1:n
    if res(i)>lu*Asrs(i) || res(i)<ld*Asrs(i);%超出容差范围
        k2=k2+1;            mm(k2)=i;
    end
end
```